人力资源和社会保障部职业技能鉴定推荐教材

21世纪高等职业教育 规划教材 双证系列

管理系统中计算机应用

主 编 彭连刚 张 震

上海交通大学 出版社

内 容 提 要

本书根据高等职业教育的教学特点，按照理论以必需、够用为度，突出实践技能培养的原则，紧密结合最新企业信息管理实践，系统地、全面地介绍了企业信息管理的相关知识，包括管理系统中计算机应用概述、企业管理的信息化平台、管理信息系统开发方法、系统规划、系统分析、系统设计、系统实施与管理、发展趋势与前沿，最后配有课内实验与课程设计、开发案例、模拟试题及答案等内容。

本书可作为高等职业教育电子商务、信息管理与信息系统、管理科学与工程、工商管理等专业的教材，以及经济管理类《管理系统中计算机应用》自考科目教材，也可供从事信息系统开发与应用的科研人员、工程技术人员以及其他有关人员参考。

图书在版编目(CIP)数据

管理系统中计算机应用/彭连刚. 张震主编. —上海：上海交通大学出版社，2008

（21世纪高等职业教育规划教材双证系列）

人力资源和社会保障部职业技能鉴定推荐教材

ISBN 978-7-313-05502-6

Ⅰ．管… Ⅱ．①彭…②张… Ⅲ．计算机应用—管理信息系统—高等学校：技术学校—教材 Ⅳ．C931.6

中国版本图书馆 CIP 数据核字(2008)第 185381 号

管理系统中计算机应用

彭连刚 张 震 主编

上海交通大学出版社出版发行

（上海市番禺路 951 号 邮政编码 200030）

电话：64071208 出版人：韩建民

崇明南海印刷厂 印刷 全国新华书店经销

开本：787mm×960mm 1/16 印张：17.25 字数：324 千字

2008 年 12 月第 1 版 2008 年 12 月第 1 次印刷

印数：1～3 050

ISBN 978-7-313-05502-6/C·102 定价：28.00 元

21 世纪高等职业教育规划教材双证系列编委会电子商务专业委员会

顾　问：冯拾松（金华职业技术学院）

主　任：罗　明（杭州万向职业技术学院）

成　员：（以下按姓氏笔画为序）

马贵平（达州职业技术学院）

王自勤（浙江经济职业技术学院）

王绍军（济南铁道职业技术学院）

文　科（南京工程高等专科学校）

邓　平（湖南生物机电职业技术学院）

朱延平（江苏海事职业技术学院）

李国强（武汉软件职业学院）

张立群（浙江育英职业技术学院）

张敬伟（浙江长征职业技术学院）

张　震（渤海船舶职业学院）

张　波（湖南涉外经济学院）

范生万（安徽工商职业学院）

杨子武（长沙商贸旅游职业技术学院）

胡华江（金华职业技术学院）

袁江军（浙江经济职业技术学院）

蒋一清（无锡工艺职业技术学院）

彭连刚（长沙航空职业技术学院）

前　　言

　　以计算机技术和网络技术为中心的信息技术是当今科学技术中发展最快、渗透力最强、影响最大的技术，它的发展带动了新的世界性的技术革命，带来了很多新的机会。在全球化经营环境下，企业经营管理变得日益复杂，日常所需处理的数据量渐渐庞大，商业运转的中间环节也越来越多，原先主要依靠人工管理和简单计算机管理的方法，显然已无法适应现代企业发展需要。鉴于这种情况，现代企业纷纷开始利用信息技术，扩大经营的地域范围，推出新的产品和服务，重新设计工作流程，甚至彻底改变企业经营的方式。

　　管理系统中计算机应用是一门理论性和实践性都很强的综合性学科，它涉及管理科学、信息科学、计算机科学、数据库技术和通信网络技术等。随着计算机技术在管理系统领域中的不断深入，使得它在经济管理和计算机应用领域的重要性日益显现。它不仅已经成为信息管理和信息系统专业的核心课程，而且也是经济管理和计算机应用类专业的一门重要课程。

　　本书是作者在长期的课程教学的基础上，总结自己的教学经验和部分研究成果，分析了目前市场上已经出版的类似教材的基础上编写而成的。本书在编写过程中力图做到紧扣时代要求和高职高专的教学特点，按照理论以必需、够用为度，突出实践技能培养的原则，紧密结合最新企业信息管理实践，系统、全面地介绍了企业信息管理的相关知识，包括管理系统中计算机应用概述、企业管理的信息化平台、管理信息系统开发方法、系统规划、系统分析、系统设计、系统实施与管理、发展趋势与前沿，最后配有课内实验与课程设计、开发案例、模拟试题及答案等内容。

　　本书由彭连刚(长沙航空职业技术学院)、张震担(渤海船舶职业学院)主编，负责全书的思路、框架和统稿。参加编写的还有：谢智慧(长沙航空职业技术学院)、方丽珍(浙江育英职业技术学院)、刘军(渤海船舶职业学院)、张键(渤海船舶职业学院)、杨子武(长沙商贸旅游职业技术学院)、马贵平(达州职业技术学院)、张波(湖南涉外经济学院)、李国强(武汉软件工程职业学院)。

　　本书在编写过程中，参考了有关教材和文章，并引用了部分内容，在此向有关作者表示谢意。

1

由于信息系统是一门正在发展中的学科，以及我们知识和经验的不足，本教材若有错误和遗漏之处，恳切希望使用本教材的师生提出批评和建议，使本书不断充实、完善。

作 者

目　　录

1　管理系统中计算机应用概论

学习目的

- 理解信息系统概念的内涵；
- 了解信息系统在组织中的角色和作用；
- 明确组织和信息系统间的关系，组织中实施信息管理面临的挑战。

本章要点

- 信息、数据、知识、模型、模式的定义；
- 信息与数据之间的联系与区别；
- 管理信息的概念、管理信息与信息之间的关系；
- 信息系统的概念、特征、类型及组成；
- 组织与信息系统之间的关系；
- 信息系统在组织中扮演的角色。

1.1　信息系统的基本概念

随着人类社会向信息时代迈进，人们越来越清楚地认识到，信息资源是一种财富，在社会生产和人类生活中将发挥日益重要的作用。一个组织的管理就其实质来说，是对信息的处理和利用的一种活动。没有有效的信息管理，信息也可能带来许多意想不到的问题。对信息及其相关活动因素进行科学的计划、组织、控制和协调，实现信息资源的充分开发、合理配置和有效利用，是管理活动的必然要求。

1.1.1　信息的含义

信息为客观世界所固有。人类自古对信息有一定的认识，但从来没有像现代社会这样引起如此广泛、深入、持久的影响,以至于它传播范围可及星际空间,传播速度可及光速极限。

对于信息这个概念,不同的学科有不同的解释。在信息管理领域,一般认为,信息是关于客观事实的可通信的知识。这是因为:

(1) 信息是客观世界各种事物的特征的反映。客观世界中任何事物都在不停地运动和变化,呈现出不同的特征。这些特征包括事物的有关属性状态,如时间、地点、程度和方式,等等。信息的范围极广,比如气温变化属于自然信息,遗传密码属于生物信息,企业报表属于管理信息,等等。

(2) 信息是可以通信的。信息是构成事物联系的基础,由于人们通过感官直接获得周围的信息极为有限,因此,大量的信息需要通过传输工具获得。最后,信息形成知识。

信息可以从不同角度分类:从管理层次的角度,信息可分为战略信息、战术信息和作业信息;从应用领域的角度,信息可分为管理信息、社会信息和科技信息等;从加工顺序的角度,信息可分为一次信息、二次信息和三次信息等;从反映形式角度,信息可分为数字信息、文字信息、图像信息和声音信息等。

信息具有以下属性:

(1) 事实性:是信息的核心价值。它是信息的第一属性。不符合事实的信息不仅没有价值,而且可能价值为负,既害别人,也害自己。

(2) 时效性:指从信息源发送信息,经过接收、加工、传递、利用的时间间隔及其效率。时间间隔愈短,使用信息愈及时,使用程度愈高,时效性愈强。

(3) 不完全性:关于客观事实的信息是不可能全部得到的,这与人们对认识事物的程度有关系。因此数据收集或信息转换要有主观思路,要运用已有的知识,进行分析和判断,只有正确地舍弃无用和次要的信息,才能正确地使用信息。

(4) 等级性:管理系统是分等级的(如公司级、工厂级、车间级等),处在不同级别的管理者有不同的职责,处理的决策类型不同,需要的信息也不同。因而信息也是分级的。通常把管理信息分为三级:战略级、战术级及作业级。

(5) 可变换性:信息可以由不同的方法和不同的载体来载荷。这一特性在多媒体时代尤为重要。

(6) 价值性:管理信息是经过加工并对生产经营活动产生影响的数据,是劳动创造的一种资源,因而是有价值的。索取一份经济情报,或者利用大型数据库查阅文献所付费用是信息价值的部分体现。信息的使用价值必须经过转换才能得到,鉴于信息寿命衰老很快,转换必须及时。如某车间可能窝工的信息知道得早,及时备料或安插其他工作,信息资源就转换为物质财富。反之,事已临头,知道了也没有用,转换已不可能,信息也就没有什么价值了。"管理的艺术在于驾驭信息"，就是说，管理者要善于转换信息，去实现信息的价值。信息的价值=使用信息所获得的收益－获取信息所用成本。

1.1.2　数据的概念

　　数据是记录下来可以被鉴别的符号。数据本身没有意义，具有客观性。数字、文字、声音、图表等都是数据。数据经过处理仍然是数据，只有经过解释才能成为信息。对于同样的数据，不同的人可以有不同的解释，不同的解释往往来自不同的背景和目的。因此可以认为，信息是对数据的解释，具有主观性。

　　数据经过处理后，其表现形式仍然是数据。处理数据的目的是为了便于更好地解释。只有经过解释，数据才有意义，才成为信息，数据与信息的关系见图 1.1。因此，信息是经过加工以后、并对客观世界产生影响的数据。

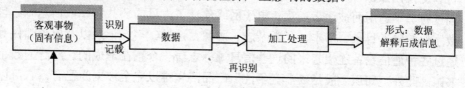

图 1.1　数据与信息的关系

1.1.3　知识的定义

1.1.3.1　知识的含义

　　知识到底是什么，目前仍然有争议。《辞海》中将"知识"定义为"人们在社会时间中积累起来的经验"，并指出"从本质上说，知识属于认识的范畴"。而在《中国大百科全书·教育》中"知识"条目是这样表述的："所谓知识，就它反映的内容而言，是客观事物的属性与联系的反映，是客观世界在人脑中的主观映像。"国外有些学者认为知识是一种能够改变某些人或某些事物的信息，既包括使信息成为行动的基础的方式，也包括通过对信息的运用使某个个体(或机构)有能力进行改变或进行更为有效的行为方式。

　　知识具有可共享性、非磨损性、无限增值性、主观性等一系列跟普通物质不同的特殊性质。

1.1.3.2　知识的分类

　　从使用角度进行划分，我国一般将知识分为三类：来源于生产实践的知识、来源于社会实践的知识以及来源于科学实验的知识；国外有些学者将"知识"归纳为事实知识(Know-what)、原理知识(Know-why)、技能知识(Know-how)和人力知识(Know-who)四种知识类型；有人进一步将知识划分为两大类别：显性知识和隐性知识。所谓显性知识，是指可以通过常规的传播方式进行传递，能够固化于书本、磁带、光碟等媒体介质中的那一种数码化知识。关于 Know-what 和 Know-why 的知识基本属于显性知识。所谓隐性知识，是个人或组织经过长期积累而获得的知识，这些知识不易用言语表达，缺少外化的物质载体，传播给别人也很困难。关于 Know-how 和 Know-who 的知识通常属于隐性知识。如果说显性知识是"冰山的尖端"，那么隐性知识则是隐藏在水面以下的大部分，它们比显性知识更难以发觉，但却是知识的精华和个人能力的决定性因素。

但随着数码化的发展，如同其他生产资料一样，知识可以被利用，被加以分析和交换；知识可以被储存、更新，新的知识会不断取代旧的知识，旧知识则会因过时、不适用而被逐步淘汰。电子网络建立了大量的公共和私人信息源，包括数字化的参考目录、书本、科学杂志、影像、录像、声音记录以及电子邮件等，通过各种通信设备连接起来的这些信息源标志着一个正在形成的、广泛的数字图书馆。此外，知识一般是"非竞争性"产品，它难以完全被据为己有，它可以被许多人共享，而并不损害每个人拥有的知识数量和质量。知识不是一个简单的、各种信息和经验的无序集合，而是一个动态的、与人或组织相交互的系统。只有在人的使用过程中，知识才体现出其价值，才成为其实践意义的、真正的知识。知识的获得是要付出一定代价的。知识的分布在个人和企业间是不均匀和不对称的，缺少知识的人或企业要向拥有知识的人或企业购买。相比而言，数码化知识较易传播和转让，而隐含经验类知识要通过学习、培训等实践活动，较难被转让。

由于人类遗忘的特性，遗忘就意味着无法使用，知识也失去了它的意义。要充分利用知识，无论是个人还是社会，必须对知识进行条理化的管理，以便人们随时使用和学习。

1.1.4 模型的概念

模型是指对于某个实际问题或客观事物、规律进行抽象后的一种形式化表达方式。通过对实际问题进行分析后，建立各种模型，可以有效提高处理问题的科学性，充分合理利用相关信息资源。建立和处理各种模型是信息系统开发过程中的主要任务之一，也是衡量软件质量好坏的标准之一。

模型有不同的类型，在信息系统开发过程中，我们会用到或者需要建立和处理多种模型，常见的模型主要有：

(1) 数学模型：对实际问题进行分析和高度抽象基础上建立起来的一组数学表达式。

(2) 程序模型：对实际问题求解的一种形式化表达方法。

(3) 逻辑模型：描述某类问题时的逻辑表达方式。

(4) 结构模型：系统按照一个个子系统有序构成的结构形式。包括逻辑结构模型的物理结构模型。

(5) 方法模型：解决问题的方法及基本形式。

(6) 分析模型：对问题的分析方法。包括数学模型、分析图表等。

(7) 管理模型：对问题和业务管理控制方式的统称。

(8) 数据模型：设计和建立数据库时，用于提供数据表示和操作手段的形式构架。

(9) 系统模型：系统内部的结构形式及各部分之间的连接方式。

根据所要解决的问题，建立适当的模型一般分为以下几个步骤：

(1) 客观、正确地调查和分析所要解决的问题。

(2) 在明确问题的性质和关键所在后，根据知识进行归纳和总结。

(3) 抽象地建立起求解问题的模型。

(4) 考察和证实模型是否准确地反映了实际问题运行的规律。

1.1.5 模式的概念

模式指一种工作或运作方式，或称为范式。兼有指导思想、政策措施、执行步骤、动作过程以及管理方式等方面的内容。模式既可用于宏观，也可用于微观。在信息系统中常用的模式概念主要有以下几个类型：

(1) 针对整个系统开发过程而言的管理模式，包括从整个系统的构思、规划到开发、实现、运行管理的一整套实施运作方法等。

(2) 针对系统分析和系统运行而言的管理模式，实际管理工作中从管理方法、管理模型、管理过程到数据收集、分析统计等整个运作过程。

(3) 针对计算机技术和信息处理技术而言的处理模式，如形式化信息处理表达方式——巴斯克范式、数据规范化等。

1.1.6 系统的含义

系统(图 1.2)是由相互作用和相互制约的若干要素结合而成的，具有特定目标和功能的有机整体。系统按其组成可分为自然系统(血液循环系统、天体系统、生态系统等)、人造系统(计算机系统、生产系统和运输系统等)和复合系统三大类。

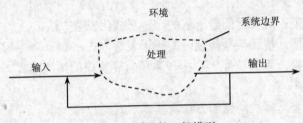

图 1.2　系统的一般模型

血液循环系统、天体系统、生态系统等属于自然系统,这些系统是自然形成的。所谓人造系统,是指人类为了达到某种目的而对一系列的要素做出有规律的安排,使之成为一个相关联的整体。例如,计算机系统、生产系统和运输系统等。实际上,大多数系统属于自然系统和人造系统相结合的复合系统,而且许多系统有人参加,是人-机系统。例如,信息系统看起来是一个人造系统,但是它的建立、运行和发展往往不以设计者的意志为转移,而有其内在规律,特别是与开发和使用信息系统的人的行为有紧密的联系。了解自然系统的运行规律及人与自然系统的关系是建立和发展信息系统的关键。

系统具有以下特性:

(1) 集合性:一个系统至少要由两个或更多的可以相互区别的要素或称子系统所组成,它是这些要素和子系统的集合。作为集合的整体系统的功能要比所有子系统的功能的总和还大。

(2) 目的性:人造系统都具有明确的目的性。所谓目的就是系统运行要达到的预期目标,它表现为系统所要实现的各项功能。系统目的或功能决定着系统各要素的组成和结构。

(3) 相关性:系统内的各要素既相互作用,又相互联系。这里所说的联系包括结构联系、功能联系、因果联系等。这些联系决定了整个系统的运行机制,分析这些联系是构筑一个系统的基础。

(4) 环境适应性:系统在环境中运转,环境是一种更高层次的系统。系统与其环境相互交流,相互影响,进行物质的、能量的或信息的交换。不能适应环境变化的系统是没有生命力的。

1.1.7　管理信息

管理是管理者或管理机构,通过计划、组织、领导和控制等活动,对组织的资源进行合理配置和有效利用，以实现组织特定目标的过程。

管理信息是组织在管理活动过程中采集到的、经过加工处理后对管理决策产生影响的各种信息的总称。

管理信息是信息集中的一个子集，信息与管理信息关系如图 1.3 所示。

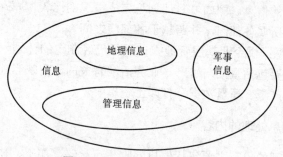

图 1.3　管理信息与信息的关系

1.1.7.1　管理信息的特点

管理信息具有一般信息的特点，又有其本身独特之处，这些特点可归纳如下：
(1) 原始数据来源的分散性。
(2) 信息资源的非消耗性。
(3) 信息量大。
(4) 信息处理方法的多样性。
(5) 信息的发生、加工、应用，在空间、时间上的不一致性。

1.1.7.2　管理信息的分类

1) 按信息稳定性分类，将信息分为固定信息和流动信息两类。

(1) 固定信息：是具有相对稳定性的信息，在一段时间内可以在各项管理任务中重复使用，不发生质的变化。它是企业一切计划和组织工作的重要依据。

(2) 流动信息(作业统计信息)：反映生产经营活动中实际进程和实际状态的信息。它随生产经营活动的进展不断更新，时间性较强，一般只具有一次性使用价值。但是及时收集这类信息，并与计划进行比较分析，是评价企业生产经营活动、揭示和克服薄弱环节的重要手段。

2) 按决策层次分类，将管理信息分为战略信息、战术信息和业务信息。

(1) 战略信息：供企业高级管理者进行战略决策时使用，这些战略信息是关系到上层管理部门对本部门要达到的目标，关系到为达到这一目标所必需的资源水平和种类以及确定获得资源、使用资源和处理资源的指导方针等方面进行决策的信息。如产品投产、停产，新厂厂址选择，开拓新市场等。制定战略要大量地获取来自外部的信息。管理部门往往把外部信息和内部信息结合起来进行预测。

(2) 战术信息：是管理控制信息，是使管理人员能掌握资源利用情况，并将实际结果与计划相比较，从而了解是否达到预定目的，并指导其采取必要措施更有效地利用资源的信息。例如，月计划与完成情况的比较，库存控制等。管理控制信息一般来自所属各部门，并跨越于各部门之间。

(3) 业务信息：供企业基层管理人员执行已经制定的计划，组织生产或服务活动时使用。主要包括直接与生产、业务活动有关的、反映当前情况的信息。例如，每天统计的产量、质量数据，打印工资单等。

1.1.7.3　管理信息处理的内容

管理信息处理的内容主要包括信息的收集、存储、加工、传输和提供五个方面。

1) 信息的收集：根据数据和信息的来源不同，可以把信息收集工作分为原始信息收集和二次信息收集两种。

(1) 原始信息收集：在信息或数据发生的当时、当地，从信息或数据所描述的实体上直接把信息或数据取出，并用某种技术手段在某种介质上记录下来。

(2) 二次信息收集：收集已记录在某种介质上，与所描述的实体在时间与空间上已分离开的信息或数据。

原始信息收集与二次信息收集两者区别是：原始信息收集的关键问题是完整、准确、及时地把所需要的信息收集起来，它要求时间性强、校验功能强、系统稳定可靠。二次信息收集则是在不同的信息系统之间进行的，其实质是从别的信息系统得到本信息系统所需要的信息，它的关键问题在于两个方面：一是有目的地选取或抽取所需信息；二是正确地解释所得到的信息。

2) 信息的存储：在信息存储方面应考虑存储量、信息格式、使用方式、存储时间、安全保密等问题。

3) 信息的加工：对收集到的信息都要进行加工，以便得到更加反映本质或更符合用户需要的信息。从加工本身来看，可以分为数值运算和非数值处理两大类。数值运算包括简单的算术与代数运算、数理统计中的各种统计量的计算及各种检验、运筹学中的各种最优化算法以及模拟预测方法等；非数值处理包括排序、合并、分类、选择、分配，常规文字处理，图形、图像处理等。

4) 信息的传输：信息的传输形成企业的信息流。信息传输应考虑信息的种类、数量、频率、可靠性要求等。在实际工作中，信息传输与信息存储是相联系的。当信息分散存储于若干地点时，信息的传输量可以减少，但分散存储也会带来存储管理上的一系列问题，如安全性、一致性等，而且变得难以解决。如果信息集中存储在同一地点，上述问题比较容易解决，但信息传输的负担将大大加重。

5) 信息的提供：信息加工完成后，就应按管理工作的要求以各种形式，将信息提供给有关单位和人员，在企业中提供的主要形式为各种计划、统计报表、报告文件等。

1.1.7.4　管理信息的作用

管理信息的作用如下：

(1) 管理信息是重要的资源。近年来，信息已被认为与能源、材料同等重要的人类赖以生存和发展的资源，而且在某些情况下，信息是更为重要的资源。信息可以帮助人们认识事物的当前状态和特征，或者说，信息能够提高人们的知识水平，提高人们洞察客观事物的能力，是人脑的扩展和延伸。信息的占有水平与利用程度，已经成为衡量一个企业和国家现代化水平的重要标志，是企业或国家综合实力的重要组成部分。

(2) 管理信息是科学决策的基础。现代管理的核心是决策，正确的决策取决于多种因素，如领导的决策思想、决策体制、决策方法等，但决定性的一个因素是对客观实际和未来发展的正确判断，正确的判断源于充分的信息，信息不充分就失去决策的依据，就可能导致决策的失败。尤其是今天，科学技术飞速发展，要提高企业的竞争能力，要实现正确的决策，就必须拥有大量的信息，信息可以帮助人们预测事物未来的发展趋势，是人们进行科学决策的基础。

(3) 管理信息是实施管理控制的依据。在企业的管理过程中，必须实行有效地控制，控制的目的是使被控制对象的状态和变化方式沿着最优的路线达到最优的目标。为了达到最优的控制，必须及时掌握反馈的信息。所谓反馈信息是指控制信息(即输入信息)作用于受控对象后，产生的结果信息(如输出的各种统计报表等)再返回到输出端的信息。这种返回的信息，经过处理并对信息的再输入发生影响，这个控制的过程称为信息反馈，从输出端返回到输入端的信息，称为反馈信息，如图1.4所示。

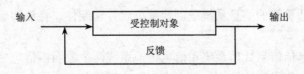

图 1.4　信息反馈

信息反馈的作用在管理系统中是十分重要的，主要原因是在管理系统中，受控制的对象不仅受管理信息的控制，而且还受到来自外部环境和内部因素的各种干扰，使受控制的对象往往会偏离计划预期的目标，管理者必须不断通过反馈信息，查明偏离的情况和原因，采取相应的措施，调整下一周期的输入，使系统按预定的路线和目标继续进行，争取达到最好的结果。

(4) 管理信息是内外联系的纽带。一个企业或组织的内部有各种职能部门和生产业务组织，企业的外部有销售市场、物资供应、领导机关等部门，管理信息必须把内外各组成部门连接起来，使它们成为一个整体，使上下级相互协调，其关键是将系统的信息流进行合理的组织和合理的流动，所以管理信息是内外联系的纽带。

1.1.8　信息系统

从技术上说，一个信息系统就是为了支持决策和组织控制而收集(或获取)、处理、存储、分配信息的一组相互关联的组件。除了支持决策、协作和控制，信息系统也可用来帮助经理和工人分析问题，使复杂性可视化，从而创造新的产品。从商业角度看，一个信息系统是一个用于解决环境提出的挑战的、基于信息技术的组织管理方案。我们用"信息系统"这个词时，特指依赖于计算机技术的信息系统(如图 1.5 所示)。

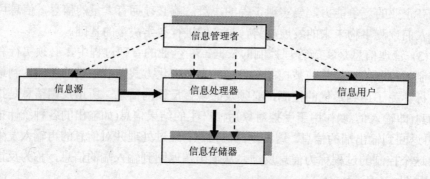

图 1.5　信息系统的概念结构

一个基于计算机的信息系统是以计算机软件、硬件、存储和通信等技术为核心的人/机系统。

信息系统包括信息处理系统和信息传输系统两个方面。信息处理系统对数据进行处理，使它获得新的结构与形态或者产生新的数据。比如计算机系统就是一种信息处理系统，通过它对输入数据的处理可获得不同形态的新的数据。信息传输系统不改变信息本身的内容，作用是把信息从一处传到另一处。信息的作用只有在广泛交流中才能充分发挥出来，因此，通信技术的进步极大地促进了信息系统的发展。

信息系统是以提供信息服务为主要目的的数据密集型、人机交互的计算机应用系统。它在技术上有四个特点：

(1) 涉及的数据量大。数据一般需存放在辅助存储器中，内存中只暂存当前要处理的一小部分数据。

(2) 绝大部分数据是持久的，即不随程序运行的结束而消失，而需长期保留在计算机系统中。

(3) 这些持久数据为多个应用程序所共享，甚至在一个单位或更大范围内共享。

(4) 除具有数据采集、传输、存储和管理等基本功能外，还可向用户提供信息检索、统计报表、事务处理、规划、设计、指挥、控制、决策、报警、提示、咨询等信息服务。

信息系统是一种面广量大的计算机应用系统，管理信息系统、地理信息系统、指挥信息系统、决策支持系统、办公信息系统、科学信息系统、情报检索系统、医学信息系统、银行信息系统、民航订票系统等都属于这个范畴。

就用途来说，信息系统的基本结构又是共同的。它一般可分为四个层次：

(1) 硬件、操作系统和网络层：是开发信息系统的支撑环境。

(2) 数据管理层：是信息系统的基础，包括数据的采集、传输、存取和管理，一般以数据库管理系统(DBMS)作为其核心软件。

(3) 应用层：是与应用直接有关的一层，它包括各种应用程序，例如分析、统计、报表、规划、决策等。

(4) 用户接口层：是信息系统提供给用户的界面。信息系统是一个向单位或部门提供全面信息服务的人机交互系统。它的用户包括各级人员，其影响也遍及整个单位或部门。由于信息系统的用户多数是非计算机专业人员，用户接口的友善性十分重要。用户接口在信息系统中所占比重越来越高。

信息系统的开发和运行，不只是一个技术问题，许多非技术因素，如领导的重视、用户的合作和参与等，对其成败往往有决定性影响。由于应用环境和需求的变化，对信息系统常常要做适应性维护。在开发和维护过程中，尽可能采用各种软件开发工具是十分必要的。

1.1.9　管理信息系统

管理信息系统是一个由人和计算机等组成的，能进行管理信息的收集、传输、存储、加工、维护和使用的系统。管理信息系统是对一个组织(单位、企业或部门)进行全面管理的人和计算机相结合的系统，是综合运用计算机技术、信息技术管理技术和决策技术，与现代化的管理思想、方法和手段结合起来，辅助管理人员进行管理和决策的人机系统。

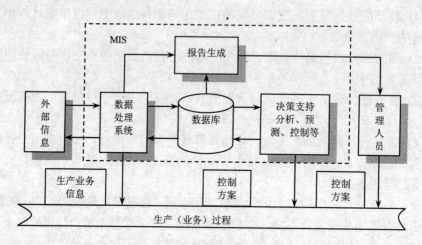

图 1.6　管理信息系统概念结构图

管理信息系统不仅是一个技术系统，而且同时又是一个社会系统。

管理信息系统与信息系统的关系如图 1.7 所示。

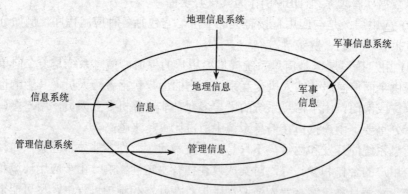

图 1.7　管理信息系统与信息系统的关系

1.1.9.1　管理信息系统的特点

管理信息系统的特点有：

(1) 面向管理决策：管理信息系统是继管理学的思想方法、管理与决策的行

12

为理论之后的一个重要发展，它是一个为管理决策服务的信息系统，它必须能够根据管理的需要，及时提供所需要的信息，帮助决策者作出决策。

(2) 综合性：从广义上说，管理信息系统是一个对组织进行全面管理的综合系统。一个组织在建设管理信息系统时，可根据需要逐步应用到各领域的子系统，然后进行综合，最终达到应用管理信息系统进行综合管理的目标。管理信息系统综合的意义在于产生更高层次的管理信息，为管理决策服务。

(3) 人机系统：管理信息系统的目的在于辅助决策，而决策只能由人来做，因而管理信息系统必然是一个人机结合的系统。在管理信息系统中，各级管理人员既是系统的使用者，又是系统的组成部分。在管理信息系统开发过程中，要根据这一特点，正确界定人和计算机在系统中的地位和作用，充分发挥人和计算机各自的长处，使系统整体性能达到最优。

(4) 与现代管理方法和手段相结合的系统：只简单地采用计算机技术提高处理速度，而不采用先进的管理方法，管理信息系统的应用仅仅是用计算机系统仿真人工管理系统，充其量只是减轻了管理人员的劳动，其作用的发挥十分有限。管理信息系统要发挥其在管理中的作用，就必须与先进的管理手段和方法结合起来，在开发管理信息系统时，融进现代化的管理思想和方法。

(5) 多学科交叉的边缘科学：管理信息系统作为一门新的学科，产生较晚，其理论体系尚处于发展和完善的过程中。研究者从计算机科学与技术、应用数学、管理理论、决策理论、运筹学等相关学科中抽取相应的理论，构成管理信息系统的理论基础，使其成为一个肯有鲜明特色的边缘科学。

1.1.9.2　管理信息系统的分类

从系统的功能和服务对象来看，管理信息系统可分为：

(1) 国家经济信息系统：是一个包含各综合统计部门在内的国家级信息系统。这个系统纵向联系各省、市、地市、县直至各重点企业的经济信息系统，横向联系外贸、能源、交通等各行业信息系统，形成一个纵横交错、覆盖全国的综合经济信息系统。国家经济信息系统由国家经济信息中心主持，在"统一领导、统一规划、统一信息标准"的原则下，按"审慎论证、积极试点、分批实施、逐步完善"的十六字方针边建设，边发挥效益。

(2) 企业管理信息系统：企业管理信息系统面向工厂、企业，主要进行管理信息的加工处理。这是一类最复杂的管理信息系统，一般具备对工厂生产监控、预测和决策支持的功能。企业复杂的管理活动给管理信息系统提供了典型的应用环境和广阔的应用舞台，大型企业的管理信息系统都很大，"人、财、物"、"产、供、销"以及质量、技术应有尽有，同时技术要求也很复杂，因而常被作为典型的管理信息系统进行研究，从而有力地促进了管理信息系统的发展。

(3) 事务型管理信息系统：面向事业单位，主要进行日常事务的处理，如医院管理信息系统、饭店管理信息系统、学校管理信息系统等。由于不同应用单位处理的事务不同，这些管理信息系统逻辑模型也不尽相同，但基本处理对象都是管理事务信息，决策工作相对较少，因而要求系统具有很高的实时性和数据处理能力。

(4) 行政机关办公型管理信息系统：其特点是办公自动化和无纸化，其特点与其他各类管理信息系统有很大不同。在行政机关办公服务系统中，主要应用局域网、打印、传真、印刷、缩微等办公自动化技术，以提高办公事务效率。行政机关办公型管理信息系统对下要与各部门下级行政机关信息系统互联，对上要与行政首脑决策服务系统整合，为行政首脑提供决策支持信息。

(5) 专业型管理信息系统：指从事特定行业或领域管理的信息系统，如人口管理信息系统、材料管理信息系统、科技人才管理信息系统、房地产管理信息系统等。这类信息系统专业性很强，信息相对专业，主要功能是收集、存储、加工、预测等，技术相对简单，规模一般较大。另一类专业性很强的管理信息系统如铁路运输管理信息系统、电力建设管理信息系统、银行信息系统、民航信息系统、邮电信息系统等，其特点是综合性很强，包含了上述各种管理信息系统的特点，也称为"综合型"信息系统。

1.2 管理系统中计算机应用的发展

1.2.1 管理系统中计算机应用的发展阶段

信息系统和信息处理从人类文明产生开始就已存在，直到电子计算机问世、信息技术实现飞跃以及现代社会对信息需求日益增长，才迅速发展起来。从第一台电子计算机于 1946 年问世，50 多年来，信息系统经历了由单机到网络，由低级到高级，由电子数据处理到管理信息系统、再到决策支持系统，由数据处理到智能处理的过程。这个发展过程大致经历了以下几个阶段：

1) 电子数据处理系统(Electronic Data Processing Systems，EDPS)：其特点是数据处理的计算机化，目的是提高数据处理的效率。从发展阶段来看，它可分为单项数据处理和综合数据处理两个阶段。

单项数据处理阶段(20 世纪 50 年代中期到 60 年代中期)：这一阶段是电子数

据处理的初级阶段。主要是用计算机部分地代替手工劳动，进行一些简单的单项数据处理工作，如工资计算、产量统计等。

综合数据处理阶段(20世纪60年代中期到70年代初期)：这一时期的计算机技术有了很大发展，出现了大容量直接存取的外存储器。此外一台计算机能够带动若干终端，可以对多个过程的有关业务数据进行综合处理。这时各类信息报告系统应运而生。

信息报告系统是管理信息系统的雏形，其特点是按事先规定要求提供各类状态报告。

2) 管理信息系统(Management Information Systems，MIS)：20世纪70年代初随着数据库技术、网络技术和科学管理方法的发展，计算机在管理上的应用日益广泛，管理信息系统逐渐成熟起来。管理信息系统最大的特点是高度集中，能将组织中的数据和信息集中起来，进行快速处理，统一使用。有一个中心数据库和计算机网络系统是MIS的重要标志。MIS的处理方式是建立在数据库和网络基础上的分布式处理。随着计算机网络和通信技术的发展，不仅能把组织内部的各级管理联结起来，而且能够克服地理界限，把分散在不同地区的计算机网络互联，形成跨地区的各种业务信息系统和管理信息系统。管理信息系统的另一特点是利用定量化的科学管理方法，通过预测、计划优化、管理、调节和控制等手段来支持决策。

3) 决策支持系统(Decision Support Systems，DSS)：20世纪70年代国际上展开了MIS为什么失败的讨论。人们认为，早期MIS的失败并非由于系统不能提供信息。实际上MIS能够提供大量报告，但经理很少去看，大部分被丢进废纸堆，原因是这些信息并非经理决策所需。当时，美国的Michael S.Scott Marton 在《管理决策系统》一书中首次提出了"决策支持系统"的概念。决策支持系统不同于传统的管理信息系统，早期的MIS主要为管理者提供预定的报告，而DSS则是在人和计算机交互的过程中帮助决策者探索可能的方案，为管理者提供决策所需的信息。

由于支持决策是MIS的一项重要内容，DSS无疑是MIS重要组成部分；同时，DSS以MIS管理的信息为基础，是MIS功能上的延伸。从这个意义上，可以认为DSS是MIS发展的新阶段，而DSS是把数据库处理与经济管理数学模型的优化计算结合起来，具有管理、辅助决策和预测功能的管理信息系统。

综上所述，EDPS、MIS和DSS各自代表了信息系统发展过程中的某一阶段，但至今它们仍各自不断地发展着，而且是相互交叉的关系。

EDPS是面向业务的信息系统，MIS是面向管理的信息系统，DSS是面向决策的信息系统。信息系统各分支之间的关系如图1.8所示。

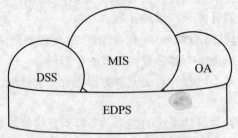

图 1.8　信息系统各分支之间的关系

　　DSS 在组织中可能是一个独立的系统，也可能作为 MIS 的一个高层子系统而存在。

　　管理信息系统的概念是在不断地发展的。20 世纪 90 年代以来，DSS 与人工智能、计算机网络技术等结合形成了智能决策支持系统(Intelligent Decision Support Systems，IDSS)和群体决策支持系统(Group Decision Support System，GDSS)。又如，EDPS、MIS 和 OA 技术在商贸中的应用已发展成为电子商贸系统(Electronic Business Processing System，EBPS)。这种系统以通信网络上的电子数据交换(Electronic Data Interchange，EDI)标准为基础，实现了集订货、发货、运输、报关、保险、商检和银行结算为一体的商贸业务，大大方便了商贸业务和进出口贸易。此外，随着 Internet 的发展和电子商务(Electronic Commerce，EC)的广泛应用，目前又出现了不少新的概念，诸如总裁信息系统、战略信息系统、计算机集成制造系统和其他基于知识的信息系统等。

1.2.2　管理系统中计算机应用的基本条件

　　管理系统中计算机应用，除必须具有计算机软硬件外，还应具备以下基本条件：

　　1) 科学的管理基础：只有在合理的管理体制、完善的规章制度、稳定的生产秩序、科学管理方法和完整、准确的原始数据的基础上，才能考虑应用计算机进行管理的问题。为了适应计算机管理的要求，必须逐步做到：

　　(1) 管理工作的程序化。

　　(2) 管理业务的标准化。

　　(3) 报表文件的统一化。

　　(4) 数据资料的完整化和代码化。

　　2) 领导的支持和参与：建立企业管理信息系统，是一项技术复杂、难度大、

周期长、投资多、要求条件高、一时又难以见效的系统工程。它涉及企业生产经营活动的各个方面和各个管理层次，有许多问题需要企业领导进行决策和控制。企业领导必须亲自介入信息系统规划、决策、落实等系统开发的全过程。

(1) 抓好规划：应着重处理好三个问题：

① 从企业实际出发，考虑发展远景，制定出可行的近期和长期的系统目标。

② 根据目标的要求处理好资源的重新分配。

③ 对现行管理系统进行必要的改革，为新的管理信息系统的运行，创造一个相应的企业内部环境。

(2) 抓好决策：一系列重大问题的解决方案，都必须经过企业最高领导层的认可，由企业主要领导做出决策。

(3) 抓好落实：主要抓三个方面的落实：组织落实、资金落实及措施落实。

3) 专业人员队伍的建设和培训：培训主要学习以下三方面的内容：

(1) 向负责系统开发的领导成员介绍管理信息系统的基本概念、开发的方法和原则。

(2) 向参与系统开发的成员讲解管理信息系统的开发方法、步骤和规范等知识。

(3) 向职能部门的业务人员普及计算机基础知识，介绍计算机在企业管理中应用的必要性和可能性，加强他们在提高信息管理意识、打破传统观念等方面的教育。

1.3 企业中的信息系统

1.3.1 组织和信息系统

人与社会的联系需要沟通，承担这种沟通任务的中介物就是组织。组织是人类社会生活中最常见、最普遍的社会现象，它的产生源于人类的生产斗争和社会斗争。以原始人打猎为例，由于他们没有什么"先进"器具，又没有猛兽那样的尖牙利爪，所以一个人打猎很难成功。经过多年实践，他们发现集体打猎效果很好，并且发现听从一个人的指挥比乱哄哄地乱打更好，于是就公推一位能干的人当首领，其他人听他指挥，这就是最原始的组织。由此我们可以归结出这样一个结论：由于个人有所期望，但又无力实现这一期望，往往需要和他人相互依存，相互合作，联合起来，共同行动，创造群体合力。在长期的实践中，使人们有了发展这种合作，增进相互依存关系，并使这种关系科学化、合理化，借以不断提高群体效能的要求和倾向，组织就是人们对于这种要求、倾向的认识和行动的结果。

从商业角度看，信息系统是一个基于信息技术的组织管理方案，用于解决环境所提出的挑战。信息系统经历了由单机到网络，由低级到高级，由电子数据处理到管理信息系统，再到决策支持系统，由数据处理到智能处理的过程。信息系统对组织的效率和效用的贡献是显而易见的。因为存在着不同类型的组织，组织周围的环境、组织文化、组织结构、组织的标准业务过程、组织政治和管理决策的不同，信息系统对不同的组织将起不同的作用。

社会技术系统学派认为：信息技术和组织之间的相互影响关系可以用图1.9(组织和信息技术的双向关系)来表示。组织和信息技术之间是双向的关系，首先任何信息系统技术的引进都需要组织的审批，现存的组织结构对信息系统的设计、引进能否成功等会产生直接的影响。从这个意义上来看，组织影响着信息系统。反之，信息系统的建立必然使得组织采用新的工作方式，因此信息系统又影响着组织。这就是说，信息系统必须与组织紧密结合起来，必须向组织的各级决策者提供他们所需要的信息；而组织也应当懂得自己必须适应环境的变化，使用信息系统使自己受益，跟上时代的步伐。这种双向关系可以通过许多因素体现出来，例如组织所在的环境、组织文化、组织结构、标准作业过程、组织采取的政策、管理决策方式等。

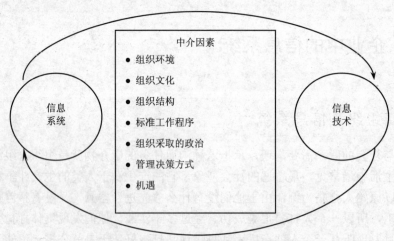

图 1.9　组织和信息技术的双向关系

下面从组织所在的环境、组织的战略、组织的目标、组织的结构、组织的标准作业过程、组织文化等几个方面来分析信息系统和组织的双向关系。

18

1.3.1.1　组织所在的环境

组织环境包括客户、供货商、社会需求、信息、能源等。组织要想实现自己的目标，就必须适应组织所在的环境。因此，组织自身是一个具有学习功能的主体，它需要在适应环境的过程中不断生长。

在信息时代，IT 的发展使得组织的环境更容易发生变化，组织环境的变化速度也更快，这就给组织带来了巨大的压力。组织如果不能够适应这种变化，或者对于这种变化跟得不紧，很容易成为组织衰败的起因。例如王安公司在 20 世纪 80 年代时曾是非常有竞争力的计算机公司，该公司最早开始使用磁芯存储器，一度是办公自动化领域的领先者。但是在半导体存储器出现和小型化的环境变化中，该公司没有及时地转变策略，仍然坚持自己以往的发展方向，结果经营业绩很快恶化，不久就破产了。

1.3.1.2　组织战略和目标

组织战略是组织为实现自己的目标所遵循的基本原则。而组织目标是组织表现其经营目的实现状态的具体指标。如利润、技术领先程度、规模发展规划、市场份额等。

在组织战略中，认识与利用信息技术已经是管理者不得不正视的现实了。信息技术不仅仅是一种技术，它往往与组织的战略紧密关联。例如在美国的航空行业中，美国航空公司和联合航空公司曾经给许多旅行代理店免费安装了计算机系统，用户可以直接在上面查询他们所需要的航班等信息。由于提供了这种服务，他们的市场占有率迅速提高，而将他们的竞争对手挤出了市场。

培养组织的核心竞争能力往往是组织的重要目标。所谓核心竞争能力，就是组织独特的知识、技能、产品或服务，例如对市场的分析能力，生产某产品的关键技术等。核心竞争能力是组织特有的能力，是其他组织难以模仿的能力，它使得企业在创造价值和降低成本方面比竞争对手更为有利。例如，微软公司的操作系统是其核心竞争能力，这一产品的特点在于功能强大而且对用户十分友好，而且微软公司的最强大之处在于它不断升级，每一次升级版本都加入了许多新的功能。因此，微软的操作系统成为市场上的事实标准，其优势是其他公司的产品难以抗衡的。微软公司的做法也难以简单地模仿。

1.3.1.3　组织结构

组织的另一个关键因素是它的结构。组织的结构是劳动力分工的基础，职能部门的分割使得他们受到专业训练并完成特定的工作。组织的层次化使得组织中成员能协同工作。高层的人员从事管理、专业性的和技术性的工作，而低层的人员从事操作性的工作。组织还需要各种不同的人员扮演不同的角色和掌握技能。除了管理者以外，知识工作者和数据工作者从事公司的纸面工作，而生产和服务工作者生产公司的产品/服务。

信息技术使得组织结构发生了变化，固定的、金字塔形的传统组织结构往往不能适合现代组织的需要，正在经历"痛苦"的改变。当信息系统建立以后，高层领导可以方便地得到详尽的基层信息，同时许多信息收集工作不必请人代劳；因此对中层及基层的管理人员的需要会减少，而高层领导的管理幅度将扩大，从而使得整个组织结构呈扁平状。另外，一些新的组织结构如矩阵型组织(以职能和业务为轴构成的组织)、工作组型组织(以业务为中心构成工作组，适合于比较灵活多变的组织结构)，以及平面型的、客户/服务器型的、动态型的组织结构正在理论上和实践上发展，今后可能逐渐取代传统的组织结构。

近年来，管理学界十分重视对学习型组织的研究。学习型组织强调通过吸取知识，同时用知识对自身进行改造。这里的学习是指组织的学习，这种学习必须是根据组织的日常活动或组织的制度、文化等固定下来的群体活动。微软公司的竞争能力的不断提升就是得益于他们的学习方法和学习制度。

1.3.1.4 标准作业过程

组织机构常规的活动和步骤称为标准作业过程(Standard Operating Procedure, SOP)，SOP 用来处理所有预想的业务。SOP 需要经过一个很长的时期才能逐步建立起来，因而想改变一个组织的 SOP 也需要付出巨大的努力。例如，美国福特汽车公司的 SOP 采用的是福特作业方式，即大规模生产和将作业分割成单一的工作。而日本丰田汽车公司的 SOP 则是质量控制小组方式，各个小组中的每个成员都要学习多种工作，并进行定期轮换。由于日本丰田汽车公司的产品质量好、价格便宜，受到美国业界的重视，并呼吁美国汽车公司向日本学习。但是在美国汽车行业中试行推广丰田工作方式时，公司发现这是一项非常困难的事情，因为它们的 SOP 需要彻底改变。

信息技术的引进，对标准作业过程的改变会产生重大的影响。有许多公司成功地进行了这种改变，极大地提高了他们的竞争力。

1.3.1.5 组织文化

组织成员共有的价值观和行动规范称为组织文化。每个组织都有它们独自的文化。组织文化是一个被组织成员所广泛认可的一些概念、价值观和工作方法的集合。例如西方的组织文化强调个人的权利、义务和个人才能的发挥。东方的组织文化是集体主义，一些传统的儒家思想，如"和为贵"、"忠诚笃信"等，是东方企业文化中重要的内容。

组织文化对于信息系统的引进往往是一个限制因素。信息技术可以用来支持现有的组织文化，也可能与之产生抵触。当与现行的组织文化相抵触时，信息技术往往难以发挥应有的作用。同时，不能指望在短时间内改变组织文化。经验表明，组织文化的变更比技术变更需要时间。因此，引进信息技术之前应对它们的关系进行深入的研究。

至此，我们已对组织与信息系统的双向关系做了仔细的探讨。组织通过经理和雇员的决策作用于信息系统。经理做出关于系统设计的决定，他们决定是否建立信息系统，建立什么样的信息系统。

1.3.1.6 信息系统的决策

信息系统的决策包括：

(1) 组织关于建立信息系统的决策。建立信息系统的原因主要是为了组织的生存和发展。信息系统对组织的关键性如同资本一样，它可提高决策(速度、精度、意义)的质量，满足客户对服务更高的期望值，协调组织内分散的群体，对人事和费用的控制更严格。图 1.10 示意系统开发过程的模型，过程中包含除了对经济的考虑以外的其他因素，该模型是将组织采用信息系统的原因分成两个方面(外部环境因素和内部文化因素)来说明的。

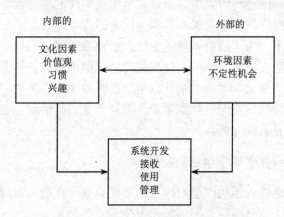

图 1.10　建立信息系统的决策模型

(2) 组织选择信息技术服务者的决策。组织影响信息技术，决定由谁设计，由谁建立，由谁操作和管理。同样，信息系统也需要有专门的组织、信息专家和其他支持群体。信息系统部门的规模不一定相同，它取决于信息系统在组织中的角色和组织的规模。这些都是由组织决定的。

1.3.2 信息系统在组织中的角色

1.3.2.1 企业环境的变化

由于企业或组织是一个和环境相互作用的系统，企业与企业既有在地域、行业等不同范围内的协作关系，又有在这些范围内的竞争关系。过去，各企业或组织主要依靠自己的产品或提供的服务来进行竞争，但随着信息技术的发展，单纯依靠企业的产品进行竞争的想法已经过时，现在企业或组织之间的竞争方式已经发生了很大的变化。这种变化主要在以下三个方面：

(1) 竞争的对象从单个企业或组织扩大到企业或组织的联盟。在现代社会，开发商品所需要的技术力量往往是多方面的，而仅仅一个企业或组织又很难掌握多领域、广范围的技术知识，所以有必要实现与其他企业或组织的联盟。

(2) 随着传统产业的成熟或衰退，新兴产业、高科技产业的崛起，产业结构在不断发生变化。一些传统企业或组织为了维持自己的地位，不但要充分利用以往积累的技术知识，同时还要高度重视如计算机、通信服务技术等新技术，设立自己新的发展目标。

(3) 竞争的范围在不断扩大。传统的企业或组织之间竞争多半是工业产品的竞争，现在由于跨国经济的发展，企业或组织从单纯的经济竞争发展到技术、文化、政治等各种经济产生重大影响的其他因素的竞争。

在这种情况下，为了适应环境的变化，企业或组织必须提高自身对于环境变化的反应速度和适应能力。例如，建立起对客户群进行调查和分析的渠道，掌握顾客对市场需求的变化，掌握对企业或组织影响较大的竞争对手的变化方向，对企业或组织可能的发展空间进行探索等，都属于这一类活动。而这些活动无一不需要强有力的信息系统支持。

1.3.2.2 信息系统在管理中角色的变化

信息系统战略性应用的深层原因是由于信息系统在组织管理中的角色发生了变化，组织内关于信息系统作用的概念发生了变化。

1957 年，赫伯特·西蒙(Harbert A.Simon)提出了决策管理学理论，这是从信息处理的角度对管理学所作的新发展。西蒙此时已注意到信息在管理中的重要作用。在他的名著——《管理决策的新科学》中有这样一段论述："在工业革命的初级阶段，由于对能源的本质有比较深刻的理解，使得人们学会了能源的使用方法和物质的转换，即生产的方法。与此同时，由于我们对信息的理解不断加深，我们才懂得了组织是一个产生信息、转换信息的系统。也就是说，所谓组织是能够读、写信息，存储信息、处理信息，并经过自己的思考进行问题解决的一个系统"。西蒙的这一论述提示了信息对于组织的重要性，促使人们去思考组织中信息的本质，因而成为以后管理信息系统研究的一个新起点。

20世纪60年代，组织开始对信息有了与过去不同的看法，认识到信息可以用于综合的管理支持。这种信息系统常被称为管理信息系统(MIS)，此种系统被认为是能大量地产生周生产报表、月财务信息、库存报表、应收账款、应付账款报告等。为了执行这些任务，组织要备有通用计算设备，设备应能支持多种功能而不仅仅是注销支票。

在20世纪70年代到80年代初，人们认识到信息以及收集、存储和处理信息的系统为整个组织提供精确的、特殊用途的、根据用户想法的管理控制。这一时期出现的信息系统被称为决策支持系统(DSS)和高级管理人员支持系统(ESS)。这类系统的用途是发送和加快特定的经理们对广泛问题的决策过程。

到了80年代中期，关于信息的概念又发生了变化。从那时起信息被看作是战略资源，是获得竞争优势的可能来源，是击败和威慑竞争者的战略武器。这些信息概念的变化反映了战略计划和战略理论的进步。从这种信息概念出发所建立的一类系统叫做战略系统，这类系统的作用是保障组织在不远的将来能够生存和繁荣。

1.3.3　实施信息系统管理面临的挑战

企业管理信息系统建设、实施与运行是一项涉及多门学科领域。多种业务范围，多层次管理和多专业人才的复杂系统工程。管理信息系统的复杂性既受到技术不确定性的直接影响，也受到组织不确定性的影响，这种复杂性的客观存在意味着管理信息系统的实施与运行不可能是一帆风顺的，必然存在着很多难点和阻力，这些问题如果处理不当，会导致管理信息系统实施、运行、维护的失败。因此，企业如何建设好、运用好信息化平台，以应对激烈的市场竞争，是企业当前亟待解决的重要课题。

1.3.3.1　管理理念的变化

企业在发展过程中要不断地进行管理变革，以适应科技的进步和市场价值观的转变。这种变革的原动力来自于市场越来越大的竞争压力。国内外的大量实践表明，企业信息化必须与企业的管理体制、组织结构、管理模式、业务流程等方面的变革同步进行，其信息系统必须和先进管理理念的结合。否则，通过信息技术和信息系统发展而产生的变化会极大地被组织的惯性所拖累。我国企业信息化产生效益普遍较低的原因在很大程度上就在于企业管理理念的落后。在当今知识经济时代，信息化成为与企业变革相匹配的最佳利器，信息化必须适应激烈的市场和组织变革，必须体现"客户主导"的经济思想，在整合企业内外的各种资源的基础上，真正用信息技术和信息系统来进行市场运营，包括降低成本、增加效益、强化关系，以保障企业的健康、持续发展。

企业建立信息系统的目的有 3 种：

(1) 为适应知识经济时代、提高市场竞争力、保障企业的可持续发展。

(2) 仅仅为完成上级部门的任务指标。

(3) 某些决策者为追求"时尚"。

对于后两种情况，即使花费了巨资，信息化的建设也是不可能成功的。第 1 种情况则反映了现代企业的管理理念：信息化建设与企业的生存密切相关，是企业自身的迫切需求。

另外，企业信息化平台建设带来的新思想、新理念和业务流程的改变，对每个员工都会产生不同程度的影响，业务流程的改变已远远超越了部门的界限，需要在树立新的管理理念基础上，建立适应新流程的管理模式。

1.3.3.2　领导者的认知

企业信息化的真正实施要靠企业领导的重视和支持，即人们常说的"一把手"原则。然而在实际工作中，企业决策者的支持往往流于形式，把信息化的实施认为是技术问题，是专业人员的事情，其结果是整个进程推进不畅，达不到预期目标。信息化平台构建是项全方位的工程，涉及企业的许多部门。如果说高层领导不认识、不重视、不支持，信息系统建设就无法成功；当然，如果中层领导的不认识、不配合，信息系统也无法顺利进行，企业的管理人员在信息化中是否各尽其责对其系统的成败有着重要的意义。因此，信息化首先是一把手工程，但内涵应该是扩展的一把手，它包括企业决策一把手的重视与支持，各管理部门主管一把手的理解与推动，各操作部门一把手的理解与执行。自上而下地形成强大的推动力，这种强大的推动力要结合这些"一把手"们的实际，通过深入探讨业务流程、信息化的基本原理、项目管理等，真正认识信息化的价值和建设信息化的重要性。企业领导对信息化建设的重视，不仅可以推动实施，还对相关人员的思想产生积极的影响。企业的决策层应该把信息化工程作为促进企业管理现代化的大事来抓，把信息化建设作为考察干部素质的工程来抓，将各部门的信息化水平纳入考核目标计划。这样才能迫使部门领导深入参与信息化的建设，努力形成企业创新、变革与量化管理的文化氛围。如果高层领导每天都要求下级提交动态数据来支持自己的决策，部门领导就会主动加强基础数据准备，同时他们也会以同样的准则要求其下级，自上而下形成利用信息系统进行数据处理的好环境，使业务流程运转日趋合理，从而最终走向信息化。

1.3.3.3　信息技术与组织的有机关系

一方面，现代企业经营管理中，让信息技术与企业总战略计划保持一致，与高级管理层的经营计划保持一致，与企业的标准工作程序一致是重要的。从而使信息系统构成与动态组织结构形成最佳匹配，实现组织目标。然而，面对越来越复杂的外部环境，企业部门化整合不断地进行，这对信息系统管理提出了更高的挑战。因此，信息技术可以被视为组织的服务员。另一方面，这些高级经理们的经营计划和标准工作程序可能是非常落后的或者是与先进的技术极不相容的。在这种情况下，经理将需要改变组织以适应技术，或对组织和技术进行调整以达到最佳的配合。

1.3.3.4　信息技术的局限性

我们经常指望靠技术来解决的那些问题实质上是人类问题和组织问题，我们常常不能认识到信息技术并不比使用它的知识和信息工作者的技术更高明多少。总之，计算机的作用由使用者的智慧决定。信息技术是组织和个人的行为写照，不是企业的"救命稻草"。

思考题

1) 试述管理信息的特点。
2) 试述管理信息的主要分类方法。
3) 试述管理信息处理的主要内容。
4) 管理信息系统有哪些特点？
5) 联系实际理解管理信息的作用。
6) 结合实际谈谈实施信息系统管理面临的挑战。
7) 简述信息所具有的属性。
8) 知识的性质有哪些？
9) 系统按组成可分为几大类？系统的特征有哪些？
10) 管理系统中计算机应用的基本条件有哪些？

2　企业管理的信息化平台

学习目的

- 了解信息系统中常用的各类计算机及软件的主要类型；
- 了解数据库管理系统的数据组织形式；
- 熟悉网络的类型及其特点；
- 熟悉 Internet 及其功能。

本章要点

- 计算机硬件的组成及软件类型；
- 关系数据库的特点；
- 数据库的设计；
- 计算机网络的功能、组成、结构、分类；
- 局域网的特点、组成；
- Internet 的组成、TCP/IP 协议、接入方式。

2.1　计算机硬件与软件

　　管理信息系统是在计算机系统的基础上建立起来的，系统的开发，运行，维护等都离不开计算机的硬件和软件平台(环境)。

2.1.1　计算机系统

　　计算机系统是能按照人的要求接受和存储信息，自动进行数据处理和计算，并输出结果信息的机器系统。

　　计算机系统由两大部分组成：硬件系统和软件系统。其中硬件系统是系统赖以工作的实体，它是有关的各种物理部件的有机的结合。软件系统由各种程序以

26

及程序所处理的数据组成，这些程序的主要作用是协调各个硬件部件，使整个计算机系统能够按照指定的要求进行工作。硬件系统包括中央处理器、存储器、输入输出控制系统和各种外围设备。软件系统包括系统软件、应用软件两个部分。

2.1.2　计算机硬件系统

计算机硬件是指有形的物理设备，它是计算机系统中实际物理设备的总称，由各种元器件和电子线路组成。依照冯•诺依曼体系结构计算机硬件系统包括运算器、控制器、存储器(分为主存储器、辅助存储器)、输入设备、输出设备，并且由总线将它们连接在一起。如图 2.1 所示。

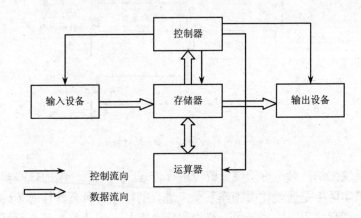

图 2.1　计算机硬件系统的组成

计算机的工作过程是：人们首先把操作指令和原始数据通过输入设备送入计算机的存储器。当计算开始时，指令被逐条送入控制器。控制器向存储器和运算器发出存数、取数命令和运算命令，经过运算器计算并把计算结果存放在存储器。在控制器的取数和输出命令作用下，通过输出设备输出计算结果。

2.1.3　计算机软件系统

计算机软件系统(见图 2.2)是指计算机程序及其有关的文档。

根据计算机软件的总体结构和表现形式，计算机软件可以分为系统软件和应用软件两大类。系统软件是负责管理、控制、维护、开发计算机的软硬件资源，提供用户一个便利的操作界面和提供编制应用软件的资源环境。其中最主要的是操作系统，其他还有语言处理程序、数据库系统、网络管理系统、系统实用程序、各种工具软件等。

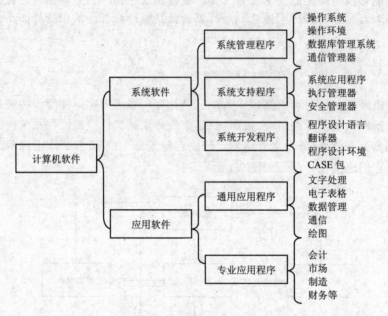

图 2.2　计算机软件系统的组成

操作系统(OS)是对所有软硬件资源进行管理、调试及分配的核心软件，用户操作计算机实际上是通过使用操作系统来进行的，它是所有软件的基础和核心。

语言处理程序用于编写各类计算机程序，它是利用计算机解决问题的主要方法和手段。计算机语言在不断地朝贴近人的思维方式的方向发展和完善。计算机语言分为低级语言(机器语言、汇编语言)和高级语言，机器语言由 0 和 1 组成，是 CPU 能够直接理解和执行的唯一的最底层的语言，从属于不同类型的机器；汇编语言采用了助记符来表示机器语言，比如：MOVAX，语言变得比较容易理解和掌握，不过正因为如此，汇编语言程序需要编译成目标程序，最后形成可执行文件。汇编语言和机器语言一样，与计算机硬件密切相关，因此被称为"面向机器的语言"。高级语言是"面向用户"的语言，克服了低级语言在编程和识别上的不便，与自然语言和数学语言比较接近，具有较强的通用性，典型的高级语言有：BASIC、FORTRAN、C、FOXPRO、Java(用于 Web 开发)和面向对象的编程语言VB、VC++、Delphi 等。高级语言编写的程序必须翻译(解释或编译)成机器语言目标代码后才能执行，过程示意如图 2.3 所示。

数据库管理系统可以有效地实现数据信息的存储、更新、查询、检索、通信控制等。微机上常用的数据库管理系统有 FoxPro、Clipper、Access 等，大型数据库管理系统有 Oracle、Sybase、DB2 等。

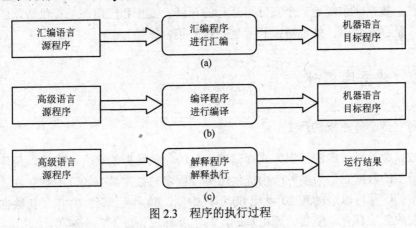

图 2.3　程序的执行过程

　　网络管理系统就是通过某种方式对网络状态进行调整，使网络能正常、高效地运行，使各种资源得到更加有效的利用，及时报告和处理网络出现的故障。网络管理系统软件的功能可以分为体系结构、核心服务和应用程序三部分。体系结构主要提供一种通用的、开放的、可扩展的框架体系。核心服务用来满足网络管理的基本要求，它提供最基本最重要的服务。为了实现特定的事务处理和结构支持，可加入一些有价值的应用程序，以扩展网络管理的基本功能。常用的网络管理系统有：IBM Tivoli、HP Open View、Cisco 网络管理系统、3COM Transcend、Novell 网络管理系统等。

　　应用软件是指为了解决各类应用问题而设计的各种计算机软件。应用软件是为解决实际问题而专门编制的程序，如字表编辑软件、辅助设计软件、信息管理软件、绘图计算软件、机器维护软件、杀毒软件等。

　　在计算机系统中硬件是基础，软件是灵魂，它们是密切相关和互相依存的。硬件所提供的机器指令、低级编程接口和运算控制能力，是实现软件功能的基础；没有软件的硬件机器称为裸机，它的功能极为有限，甚至不能有效启动或进行最起码的数据处理工作。在一个计算机系统中，硬件与软件之间的功能及相互配合是设计的关键性问题，通常需要综合考虑价格、速度、存储容量、灵活性、适应性以及可靠性等诸多因素。

2.2　数据库系统

　　数据库系统是为适应数据处理的需要而发展起来的一种较为理想的数据处理

的核心机构。计算机的高速处理能力和大容量存储器提供了实现数据管理自动化的条件。数据库系统是一个实际可运行的存储、维护和应用系统提供数据的软件系统，是存储介质、处理对象和管理系统的集合体。

2.2.1　数据库概述

2.2.1.1　数据库系统的产生

数据库是以一定的组织方式存储在一起的相关数据的集合，它能以最佳的方式、最少的数据冗余为多种应用提供服务，程序与数据具有较高的独立性。数据库技术的萌芽可以追溯到 20 世纪 60 年代中期，60 年代末到 70 年代初数据库技术日益成熟，具有了坚实的理论基础，其主要标志为以下三个事件：

(1) 1969 年，IBM 公司研制开发了基于层次结构的数据库管理系统(Information Management System，IMS)。

(2) 美国数据系统语言协商会的数据库任务组于 60 年代末到 70 年代初提出了 DBTG 报告。DBTG 报告确定并建立了数据库系统的许多概念、方法和技术。DBTG 基于网状结构，是数据库网状模型的基础和代表。

(3) 1970 年，IBM 公司 San Jose 研究实验室研究员 E.F.Codd 发表了题为"大型共享数据库数据的关系模型"论文，提出了数据库的关系模型，开创了关系方法和关系数据研究，为关系数据库的发展奠定了理论基础。

20 世纪 70 年代，数据库技术有了很大发展，出现了许多基于层次或网状模型的商品化数据库系统，并广泛应用在企业管理、交通运输、情报检索、军事指挥、政府管理和辅助决策等各个方面。

这一时期，关系模型的理论研究和软件系统研制也取得了很大进展。1981 年 IBM 公司 San Jose 实验室宣布具有 System R 全部特性的数据库产品 SQL/DS 问世。与此同时，加州大学伯克利分校研制成功关系数据库实验系统 INGRES，接着又实现了 INGRES 商务系统，使关系方法从实验室走向社会。20 世纪 80 年代以来，几乎所有新开发的数据库系统都是关系型的。微型机平台的关系数据库管理系统也越来越多，功能越来越强，其应用已经遍及各个领域。

2.2.1.2　数据库的基本术语

1) 数据库系统(Data Base System，DBS)：是指以计算机系统为基础，以数据库方式管理大量共享数据的综合系统。一般由数据库、计算机硬软件系统、数据库管理系统和用户(最终用户、应用程序设计员和数据库管理员)4 个部分构成。

2) 数据库(Data Base，DB)：是以一定的方式将相关数据组织在一起并存储在外存储器上所形成的，能为多个用户共享的，与应用程序彼此独立的一组相互关联的数据集合。数据库是长期存储在计算机硬件平台上的有组织的、可共享的数据集合。数据库中的数据按照一定的数据模型来组织、描述和存储，具有较小的冗余度、较高的数据独立性和可扩展性，并可以为各用户共享。

3) 数据库管理系统(Data Base Management System，DBMS)：是指帮助用户建立，使用和管理数据库的软件系统，简称为 DBMS。DBMS 通常由下列三个基本部分组成，即：

(1) 数据描述语言(Data Description Language，DDL)：用来描述数据库、表的结构，供用户建立数据库及表。

(2) 数据操纵语言(Data Manipulation Language，DML)：供用户对数据表进行数据的查询 (包括检索与统计)和存储(包括增加，删除与修改)等操作。

(3) 其他管理和控制程序：实现数据库建立，运行和维护时的统一管理，统一控制，从而保证数据的安全、完整，以及多用户并发操作。同时完成初始数据的输入、转换、转存、恢复、监控、通信，以及工作日志等管理控制的实用程序。

数据库管理系统是数据库系统的核心，它的主要功能如下：

(1) 数据定义功能：用户可以通过 DBMS 提供的数据描述语言对数据库中的数据对象进行定义。

(2) 数据操纵功能：用户可以通过 DBMS 提供的数据操纵语言实现对数据库的查询、录入、删除和修改等操作。

(3) 数据库的运行管理：DBMS 统一管理和控制数据库的建立、运转和维护，保证数据的安全性、完整性、并发控制、备份与恢复。

(4) 数据库的建立和维护：DBMS 提供一些实用程序，完成数据库初始化、数据的转换、存储、数据库的重新组织、性能监控和分析等。

4) 数据库应用系统：数据库应用系统(Data Base Application System，DBAS)指的是为满足用户需求，采用各种应用开发工具(如 VB、PB 和 Delphi 等)和技术开发的数据库应用软件。

2.2.1.3　数据库系统的特点

在数据库系统中，用户使用的数据是由外部存储器中真实存在的数据经过二次映射而得到。数据库中的数据文件之间的联系是由 DBMS 自身实现的，而与应用程序无关。正因为如此，才使得数据库技术具有如下特点：

1) 数据结构化：不仅指数据库中数据文件自身是有结构的(由记录来体现)，更重要的是指数据库中的数据文件以特有的形式相互联系。

2) 数据独立性高:是指数据独立于应用程序,即一方的改变不引起另一方的改变。数据库系统的二级映像保证了独立性的实现。

首先,当内模式发生改变(如更换存储设备、改变文件的存储结构、改变存取策略等)时,可以通过重新定义模式到内模式的映像而不用改变模式。模式不变,则作为其逻辑子集的子模式不变,从而建立在子模式上的应用程序不变。这一层的独立性称为物理独立性。物理独立性可以使得在系统运行中调整物理数据库以改善系统效率而不影响应用程序的运行。

其次,当模式发生改变(如增加新的实体和增加新的属性)时,可以通过重新定义子模式到模式的映像以保证无关的子模式不受影响。子模式的改变不会影响到模式。这一层的独立性称为逻辑独立性。物理独立性和逻辑独立性合称数据独立性。

3) 共享性高、冗余度低:数据库的三级模式中,每个子模式都是模式的子集。当增加新的应用时,仅增加一个新的子模式定义。相同的数据可以被多个用户、多个应用共享,而在物理上这些数据仅存储一次,冗余度低。

4) DBMS 的集中管理:DBMS 不仅仅只是提供了对数据库的三级模式和二级映射的支持,而且对数据的并行操作性、安全性、保密性、完整性和可恢复性都提供了保证,使得在更大范围的(如 Internet 环境)数据共享成为可能。

5) 方便的用户接口:在数据库系统中,DBMS 除了提供数据描述语言外,还提供数据操纵语言。用户使用数据操纵语言可以很方便地访问数据库中的数据,例如 SQL(Structure Query Language)。另外,相当多的 DBMS 还提供了可视化的编程方式以方便应用程序的开发,如 Visual FoxPro 的菜单生成器、表单生成器、报表生成器等;或者为用户使用其他第三方语言开发应用程序提供访问数据库的统一接口,如 ODBC 和 JDBC 等。

2.2.2　数据描述

信息是人们对客观世界各种事物特征的反映,而数据则是表示信息的一种符号。从客观事物到信息,再到数据,是人们对现实世界的认识和描述过程,这里经过了三个世界(或称领域):即现实世界、信息世界和计算机世界的数据描述。这三个阶段的关系如图 2.4 所示。从现实世界、信息世界到数据世界是一个认识的过程,也是抽象和映射的过程。

1) 现实世界:是指客观存在的世界中的事实及其联系。在这一阶段要对现实世界的信息进行收集、分类,并抽象成信息世界的描述形式,然后再将其描述转换成计算机世界中的数据描述。如各种报表、单据和查询格式等。

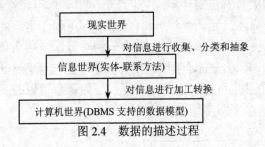

图 2.4　数据的描述过程

2) 信息世界：是现实世界在人们头脑中的反映，是对客观事物及其联系的一种抽象描述，一般采用实体-联系方法(E-R 方法)表示。在数据库设计中，这一阶段又称为概念设计阶段，常用术语如下：

(1) 实体：客观存在并可以相互区别的事物称为实体，如系、教师、课程和学生等。同一类实体的集合称为实体集。

(2) 属性：描述实体的特性称为属性；属性的具体取值称为属性值。

(3) 实体标识符：能够唯一地标识实体集中的每个实体的属性或属性集，称为实体标识符。也称为关键字或主码。

(4) 联系：实体集之间的对应关系称为联系。联系分为两种：一种是实体内部各属性之间的联系；另一种是实体之间的联系。实体之间的联系有三种：一对一联系、一对多联系和多对多联系。例如，医院每个病区有一名科室主任，每名主任只能在一个病区任职，则科室主任与病区之间为一对一联系；每个病区有若干名医生，病区与医生之间为一对多联系；每名医生诊治若干名病人，每个病人有若干名医生管理，病人和医生之间是多对多联系。如图 2.5 所示。

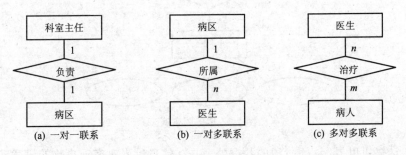

图 2.5　实体-联系图示例

(5) 实体-联系方法：实体-联系方法称为 E-R 方法，该方法使用图形方式描述实体之间的联系，基本图形元素如图 2.6 所示。例如，现在有如下关系：学生(学号，姓名，专业，性别，出生日期)；课程(编号，名称，学时数)。学生、课程是实体;学生、课程的集合就是实体集;对于每个学生实体用属性组合(学号,姓名,性别,出生日期)来描述,则属性组合(01103026,王彬,男,87/10/03)表示在学生实体集中的一个具体学生;每个学生有唯一的学号,学生实体中的学号可以作为实体标识符;用 E-R 方法描述学校教学管理中学生选课系统的 E-R 图如图 2.7 所示,其中由于一个学生可以选修多门课程,一门课程可以有多个学生选修,因此联系"选修"是一个多对多的关系。

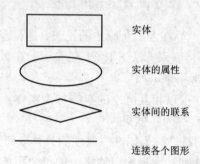

图 2.6　实体-联系方法的图形元素

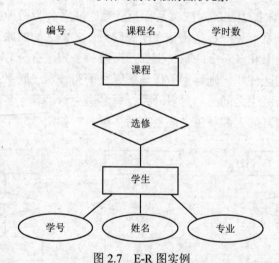

图 2.7　E-R 图实例

3) 计算机世界:这一阶段的数据处理是在信息世界对客观事物的描述基础上做进一步抽象,使用的方法为数据模型的方法,这一阶段的数据处理在数据库的设计过程中也称为逻辑设计。常用术语如下:

(1) 字段:标记实体属性的命名单位称为字段,或数据项。字段是数据库中可命名的最小逻辑数据单位。

(2) 记录：字段的有序集合称为记录。一个记录可以描述一个实体，因此记录又可以定义为能够完整地描述一个实体的字段集。

(3) 文件：同一类型记录的集合称为文件。文件是用来描述实体集的。

(4) 关键字：能够唯一标识文件中每个记录的字段或字段集，称为关键字或主码。

学生关系有学号、姓名、年龄、性别等字段；一个学生的相关信息组成一条记录，由有序的字段集学号、姓名、年龄、性别组成；所有学生记录组成一个学生文件；每个学生有唯一的学号，因此在学生实体中的学号可以作为关键字。

4) 计算机世界和信息世界术语的对应关系，如表 2.1 所示。

表 2.1　计算机世界与信息世界属于的对应关系

信息世界	计算机世界
实体	记录
属性	字段
实体集	文件
实体标识符	关键字

2.2.3　关系型数据库

数据库这一概念提出后，先后出现了几种数据模型。其中基本的数据模型有三种：层次模型系统、网络模型系统和关系模型系统。20 世纪 60 年代末期提出的关系模型具有数据结构简单灵活、易学易懂且具有雄厚的数学基础等特点，从 70 年代开始流行，发展到现在已成为数据库的标准。目前广泛使用的数据库软件都是基于关系模型的关系数据库管理系统。80 年代以来，计算机系统商推出的数据库管理系统几乎全部是支持关系模型的。

2.2.3.1　关系模型

关系模型把世界看作是由实体和联系构成的。

实体就是指现实世界中具有区分与其他事物的特征或属性并与其他实体有联系的对象。在关系模型中实体通常是以二维表的形式来表现的。表的每一行描述实体的一个实例，表的每一列描述实体的一个特征或属性。

联系就是指实体之间的关系，即实体之间的对应关系。联系可以分为三种：

(1) 一对一的联系。如：一个人只有一种性别，一个"人"→"性别"为一对一的联系。

(2) 一对多的联系。如：相同性别的人有许多个，"性别"→"人"为一对多的联系。

(3) 多对一的联系。如：很多人有同一个性别，"人"→"性别"为多对一的联系。

通过联系就可以用一个实体的信息来查找另一个实体的信息。

关系模型把所有的数据都组织到二维表中。表是由行和列组成的，行表示数据的记录，列表示记录中的域。如表 2.2 所示。

表 2.2　关系数据模型示例

编号	姓名	出生时间	性别	文化程度
01001	蔡畅	10/01/67	男	本科
01002	张俊	12/09/69	男	大专
01003	朱平	04/10/68	女	本科
01004	张耀辉	03/21/74	男	高中
01005	盖红红	09/10/79	女	本科

关系模型中的数据结构和基本术语如下：

关系(Relation)：一张二维表对应一个关系。

属性(Attribute)：表中每一列叫做一个属性，属性有名和值的区别。

元组(Tuple)：由属性值组成的每一行叫做一个元组或记录。

框架(Framework)：由属性名组成的表头称为框架(关系型)。

分量(Component)：表中的每一个属性值。

域(Domain)：每个属性的取值范围。

候选码(Candidate Key)：可以唯一确定的一个元组的属性或属性组(可简称码)。

主码(Primary Key)：一个关系中往往会有多个候选码，可以指定一个为主码。

主属性(Primary Attribute)：可以作为候选码的属性也叫主属性。

非主属性(Non-key Attribute)：不能作为候选码的属性叫做非主属性。

关系模式：对关系的描述称为关系模式，常常记做：关系名(属性 1，属性 2，属性 3，……，属性 n)。

在关系模型中，不但实体用关系表示，而且实体之间的联系也用关系来表示。

36

关系模型要求关系必须是规范化的，即要求每个关系必须满足一定的条件，其中最基本的一条就是，关系中每个分量必须是不可再分的基本项。

作为一个关系模型的基本约束条件，起码必须具备以下几条：

(1) 关系中每一数据项不可再分，是最基本的单位。

(2) 每一列数据有相同的类型，即属性；各列都有唯一的属性名和不同的属性值，列数可根据需要而设定；每列的顺序是任意的。

(3) 每一行记录是一个实体诸多属性值的集合，叫做元组；记录的顺序可以是任意的。

(4) 一个关系是一张二维表，不允许有相同的字段名，也不允许有相同的记录行。

2.2.3.2 关系运算

从集合论的观点来定义关系，每个关系(表)是一个具有 K 个属性(字段)的元组(记录)集合，即这个关系有若干个元组，每个元组有 K 个属性值。关系运算是在关系上对记录或字段进行运算的操作。关系的基本运算有两类：一类是集合运算(并、差、交等)；另一类是专门的关系运算(选择、投影、连接等)。

1) 选择运算：从关系中找出满足给定条件的元组称为选择。选择是从行的角度进行运算，即从水平方向选取元组，其中条件是逻辑表达式，逻辑表达式值为真(T)的元组被选取。经过选择运算选取的元组可以形成新的关系，它是原关系的一个子集，其关系模式不变。

Visual FoxPro 6.0 命令中的任选项 FOR <条件>、WHILE <条件>、<范围>均相当于选择运算。例如，用 LIST 命令，从表 2.3 中查询所有男职工的档案情况。

LIST FOR 性别="男"

2) 投影运算：从关系中选取若干属性组成新的关系称为投影。投影是从列的角度进行运算，相当于对关系进行垂直分解。

VisualFoxPro 6.0 命令中的任选项 FIELDS<字段 1，字段 2，……>，相当于投影运算。例如，用 LIST 命令从表 2.3 中显示所有职工的证号、姓名、性别、固定工资。

LIST FIELDS 学号，姓名，性别，固定工资

3) 连接运算：连接是将两个或两个以上关系的属性横向连接成一个新的关系，新的关系中包含满足连接条件的元组。

VisualFoxPro 6.0 的 JOIN 命令实现两个关系(表)的连接运算。例如，设有职工简况(见表 2.3)和职工通信(见表 2.4)两个关系，用 JOIN 命令将两个关系的部分属性连接成一个新的关系。连接条件是：职工简况(证号)；职工通信(证号)。

JOIN WITH zgtx TO Lianjie FOR 证号=zgtx.证号；

FIELDS 证号，姓名，性别，民族，zgtx.邮编，zgtx.地址，zgtx.电话

操作结果如表 2.5 所示。

表 2.3　职工简况

证号	姓名	性别	民族	出生日期	婚否	职称	固定工资
10001	张三	男	汉	08/12/62	否	工程师	830.00
10002	李四	女	回	01/02/63	否	工程师	830.00
10003	王五	女	蒙	05/22/60	否	工程师	830.00
10004	冯六	女	汉	09/04/65	否	助工	730.00
10005	赵七	男	汉	01/12/65	否	高工	930.00
10006	姜八	男	汉	11/08/62	否	高工	930.00

表 2.4　职工通信

证号	邮编	地址	电话
10001	125000	北京路 500 号	3120000
10002	125000	南京路 230 路	3110000
10003	125001	天津路 501 号	3100000
10004	125001	人民路 231 路	3130000
10005	125002	清华路 502 号	3140000
10006	125002	西昌路 232 路	3150000

表 2.5　连接结果

证号	姓名	性别	民族	邮编	地址	电话
10001	张三	男	汉	125000	北京路 500 号	3120000
10002	李四	女	回	125000	南京路 230 路	3110000
10003	王五	女	蒙	125001	天津路 501 号	3100000
10004	冯六	女	汉	125001	人民路 231 路	3130000
10005	赵七	男	汉	125002	清华路 502 号	3140000
10006	姜八	男	汉	125002	西昌路 232 路	3150000

2.2.3.3　关系数据库

关系数据库(Relational Database，RDB)是若干个依照关系模型设计的数据表文件的集合。也就是说，关系数据库是由若干张完成关系模型设计的二维表组成

的。与文件系统的数据文件不同，我们称一张二维表为一个数据表，数据表包含数据及数据间的关系。一个关系数据库由若干个数据表组成，数据表又由若干个记录组成，而每一个记录是由若干个以字段属性加以分类的数据项组成的。

在关系数据库中，每一个数据表都具有相对的独立性，这一独立性的唯一标志是数据表的名字，称为表文件名。也就是说，每一个数据表是靠自身的文件名与其他文件保持独立，一个文件名代表一个独立的表文件。数据库中不允许存在重名的数据表，因为对数据表中数据的访问首先是通过表文件名来实现的。关系数据库中各个数据表的独立性，使用户在使用数据表中的数据时，可以简捷、方便地存取和传输。有些数据表之间是具有相关性的，这种相关性是依靠每一个独立的数据表内部具有相同属性的字段建立的。一般地，一个关系数据库中会有许多独立的数据表是相关的，这为数据资源实现共享及充分利用，提供了极大的方便。

关系数据库由于以具有与数学方法相一致的关系模型设计的数据表为基本文件，不但每个数据表之间具有独立性，而且若干个数据表间又具有相关性，这一特点使其具有极大的优越性，并能得以迅速普及。关系数据库具有以下特点：

(1) 以面向系统的观点组织数据，使数据具有最小的冗余度，支持复杂的数据结构。

(2) 具有高度的数据和程序的独立性，用户的应用程序与数据的逻辑结构及数据的物理存储方式无关。

(3) 由于数据具有共享性，使数据库中的数据能为多个用户服务。

(4) 关系数据库允许多个用户同时访问，同时提供了各种控制功能，保证数据的安全性、完整性和并发性控制。安全性控制可防止未经允许的用户存取数据；完整性控制可保证数据的正确性、有效性和相容性；并发性控制可防止多用户并发访问数据时由于相互干扰而产生的数据不一致情况的发生。

目前，企业信息系统中常用的关系数据库管理系统有大中型企业用的 DB2、Oracle、Sysbase，中小型企业常用的 SQLsever，以及单机环境下的 Informix、Foxpro、Access、Paradox 等。

2.2.4　数据库设计

数据库设计是指根据用户的需求，在某一具体的数据库管理系统上，设计数据库的结构和建立数据库的过程。一般来说，数据库的设计过程大致可分为五个步骤：

(1) 需求分析：调查和分析用户的业务活动和数据的使用情况，弄清所用数据的种类、范围、数量以及它们在业务活动中交流的情况，确定用户对数据库系统的使用要求和各种约束条件等，形成用户需求规约。

(2) 概念设计：对用户要求描述的现实世界(可能是一个工厂、一个商场或者一个学校等)，通过对其中信息的分类、聚集和概括，建立抽象的概念数据模型。这个概念模型应反映现实世界各部门的信息结构、信息流动情况、信息间的互相制约关系，以及各部门对信息储存、查询和加工的要求等。所建立的模型应避开数据库在计算机上的具体实现细节，用一种抽象的形式表示出来。以扩充的实体——联系模型方法为例，第一步先明确现实世界各部门所含的各种实体及其属性、实体间的联系以及对信息的制约条件等，从而给出各部门内所用信息的局部描述(在数据库中称为用户的局部视图)；第二步再将前面得到的多个用户的局部视图集成为一个全局视图，即用户要描述的现实世界的概念数据模型。

(3) 逻辑设计：主要工作是将现实世界的概念数据模型设计成数据库的一种逻辑模式，即适应于某种特定数据库管理系统所支持的逻辑数据模式。与此同时，可能还需为各种数据处理应用领域产生相应的逻辑子模式。这一步设计的结果就是所谓"逻辑数据库"。

(4) 物理设计：根据特定数据库管理系统所提供的多种存储结构和存取方法等依赖于具体计算机结构的各项物理设计措施，对具体的应用任务选定最合适的物理存储结构(包括文件类型、索引结构和数据的存放次序与位逻辑等)、存取方法和存取路径等。这一步设计的结果就是所谓"物理数据库"。

(5) 验证设计：在上述设计的基础上，收集数据并具体建立一个数据库，运行一些典型的应用任务来验证数据库设计的正确性和合理性。一般的，一个大型数据库的设计过程往往需要经过多次循环反复。当设计的某步发现问题时，可能就需要返回到前面去进行修改。因此，在做上述数据库设计时就应考虑到今后修改设计的可能性和方便性。

至今，数据库设计的很多工作仍需要人工来做，除了关系型数据库已有一套较完整的数据范式理论可用来部分地指导数据库设计之外，尚缺乏一套完善的数据库设计理论、方法和工具，以实现数据库设计的自动化或交互式的半自动化设计。所以数据库设计今后的研究发展方向是研究数据库设计理论，寻求能够更有效地表达语义关系的数据模型，为各阶段的设计提供自动或半自动的设计工具和集成化的开发环境，使数据库的设计更加工程化、更加规范化和更加方便易行，使得在数据库的设计中充分体现软件工程的先进思想和方法。

2.3 数据通信与计算机网络

2.3.1 计算机通信与网络概述

21世纪是信息社会的时代,计算机通信作为计算机技术与通信技术相结合的一种通信方式,在这个时代的人类活动和经济建设中将发挥至关重要的作用并产生极大的影响,特别是因特网在各行各业的广泛应用,形成了势不可挡的IT潮流,又进一步促进了计算机通信与网络的持续发展。

计算机通信是一种以数据通信形式出现,在计算机与计算机之间或计算机与终端设备之间进行信息传递的方式。它是现代计算机技术与通信技术相融合的产物,以达到信息交换,资源共享或者协同工作的目的。计算机通信技术在军队指挥自动化系统、武器控制系统、信息处理系统、决策分析系统、情报检索系统以及办公自动化系统等领域得到了广泛应用。

计算机网络是管理信息系统运行的基础。由于一个企业或组织中的信息处理都是分布式的,把分布式信息按其本来面目由分布在不同位置的计算机进行处理,并通过通信网络把分布式信息集成起来,是管理信息系统的主要运行方式,因而,计算机网络是管理信息系统的基本职能技术。

2.3.1.1 计算机网络的含义

计算机网络是计算机技术和通信技术相结合的产物。如今,计算机网络已经成为信息存储、传播和共享的有力工具,成为人们信息交流的最佳平台。计算机网络通常定义为:将地理位置不同且具有独立功能的多个计算机系统通过通信线路和通信设备相互连接在一起、由网络操作系统和协议软件进行管理、能实现资源共享的系统。

具有独立功能的计算机系统:是指入网的每一个计算机系统都有自己的软、硬件系统,都能完全独立地工作,各个计算机系统之间没有控制被控制的关系,网络中任一个计算机系统只在需要使用网络服务时才自愿登录上网,真正进入网络工作环境。

通信线路和通信设备:是指通信媒体和相应的通信设备。通信媒体可以是光纤、双绞线、微波等多种形式,一个地域范围较大的网络中可能使用多种媒体。将计算机系统与媒体连接需要使用一些与媒体类型有关的接口设备以及信号转换设备。

网络操作系统和协议软件：是指在每个入网的计算机系统的系统软件之上增加的、用来实现网络通信、资源管理、实现网络服务的专门软件。

资源：是指网络中可共享的所有软、硬件，包括程序、数据库、存储设备、打印机等。

2.3.1.2　计算机网络的功能

计算机网络具有如下功能：

1) 资源共享。建立计算机网络的主要目的就是要实现网络中软、硬件资源共享。进入网络的用户可以方便地使用网络中的共享资源，包括硬件、软件资源和信息资源，如共享打印机、网络服务器上存储的程序、查询网络数据库中的信息等。

2) 快速传输信息。信息快速传输是网络的基本功能，是实现其他功能的基础。随着高速网络技术和网络基础设施的不断发展，信息传输速度会更快。

3) 提高资源的可用性和可靠性。当网络中某一计算机负担过重时，可以将任务传送给网中另一计算机进行处理，以平衡工作负荷。计算机网络能够不间断工作，可用在一些特殊部门中，如铁路系统或工业控制现场。网络中的计算机还可以互为后备，当某一台计算机发生故障时，可由别处的计算机代为完成处理任务。

4) 实现任务分布处理。这是计算机网络追求的目标之一。对于大型任务可采用合适的算法，将任务分散到网络中多个计算机上进行处理。

5) 提高性能价格比。提高系统的性能价格比是联网的出发点之一，也是资源共享的结果。

2.3.1.3　计算机网络的组成

计算机网络由硬件和软件两部分组成。硬件部分包括计算机系统、终端、通信处理机、通信设备和通信线路。软件部分主要指计算机系统和通信处理机上的网络运行控制软件，如网络操作系统和协议软件等。

1) 计算机系统和终端：提供网络服务界面。地域集中的多个独立终端可通过一个终端控制器(TC)连入网络。在下面的叙述中将计算机系统称为主机结点，也称为站点。

2) 通信处理机：又称通信控制器或前端处理机，是计算机网络中完成通信控制的专用计算机，一般由小型机或微机充当，或者是带有 CPU 的专用设备。通信处理机完成通信处理和通信控制工作，具体包括信号的编码、编址、分组装配、发送和接收、通信过程控制等工作。这些工作对网络用户是完全透明的。它使得计算机系统不再关心通信问题，而集中进行数据处理工作。在广域网中，常采用专门的计算机充当通信处理机。在局域网中，由于通信控制功能比较简单，所以没有专门的通信处理机，而采用网络适配器也称网卡，插在计算机的扩展槽中，完成通信控制功能。实际网络中，除专门的通信控制器(或网卡)外，还有终端控制器、线路集中器、通信交换设备、网关、路由器、集线器等多种形式的通信控制设备。在后面的叙述中，将这类设备统称为(通信)结点。

3) 通信线路和通信设备：通信线路是连接网络结点的、由某种(或几种)传输介质构成的物理通路。通信设备的采用和线路类型有很大关系。如果采用模拟线路，在线路两端需使用 Modem(调制解调器)。如果采用有线介质，在计算机和介质之间还需要使用相应的介质连接部件。

4) 网络操作系统(NOS)：任何一个网络在完成了硬件连接之后，需要继续安装网络操作系统软件，才能形成一个可以运行的网络系统。网络操作系统是建立在单机操作系统之上的、管理网络资源并实现资源共享的一套软件。主要功能是：

(1) 管理网络用户，控制用户对网络的访问。

(2) 提供多种网络服务，或对多种网络应用提供支持。

(3) 提供网络通信服务，支持网络协议。

(4) 进行系统管理，建立和控制网络服务进程，监控网络活动。

5) 协议软件：是用以实现网络协议功能的软件。网络协议主要用于实现网络通信，典型的协议有 TCP/IP、IPX/SPX 等。其中 TCP/IP 协议还包括网络应用服务以及网络管理功能。

6) 网络管理和网络应用软件：任何一个网络中都需要多种网络管理和网络应用软件。网络管理软件用于监控和管理网络工作情况。网络应用软件为用户提供丰富简便的应用服务。

2.3.1.4　计算机网络的结构

典型的计算机网络从逻辑功能上可以分为两大部分：

(1) 资源子网：由主机、终端、终端控制器、联网外设、各种软件资源和信息资源组成，向用户提供各种网络资源和网络服务，负责整个网络的数据处理业务和各种网络资源的共享服务。

(2) 通信子网：由通信控制处理机(CCP)、专用或公用的通信线路及其他通信设备组成，完成所有网络数据的传输、转发、加工和交换等通信处理工作。

2.3.1.5　计算机网络的分类

虽然网络类型的划分标准各种各样，但是从地理范围划分是一种大家都认可的通用网络划分标准。按这种标准可以把各种网络类型划分为局域网、城域网、广域网和互联网四种。局域网一般来说只能是一个较小区域内，城域网是不同地区的网络互联，不过在此要说明的一点就是这里的网络划分并没有严格意义上地理范围的区分，只能是一个定性的概念。下面简要介绍这几种计算机网络。

(1) 局域网(Local Area Network, LAN)：是最常见、应用最广的一种网络。现在局域网随着整个计算机网络技术的发展和提高得到充分的应用和普及，几乎每个单位都有自己的局域网，有的甚至家庭中都有自己的小型局域网。很明显，所谓局域网，那就是在局部地区范围内的网络，它所覆盖的地区范围较小。局域网在计算机数量配置上没有太多的限制，少的可以只有两台，多的可达几百台。一般来说在企业局域网中，工作站的数量在几十到两百台次左右。在网络所涉及的地理距离上一般来说可以是几米至 10 公里以内。局域网一般位于一个建筑物或一个单位内，不存在寻径问题，不包括网络层的应用。这种网络的特点就是：连接范围窄、用户数少、配置容易、连接速率高。目前局域网最快的速率要算现今的 10G 以太网了。IEEE 的 802 标准委员会定义了多种主要的 LAN 网：以太网(Ethernet)、令牌环网(Token Ring Network)、光纤分布式接口网络(FDDI)、异步传输模式网(ATM)以及最新的无线局域网(WLAN)。

(2) 城域网(Metropolitan Area Network，MAN)：在一个城市，但不在同一地理范围内的计算机互联。这种网络的连接距离可以在 10～100 公里，它采用的是 IEEE802.6 标准。MAN 与 LAN 相比扩展的距离更长，连接的计算机数量更多，在地理范围上可以说是 LAN 网络的延伸。在一个大型城市或都市地区，一个 MAN 网络通常连接着多个 LAN 网。如连接政府机构的 LAN、医院的 LAN、电信的 LAN、公司企业的 LAN 等等。由于光纤连接的引入，使 MAN 中高速的 LAN 互联成为可能。城域网多采用 ATM 技术做骨干网。ATM 是一个用于数据、语音、视频以及多媒体应用程序的高速网络传输方法。ATM 包括一个接口和一个协议，该协议能够在一个常规的传输信道上，在比特率不变及变化的通信量之间进行切换。ATM 也包括硬件、软件以及与 ATM 协议标准一致的介质。ATM 提供一个可伸缩的主干基础设施，以便能够适应不同规模、速度以及寻址技术的网络。ATM 的最大缺点就是成本太高，所以一般在政府城域网中应用，如邮政、银行、医院等。

(3) 广域网(Wide Area Network，WAN)：也称为远程网，所覆盖的范围比城域网(MAN)更广，它一般是在不同城市之间的 LAN 或者 MAN 网络互联，地理范围可从几百公里到几千公里。因为距离较远，信息衰减比较严重，所以这种网络一般是要租用专线，通过 IMP(接口信息处理)协议和线路连接起来，构成网状结构，解决寻径问题。这种城域网因为所连接的用户多，总出口带宽有限，所以用户的终端连接速率一般较低，通常为 9.6Kbps～45Mbps 如：CHINANET，CHINAPAC 和 CHINADDN 网。

2.3.1.6 计算机网络的拓扑结构

计算机网络的拓扑结构是指网络结点和通信线路组成的几何排列，亦称网络物理结构图型，实际上主要是指通信子网的拓扑结构。常见的计算机网络拓扑结构有以下几种：

(1) 星型拓扑：由一个中心结点与各站点之间呈辐射状连接，中心结点对全网的通信实行任何两个结点之间的通信都必须通过中心结点来实现(见图2.8)。星型拓扑的优点是结构简单，访问协议简单，单机故障不会影响网络运行；缺点是对中心结点的可靠性要求高，中心结点出现故障，整个网络就会瘫痪，对此中心结点通常采用双机热备份，以提高系统的可靠性。例如在文件服务器/工作站的局域网模式中，中心结点是文件服务器，存放共享资源。在文件服务器与工作站之间接有集线器(HUB)。集线器的作用为多路复用。

(2) 环型拓扑：是使网络中各站点首尾相连，以通信线路连接成一个封闭的环路，数据只能在环路中沿着一个方向逐点传输(见图2.9)。环型拓扑结构简单，传输延时确定，适合光纤介质网络；但是任何一个结点的故障都会使全网瘫痪，而且结点的增加或减少都比较困难。

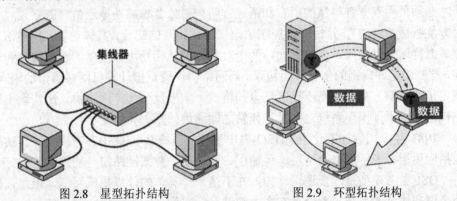

图2.8 星型拓扑结构　　　　　　　图2.9 环型拓扑结构

(3) 总线型拓扑：所有的站点都连接到一条公用传输线——总线上，就形成了总线型计算机网络结构(见图2.10)。其优点是结构简单，易于扩充，价格低廉，容易安装。缺点是出现故障后需要检查总线在各结点的连接，因此查错比较困难；虽然某台计算机故障不会影响网络运行，但是若总线断开则网络将不可使用。

(4) 网状拓扑：具有较高的冗余性和可靠性。在网状拓扑结构(见图2.10)中，每台计算机通过单独的电缆与其他任意一台计算机连接。这种配置提供了遍及整个网络的冗余路径，因此，如果一条电缆失效，另外一条电缆可以接管业务。尽管在网状拓扑中更容易排除故障，可靠性也成倍提高，但是，由于需要铺设大量的电缆，因而安装此类网络是相当昂贵的。通常，会将网状拓扑结构与其他的拓扑结构结合使用，形成混合型的拓扑结构。

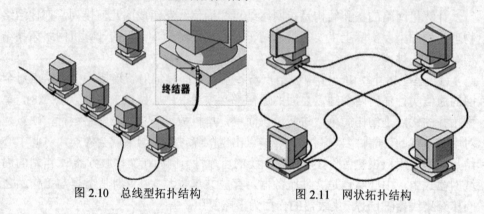

图 2.10　总线型拓扑结构　　　　　图 2.11　网状拓扑结构

2.3.1.7　计算机网络协议

在计算机网络中为了实现各种服务，就要在计算机系统之间进行通信和对话。为了使通信双方能正确理解、接受和执行，就要遵守相同的规定，如同两个人交谈时必须采用双方听得懂的语言和语速。两个对象要想成功地通信，就必须"说对方能听懂的语言"，并按既定控制法则来保证相互的配合。具体地说，在通信内容、怎样通信以及何时通信方面，两个对象要遵从相互可以接受的一组约定和规则，这些约定和规则的集合称为协议。而网络协议就是指计算机网络通信的语言，规定了通信双方交换数据或控制信息的格式，响应及动作；网络协议是实现不同主机之间，不同操作系统之间及工作站之间通信的规则和约定。

1981 年，国际标准化组织(ISO)提出了开放系统互联(OSI)参考模型，其结构包括应用层、表示层、会话层、运输层、网络层、数据链路层、物理层。

OSI 参考模型是一个逻辑结构，并不是一个具体的计算机或网络，但是任何两个遵守协议的系统，不论存在多大的差异，它们之间都可以实现通信。

2.3.2　局域网

2.3.2.1　局域网的技术特点

局域网是我们最常见、应用最广的一种网络。从应用角度看，局域网有如下

46

技术特点：

(1) 覆盖有限的地理范围，适用于公司，机关，学校，工厂等处的计算机，终端设备和信息处理设备间联网的要求。

(2) 能够提供高数据传输速率，低误码率的高质量数据传输环境。

(3) 属于一个单位所有，易于建立，维护和扩展。

(4) 局域网的特性主要由网络拓扑，传输介质和介质访问控制方法决定。

2.3.2.2 局域网的硬件组成

局域网在逻辑上可以由网络服务器，工作站，网卡，传输介质和连接转换部件构成(见图 2.12)。其中，连接转换部件可以是中继器、集线器、网桥、路由器、网关等。

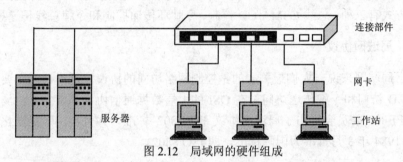

图 2.12　局域网的硬件组成

2.3.2.3 局域网的软件系统

局域网软件系统主要包含三个部分：

(1) 网络操作系统：常用的网络操作系统是 Novell 公司的 Netware、Unix 和 Microsoft 公司的 Windows NT。

(2) 网络管理软件：主要用于监视和控制网络的运行。常用的网络管理软件有 HP 公司的 Openview 及 IBM 公司的 Netview 等。

(3) 网络应用软件：网络应用软件是用户利用软件开发平台，按照各自需要开发的各种各样的网上业务应用系统。常见的开发平台有各种数据库管理系统，办公自动化管理系统以及浏览器，网页制作网站管理等软件。

2.3.2.4 局域网传输介质

局域网中常用的传输介质是同轴电缆、双绞线、光纤和无线通信信道。在过去，同轴电缆的性价比是最好的，目前，中高速的局域网中都采用双绞线作为传输介质，在远距离传输中使用光纤传输，在有移动站点的局域网中，则采用无线通信技术。

2.3.2.5　局域网工作方式

局域网的工作方式有共享介质式和交换式两种。

共享介质式中，所有结点共享一条公共通信传输介质，当一个结点发送数据时，将会以广播的形式传送到所有的结点上。因此，在共享介质的网络中，在任何一个时间段内，只能有一个结点占用公共通信信道。由于共享介质式容易发生冲突的现象，于是提出了交换式局域网工作方式。

2.3.2.6　局域网的介质访问控制方式

为了实现对多结点共享传输介质，并在发送和接收数据时为防止冲突而加以控制的方式有三种：总线 CSMA/CD 控制、令牌环传递控制和令牌总线传递控制。

2.3.2.7　局域网协议

对于局域网来说，人们最关心的是控制网络访问的协议，这类访问主要就是 CSMA/CD 访问和令牌传送访问。在 OSI 的七层数据通信协议基础上，由局域网标准(IEEE802)委员会提出了局域网协议 IEEE802 标准，并且被国际标准化组织(ISO)于 1984 年 3 月批准为国际标准，即 ISO 8802。

2.3.2.8　局域网中计算机的相对地位

在局域网中，计算机的相对地位有两种形式：

(1) 对等网络模式：在这种网络模式中，所有计算机都具有相同的地位，不设置专有的文件服务器，每一台计算机都可以访问网络中的其他计算机。每一台计算机既是其他计算机的服务器，同时又是其他计算机的客户机。采用对等模式的局域网虽然价格比较便宜，但是网络传输速度比较慢，保密性比较差，而且维护也比较困难。

(2) 客户机/服务器网络模式：这种模式用一台或多台单独的、高性能的、大容量的高档微机，或者是大中型机、小型机作为网络中心服务器；而用多台微型机作为客户机，以总线、星型总线等拓扑结构与服务器连接成局域网。服务器控制网络资源，为客户机提供数据及服务；客户机也叫网络工作站，是局域网的主要组成部分。

2.3.2.9　网络互联技术

局域网的建立，使越来越多的独立计算机进入到了网络环境。随着社会对网络技术需求的不断增长，要求网络覆盖的范围更大、内容更丰富，希望将各个局域网连接起来，实现更加广泛的通信和资源共享。于是就提出了网络之间的连接问题。我们把这种网络之间的连接称为网络互联，它是指将分布在不同地理位置的，类型相同或不同的，协议相同或不相同的网络及设备，相互连接构成更大规模的网络，实现网络资源的共享。

这些互联的网络能够屏蔽各子网在网络协议、服务器类型、网络管理方面的差异。要实现网络互联，必须做到以下几点：

(1) 在互联的网络之间提供链路，至少有物理线路和数据线。

(2) 在不同网络结点的进程之间提供适当的路由来交换数据。

(3) 提供网络记账服务，记录网络资源使用情况。

(4) 提供各种互联服务，应当尽可能不改变互联网的结构。

2.3.3　Internet

Internet 在我国翻译为"因特网"，它是全球性的计算机互联网络；它是连接了全世界千千万万个计算机网络的网络，所以也叫做网际网。从本质上讲，Internet 是一个使世界上不同类型的计算机能交换各类数据的通信媒介。从 Internet 提供的资源及对人类的作用这方面来理解，Internet 是世界上信息资源最丰富的电脑公共网络，它被认为是未来全球信息高速公路的雏形。

Internet 也是基于客户/服务器模式的，所有的服务由服务器提供，而各种访问，存取则由客户机完成。服务器常常是指主机，它总有一个标识地址；客户实质上是客户端的软件程序，它向服务器提出请求，并翻译，转换和显示服务器传输来的信息。

2.3.3.1　Internet 的组成

因特网主要由通信线路，路由器、主机和信息资源等组成。

(1) 通信线路：是连接因特网中各种设备的基础设施，可以分为有线通信线路和无线通信信道两类。通信线路的数据传输能力用带宽和传输速率两个指标衡量，传输速率与带宽成正比，带宽越大，传输速率也就越高。

(2) 路由器：连接因特网中各局域网，广域网的设备。它会根据信道的情况自动选择和设定路由，以最佳的路径，按前后顺序发送信号。用户发送的信息往往需要经过多个网络、多个路由器转发后才能到达目的地。

(3) 主机：按用途不同可以分为两类：一类是信息资源与服务的提供者，叫做服务器。服务器总是由高性能、大容量的大型计算机担当；另一类是信息资源与服务的接受者，叫做客户机。客户机一般就是普通的微机、便携机等。

(4) 信息资源：在因特网中存在着大量的、各种类型的信息资源，比如文本，图像、声音、视频等类型的信息。通过因特网用户可以获得科技资料、商业信息、下载音乐、参与联机游戏或者收看网络直播的节目，等等。

2.3.3.2　Internet 通信协议

Internet 的本质是计算机之间互相通信并交换信息。这种通信跟人与人之间信息交流一样必须具备一些条件，首先也得使用一种双方都能接受的"语言"——通信协议，然后还得知道计算机彼此的地址，通过协议和地址，计算机之间就可以进行交流信息了。Internet 是由许多小的网络构成的国际性大网络，在各个小网络内部使用不同的协议，不同国家的网络使用不同的语言，这些网络之间的计算机要进行信息交流，就需要依靠网络上的世界语——TCP/IP(Transmission Control Protocol/Internet Protocol)协议。TCP/IP 协议是因特网的网络互联通信协议，是因特网上的计算机进行数据通信时必须遵守统一的规范和约定。

TCP/IP 协议叫做传输控制/网际协议，又叫网络通信协议。这个协议是 Internet 国际互联网络的基础。TCP/IP 是网络中使用的基本的通信协议。虽然从名字上看 TCP/IP 包括两个协议，传输控制协议(TCP)和网际协议(IP)，但 TCP/IP 实际上是一组协议，它包括上百个各种功能的协议，如：远程登录、文件传输和电子邮件等，而 TCP 协议和 IP 协议是保证数据完整传输的两个基本的重要协议。通常说 TCP/IP 是 Internet 协议族，而不单单是 TCP 和 IP。

2.3.3.3　Internet 网络地址

Internet 是将不同类型网络物理连接起来的一种软件技术。互联网中传输信息的起点和终点都是网上主机，所以，首先必须解决如何识别网上主机的问题。在互联网络中，识别网上主机可以依靠地址。Internet 采用一种全球通用的网络地址格式，为全网络中的每台主机和每个网络都分配一个 Internet 网络地址，从而解决地址统一和识别网上主机的问题。另外，IP 协议的一大重要功能就是处理在整个 Internet 网络中使用全球通用的 IP 地址。网络地址可以是真实的物理地址。也可以是 IP 地址或域名。

1) 物理地址：是制造在网卡上的地址码。网络的技术和标准不同，相应的网卡地址编码也不同。

2) IP 地址：因为物理地址的规范很不统一，为了确保主机地址的唯一性，因此在因特网中对所有的主机进行统一的编码。这种地址就叫做 IP 地址。IP 地址和物理地址可以根据协议对应转换。IP 地址由 4 个字节(32 位)的二进制数组成，表示为用圆点分隔的 4 个十进制整数组合的形式。一个字节对应一个十进制数，所以每个十进制数的值应在 0～255 之间。为了保证 IP 地址在 Internet 网络中的唯一性，IP 地址统一由美国国防数据网网络信息中心 DDN NIC 进行分配。对于美国以外的国家和地区，DDN NIC 授权世界各大区的网络信息中心进行分配。IP 地址分为静态地址和动态地址两类。

(1) 静态地址：对于提供信息网络服务的网络服务商 ISP(Internet Service Provider)而言，必须告诉访问者一个唯一的地址，例如静态地址。实际上，只有申请 DDN 专线或 X.25 专线的用户，才可以拥有一个固定的静态地址。这种用户既可以访问 Internet 资源，又可以通过 Internet 网络发布信息。

(2) 动态地址：个人计算机在申请账号并采用 PPP 拨号方式接入 Internet 网后，该计算机就拥有了一个独立的 IP 地址，这时用户的计算机将是一台 Internet 网上真正的主机。但是，由于网络服务商拥有的 IP 地址有限，不能保证每个用户都有一个固定的 IP 地址，只能进行动态分配。当用户登录上网时，根据当时的 IP 地址空闲情况，随机地将空闲的 IP 地址分配给该用户。所以，IP 地址是动态分配的，不像电子邮件地址那样是完全固定的。

3) 域名：纯数字形式的 IP 地址不便记忆和使用，于是提出采用域名来代表 IP 地址的方法。所以，Internet 引入了分布式管理的域名系统(Domain Name System，DNS)。DNS 的主要功能有两个：一是定义了一组为网上主机定义域名的规则，二是将域名转成实际的 IP 地址。

域名采用分层次命名的方法，每一层又称为子域名，子域名之间用圆点作分隔符，从右到左分别是最高层域名、机构名、网络名或主机名。如：辽宁省政府的域名是 ln.gov.cn。

Internet 最高层域名是由 DDN NIC 授权登记的，在美国国内用于区分机构，在美国之外用于区分国家或地区。

2.3.3.4　Internet 的功能及提供的服务

Internet 是一个涵盖极广的信息库，它存储的信息上至天文，下至地理，三教九流，无所不包，以商业、科技和娱乐信息为主。除此之外，Internet 还是一个覆盖全球的枢纽中心，通过它可以了解来自世界各地的信息、收发电子邮件、与朋友聊天、进行网上购物、观看影片片断、阅读网上杂志、聆听音乐会等，简单概括如下：

1) 信息传播：你或他人都可以把各种信息任意输入到网络中，进行交流传播。Internet 上传播的信息形式多种多样，世界各地用它传播信息的机构和个人越来越多，网上的信息资料内容也越来越广泛和复杂。目前，Internet 已成为世界上最大的广告系统、信息网络和新闻媒体。现在，Internet 除商用外，许多国家的政府、政党、团体还用它进行各种政治宣传。

2) 通信联络：Internet 有电子函件通信系统，你和他人之间可以利用电子函件取代邮政信件和传真进行联络，甚至可以在网上通电话，乃至召开电话会议。

3) 专题讨论：Internet 中设有专题论坛组，一些相同专业、行业或兴趣相投的人可以在网上提出专题展开讨论，论文可长期存储在网上，供人调阅或补充。

4) 资料检索：由于有很多人不停地向网上输入各种资料，特别是美国等许多国家的著名数据库和信息系统纷纷上网，Internet 已成为目前世界上资料最多、门类最全、规模最大的资料库，你可以自由地在网上检索所需资料。目前，Internet 已成为世界许多研究和情报机构的重要信息来源。Internet 提供的服务包括 WWW 服务、电子邮件(E-mail)、文件传输(FTP)、远程登录(Telnet)、新闻论坛(Usenet)、新闻组(News Group)、电子布告栏(BBS)、Gopher 搜索、文件搜寻(Archie)等，全球用户可以通过 Internet 提供的这些服务，获取 Internet 上提供的信息和功能。最常用的服务有：

(1) 收发电子邮件(E-mail 服务)：E-mail 服务是 Internet 所有信息服务中用户最多和接触面最广泛的一类服务。电子邮件不仅可以到达那些直接与 Internet 连接的用户以及通过电话拨号可以进入 Internet 结点的用户，还可以用来同一些商业网(如 CompuServe，America Online)以及世界范围的其他计算机网络上的用户通信联系。电子邮件和普通信件的不同在于它传送的不是具体的实物而是电子信号，因此它不仅可以传送文字、图形，甚至连动画或程序都可以传送。电子邮件当然也可以传送订单或书信。由于不需要印刷费及邮费，所以，大大地节省了成本。通过电子邮件，许多照片及厚厚的样本都可以简单地传送出去。同时，在世界上只要可以上网的地方，都可以收到别人传给您的邮件，而不像平常的邮件，必须回到收信的地址才能拿到信件。Internet 为用户提供完善的电子邮件传递与管理服务。

(2) 共享远程的资源(远程登陆服务 Telnet)：远程登录是指允许一个地点的用户与另一个地点的计算机上运行的应用程序进行交互对话。远程登录使用支持 Telnet 协议的 Telnet 软件。Telnet 协议是 TCP/IP 通信协议中的终端机协议。Telnet 使你能够从与 Internet 连接的一台主机进入 Internet 上的任何计算机系统，只要你是该系统的注册用户。

(3) FTP 服务：FTP 是文件传输的最主要工具。它可以传输任何格式的数据。用 FTP 可以访问 Internet 的各种 FTP 服务器。访问 FTP 服务器有两种方式：一种访问是注册用户登录到服务器系统；另一种访问是用"匿名"进入服务器。Internet 网上有许多公用的免费软件，允许用户无偿转让、复制、使用和修改。这些公用

52

的免费软件种类繁多，从多媒体文件到普通的文本文件，从大型的 Internet 软件包到小型的应用软件和游戏软件，应有尽有。充分利用这些软件资源，能大大节省我们的软件编制时间，提高效率。用户要获取 Internet 上的免费软件，可以利用文件传输服务(FTP)这个工具。FTP 是一种实时的联机服务功能，它支持将一台计算机上的文件传到另一台计算机上。工作时用户必须先登录到 FTP 服务器上。使用 FTP 几乎可以传送任何类型的文件，如文本文件、二进制可执行文件、图形文件、图像文件、声音文件、数据压缩文件等。由于现在越来越多的政府机构、公司、大学、科研机构将大量的信息以公开的文件形式存放在 Internet 中，因此，FTP 使用几乎可以获取任何领域的信息。

(4) 高级浏览 WWW：WWW(World Wide Web)是一张附着在 Internet 上的覆盖全球的信息"蜘蛛网"，镶嵌着无数以超文本形式存在的信息，其中有璀璨的明珠，当然也有腐臭的垃圾。有人叫它全球网，有人叫它万维网，或者就简称为 Web(全国科学技术名词审定委员会定名，WWW 的中译名为"万维网")。WWW 是当前 Internet 上最受欢迎、最为流行、最新的信息检索服务系统。它把 Internet 上现有资源统统连接起来，使用户能在 Internet 上已经建立了 WWW 服务器的所有站点提供超文本媒体资源文档。这是因为，WWW 能把各种类型的信息(静止图像、文本声音和音像)集成起来。WWW 不仅提供了图形界面的快速信息查找，还可以通过同样的图形界面(GUI)与 Internet 的其他服务器对接。

(5) 其他服务：

① Gopher：它是菜单式的信息查询系统，提供面向文本的信息查询服务。有的 Gopher 也具有图形接口，在屏幕上显示图标与图像。Gopher 服务器对用户提供树形结构的菜单索引，引导用户查询信息，使用非常方便。由于 WWW 提供了完全相同的功能且更为完善，界面更为友好，因此，Gopher 服务将逐渐淡出网络服务领域。

② 广域信息系统(Wide Area Information System，WAIS)：用于查找建立有索引的资料(文件)。它从用户指明的 WAIS 服务器中，根据给出的特定单词或词组找出同它们相匹配的文件或文件集合。由于 WWW 已集成了这些功能，现在的 WAIS 信息系统已逐渐作为一种历史保存在 Internet 网上。

③ 网络文件搜索系统 Archie：在 Internet 中寻找文件常常犹如"大海捞针"。Archie 能够帮助你从 Internet 分布在世界各地计算机上浩如烟海的文件中找到所需文件，或者至少对你提供这种文件的信息。你要做的只是选择一个 Archie 服务器，并告诉它你想找的文件在文件名中包含什么关键词汇。Archie 的输出是存放结果文件的服务器地址、文件目录以及文件名及其属性。然后，你从中可以进一步选出满足需求的文件。这是一个非常有用的网络功能，但由于在 Internet 发展

过程中信息量巨大，而没有更多的人员投入 Archie 信息服务器的建立，因此基于 WWW 的搜索引擎已逐步取代了它的功能，随着 Internet 网信息技术的日渐完善，Archie 的地位将被逐渐削弱。

2.3.3.5　Internet 的接入方法

用户要接入 Internet 必须通过因特网服务供应商(Internet Service Provider, ISP)，中国最大的 ISP 是具有国际出口的四大骨干网：中国公用计算机互联网(CHINANET)、中国教育和科研计算机网(CERNET)、中国科学技术网(CSTNET)及金桥信息网(GBNE)。此外还有许许多多小型的 ISP。

一般用户接入 Internet 的方式有两种：一种是通过局域网接入；另一种是通过电话网拨号接入。

(1) 通过局域网接入。局域网通过路由器和数据通信网与 ISP 相连接，再通过 ISP 的连接通道接入 Internet。这些数据通信网由中国电信、中国移动和中国联通等电信运营企业管理。

(2) 通过电话网接入。一般家庭采用电话网拨号入网方式。个人计算机上网必须使用调制解调器 Modem。用户的计算机与 ISP 的远程接入服务器(Remote Access Server，RAS)之间，是通过调制解调器 Modem 与电话网连通的。

思考题

1) 基于服务器的网络与对等网络有什么不同？
2) 计算机局域网络的硬件组成是什么？
3) 常用网络拓扑结构有哪些?各有什么特点？
4) 什么是局域网?它有哪些特点？
5) 什么是因特网?它有哪些服务？
6) 计算机系统是由哪些部分组成的?各部分的作用如何？
7) 接入因特网的方法有哪些?有何特点？

3 管理信息系统开发方法

学习目的

- 了解研究开发方法的原因和目标；
- 理解开发方法的结构体系及特点；
- 理解系统建设应具备的前提条件；
- 掌握管理信息系统开发策略和方式。

本章要点

- 系统开发方法的体系结构及相互关系；
- 结构化及原型法系统开发方法的思想、过程、原理、优缺点及适用范围；
- 面向对象方法的思想、过程、原理、优缺点及适用范围；
- 管理信息系统开发的策略；
- 各种系统开发方式的特点；
- 系统开发的组织与管理。

3.1 概述

管理信息系统的开发是指以系统规划为前提，通过组织、分析、设计、应用来实现一个信息系统或信息项目的工程。

3.1.1 研究开发方法的原因和目的

3.1.1.1 研究开发方法的原因

有人认为，只要能编写好程序，就能开发好管理信息系统。而现实是：最近几十年来，国内外许多组织机构在实施管理信息系统开发的过程中，失败的有不少。原因是什么？分析其原因，发现影响管理信息系统开发的因素很多，如领导不够重视，开发经费不足，系统配置不合理，开发工具不完善，需求的界定期不准确等。其实，管理信息系统的开发是一项周期长、耗资大、涉及面广的复杂的系统工程，它只是整个系统应用的第一个环节，由于涉及计算机处理技术、软件系统等理论及组织结构、管理功能、管理业务知识等多方面的问题，因此，管理信息系统的开发既是一门技术科学，也是一项非常复杂的社会化系统工程。尽管如此，对于不同的系统开发，要完成的具体任务虽然各不相同，但其基本的开发原理却是一致的，都是要保证完成一个完整而统一的管理信息系统。因此，研究系统的开发方法显得非常重要和必要。事实上，随着管理信息系统应用程度的深入和应用规模的扩大，系统开发人员在开发信息系统时，遇到的难题也越来越多，为解决这些问题，也必须着手进行管理信息系统开发方法的研究。通过研究系统的开发方法，使开发组织更好地预测、分析和解决系统开发将会面临的一些难题：

(1) 手工处理的信息过程和方法如果是被直接"翻译"成软件程序，执行后常常以失败告终。

(2) 在面向应用型的大型管理信息系统开发时，应该怎样进行人力、物力、财力的有效协调。

(3) 对于一个实体组织，应该如何进行调查分析，才能尽可能充分地获取有效数据和协调利用信息资源。

(4) 一个大型的信息系统应该如何进行系统化的划分，才能有利于资源的协调和利用。

(5) 怎样才能充分发挥现有的计算机和通信设备的处理能力，以便更好的解决实际管理问题。

3.1.1.2 研究开发方法的基本目标

对企业来说，管理信息系统开发的最终结果是，拥有业务处理的软件并能成功地投入使用。针对管理信息系统开发过程中出现的一些难题，企业必须深刻地认识到系统开发工作的复杂性，认识其规律和特点，并能科学的运用开发方法来进行系统建设。所以，研究管理信息系统的开发方法，必须是基于以下几个方面的目标。

(1) 能利用具体的开发方法使管理信息系统正确反映管理需要，满足用户需求，从而使所开发的管理信息系统为管理决策提供必要的信息支持。

(2) 有效的管理信息系统开发过程，加快软件的开发速度，提高软件的生产效率，降低费用。

(3) 增强管理信息系统软件产品的功能，提高软件产品的质量。

(4) 充分利用软件技术，尽快跟上硬件发展速度，最大限度地发挥和挖掘硬件的功能。

(5) 合理地组织和充分地利用人力、物力和财力等资源。

3.1.2 开发方法的结构体系

目前主流的系统开发方法，其侧重点各有所不同，有的强调开发过程的组织、管理和控制，有的强调开发方法的驱动对象，有的强调支持某种方法论的技术，有的系统开发需要在一定的开发环境下运用开发工具来完成。系统开发方法的结构体系可以用图 3.1 来表示。

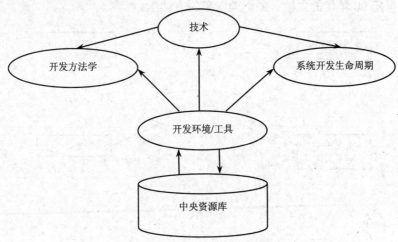

图 3.1 结构体系模块间的关系

这个结构体系的四个模块是从不同的层面、不同的角度提出的，但彼此间相互联系、相互支持、相互制约，它们之间关系可以从上图四个模块中体现：开发环境/工具位于最底层，说明其他三个层面均离不开开发环境/工具的支持；技术是组成方法学的基本成分。例如，结构化方法学是由结构化分析技术、结构化设计技术、结构化程序设计技术组成；方法学能够完成系统开发生命周期的每一个阶段，而系统开发生命周期为每一种方法学提供了一种组织和实施的基本框架。

3.1.2.1 开发方法学

开发方法学是一组思想、规范、过程、技术、环境及工具的集成。一种好的方法学应该能够为系统的开发过程从头到尾提供一整套高效率的途径和措施。为了建设好管理信息系统，要对管理信息系统的开发、运行和维护整个过程都配上一套具有实际指导意义的理论与方法论体系。

方法学是将具体的方法与技术包装在一起而形成的一种思想体系。任何一种开发方法学都应该支持系统开发生命周期的每一个阶段，对整个系统开发生命周期进行综合的、详细的描述，具体体现在以下几个方面：

(1) 每个阶段所包含的每一个作业。

(2) 每一个作业中个人和小组的作用。

(3) 每一个作业的质量标准。

开发方法学体系如图 3.2 所示。采用方法学所运用的开发技术有：

20 世纪 70 年代的主流——面向过程的方法学(结构化方法学)；

20 世纪 80 年代的主流——面向数据的方法学(数据建模和信息工程)；

20 世纪 90 年代的主流——面向对象的方法学。

图 3.2　开发方法学体系

3.1.2.2　技术

技术是指运用一些特殊的工具和规则来完成信息系统开发生命周期的一个或几个阶段。技术只是支持某一种方法学或开发过程中的某一部分。例如，实体关系图和数据流程图都只是结构化方法学中的技术；结构化程序设计只是结构化方法的技术，等等。

3.1.2.3　系统开发生命周期

任何系统都有产生、发展、成熟、消亡或更新换代的过程，这就是系统的生命周期。而系统开发生命周期是指系统分析员、软件工程师、程序员以及最终用户建立计算机信息系统的一个过程，它是管理和控制信息系统开发成功的一种必要措施和手段，是一种用于规划、执行和控制信息系统开发项目的项目组织和管理方法，它是工程学原理(系统工程的方法)在信息系统开发中的具体应用。

按照管理信息系统的生命周期，系统开发工作应由系统分析、系统设计与系统实施三个阶段组成。通常，生命周期的开发方法会将一系列开发所要完成的步骤按流程图的方式表现出来，主流程中包含许多子流程或是分支。

3.1.2.4 系统开发环境/工具

系统开发环境/工具是指用于支持系统生命周期、方法学以及技术的应用系统。如：软件开发环境(Software Development Environment, SDE)、软件工程环境(Software Engineering Environment, SEE)、计算机辅助软件工程(Computer Aided Software Engineering, CASE)、集成化项目/程序支持环境(Integrated Project/ Programming Support Environment, IPSE)。

3.1.2.5 主要开发方法的关系

对开发方法结构体系中各个范畴作进一步扩展，就发展成为现在主要的开发方法，如图 3.3 所示。

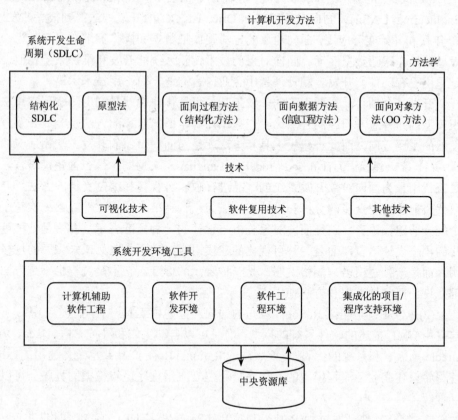

图 3.3 主要的开发方法的关系

59

3.1.3　开发方法的发展

20 世纪 60 年代开始，人们开始研究管理信息系统开发的方法和工具。系统开发方法的发展经历了以下几个阶段。

20 世纪 70 年代，结构化生命周期法给出了过程的定义，改善了开发的过程。结构化生命周期法要求在开发系统前，完全定义好需求，然后经过分析、设计、实施，一次全面地完成目标。但是，随着问题的不断累积，性能的缺陷也日益暴露，系统开发困难重重。

20 世纪 80 年代初，一些开发环境逐渐成熟，随着第四代语言的出现，原型法也应运而生。与结构化生命周期法不同的是，原型法在未定义好全局前，先实现局部，然后不断修改，最终全面实现满足要求。两种方法实现相同功能的系统开发，而实现的途径完全不同。

20 世纪 80 年代末期，计算机辅助软件工程(Computer Aided Software Engineering，CASE)和面向对象(Object-Oriented，OO)的开发方法得到很大的发展，90 年代初开始实际应用。面向对象的方法强调把数据和操作捆绑在一起作为一个对象，操作跟随数据而动。面向对象的技术使新系统的开发和维护系统相似，都是重用已有部件，开发者和管理者用企业语言沟通，而不用技术术语。

开发一个项目，需要正确的开发工具。可视化建模就是利用围绕现实想法组织模型的一种思考问题的方法。我们毫不怀疑，面向对象的方法是今后开发方法发展的主要方向，而此类建模工具和方法就是与面向对象的开发方法相适应的。

(1) 统一建模语言(Unified Modeling Language，UML)：是一种建模语言，是第三代用来为面向对象开发系统的产品进行说明可视化和编制文档的方法。UML取代目前软件业众多的分析和设计方法成为一种标准，这使软件界第一次有了一个统一的建模语言。它是面向对象分析与设计的一种标准表示，并不是一种可视化的程序设计语言，而是一种可视化的建模语言。它不是工具或知识库的规格说明，而是一种建模语言规格说明，是一种表示的标准。它不是过程也不是方法，但允许任何一种过程和方法使用它。

(2) ROSE：是美国 Rational 公司的面向对象建模工具，利用这个工具，可以建立用 UML 描述的软件系统的模型，而且可以自动生成和维护 C++、Java、VB、Oracle 等语言和系统的代码。目前版本的 Rational Rose 产品共享全体通用的标准，使得希望建立业务流程模型的非程序员和建立应用程序逻辑模型的程序员可以相互理解。

(3) 统一软件开发过程(Rational Unified Process，RUP)：提高了团队生产力，

在迭代的开发过程、需求管理、基于组件的体系结构、可视化软件建模、验证软件质量及控制软件变更等方面，针对所有关键的开发活动为每个开发成员提供了必要的准则、模板和工具指导，并确保全体成员共享相同的知识基础。它建立了简洁和清晰的过程结构，为开发过程提供较大的通用性。同时，它也存在一些不足：RUP 只是一个开发过程，并没有涵盖软件过程的全部内容；它没有支持多项目的开发结构，这在一定程度上降低了在开发组织内大范围实现重用的可能性。RUP 并不完美，在实际的应用中可以根据需要对其进行改进，并可以用 OPEN 和 OOSP 等其他软件过程的相关内容对 RUP 进行补充和完善。

3.2　常用开发方法

　　系统开发方法是指为获取某一对象而组织人们思维活动的过程，以及实现这个过程必须采取的步骤和途径。由于管理信息系统的开发是一项复杂的系统工程工作，所涉及的知识面广、部门多，所以，至今为止并没有一种完美的方法来很好地适应各种系统的开发。人们在管理信息系统的开发中常用的方法有：结构化系统开发方法、原型法、面向对象的方法。这些开发方法在系统开发的不同方面和不同阶段各有所长、又各有所短，企业应根据具体的系统及开发环境，采用合适的方法进行管理系统的开发。

3.2.1　结构化系统开发方法

　　20 世纪 60 年代开始出现结构程序设计，"结构化"的含意是用一组规范的步骤、准则和工具来进行某项工作。运用结构化的思想进行信息系统的建设工作被称为结构化系统开发方法。

3.2.1.1　结构化系统开发的基本思想

　　结构化系统开发方法(Structured System Analysis And Design，SSA&D，)又称结构化生命周期法，是系统分析员、软件工程师、程序员以及最终用户按照用户至上的原则，自顶向下分析与设计和自底向上逐步实施的建立计算机信息系统的一个过程，是组织、管理和控制信息系统开发过程的一种基本框架。

　　结构化系统开发方法由管理策略和开发策略两个部分组成。管理策略部分强调系统开发的规划、进程安排、评估、监控和反馈。开发策略部分包括：任务分解结构(Work Breakdown Structure，WBS)、WBS 优先级结构、开发经验、开发标准。

结构化系统开发方法的基本思想是：用系统工程的思想和工程化的方法，按照用户至上的原则，结构化、模块化、自顶向下地对系统进行分析与设计。具体说来，结构化指将整个系统开发过程划分成若干个相对独立的阶段，如系统规划、系统分析、系统设计、系统实施、系统运行与维护等，每个阶段进行若干活动，每项活动应用一系列标准、规范、术语完成一个或多个任务，形成符合给定规范的结果，结果包括程序和文档。模块化指把整个管理信息系统划分成子系统，子系统再往下划分，划分成模块，模块再往下划分成子模块，直到模块的功能单一为止。自顶向下化指自顶向下分解，自底向上组合开发。系统开发过程的前三个阶段坚持自顶向下的原则对系统进行结构化划分，在系统实施阶段，则坚持自底向上的原则逐步实施，逐渐地构成整体系统。

3.2.1.2 结构化系统开发的开发过程

结构化系统开发的生命周期分为系统规划、系统分析、系统设计、系统实施、系统运行与维护五个阶段。如图 3.4 所示。

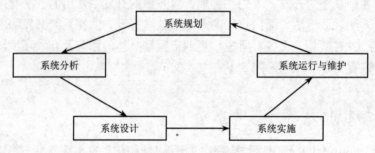

图 3.4 结构化系统开发过程

(1) 系统规划阶段：这是管理信息系统建设的第一个阶段，该阶段的工作任务是根据企业的整体目标和发展战略，确定管理信息系统的发展战略，制订管理信息系统建设的总体计划。本阶段的工作结果是企业管理信息系统规划说明书。

(2) 系统分析阶段：该阶段主要是运用数据字典和数据流程图对系统逻辑模型进行结构化阐述。系统分析的主要任务是对组织结构与功能进行分析，理清企业业务流程和数据流程的处理，并且将企业业务流程与数据流程抽象化，通过对功能数据的分析，提出新系统的逻辑方案。本阶段是整个管理信息系统建设的关键阶段，分析有错误将会直接导致系统实施的失败。

(3) 系统设计阶段：系统设计也称为系统的逻辑设计。该阶段的主要任务是确定系统的总体设计方案，划分子系统功能，确定共享数据的组织，然后进行详细设计。总体设计主要是构造软件的总体结构；详细设计包括人机界面设计、数据库设计、程序设计。该阶段的成果为下一阶段系统实施提供了编程指导书。

(4) 系统实施阶段：主要任务是讨论确定设计方案的可行性，对系统模块进行调试，进行系统运行所需数据的准备。在此过程中，编写程序和测试程序占用了许多时间。本阶段的目的是保证模块内各程序间具有正确的控制关系，测试模块的运行效率，并最终使信息系统投入运行。

(5) 系统运行与维护阶段：这是系统开发过程中的最后一个阶段，是前面各阶段工作结果的最终体现。该阶段的主要任务是进行系统的日常运行管理，评价系统的运行效率，对运行费用和效果进行审计，出现问题及时对系统进行修改和调整。目的是对系统进行维护，使之能正常地运作。

3.2.1.3　结构化系统开发的开发原理

(1) 用户积极参与。用户积极参与信息系统的开发的全过程，是信息系统开发能否成功的一个关键的、绝对必要的因素。

(2) 严格按划分的阶段和活动进行系统开发。运用系统处理方法，将系统开发的全过程采取"分而治之"的策略，将整个系统的开发过程分为一系列"阶段"，然后再将阶段分为一系列的"活动"，将活动划分为更小的、更易于管理和控制的"作业"。

(3) 设立检查点。在系统开发的每一个阶段均设立检查点，逐步评估所开发系统的可行性，避免由于系统开发的失败造成更大的损失。

(4) 文档标准化。文档标准化是进行良好通信的基础，是提高软件可重用性的有效手段。

3.2.1.4　结构化系统开发的优缺点

结构化系统开发的优点主要有以下四个方面：

(1) 建立用户至上的观点。用户是整个信息系统开发的起源和最终目的，用户的参与程度和满意程度是系统成功的关键。在系统开发过程中，一定要面向用户，充分了解用户的需求和愿望，并随时关注用户需求的变化。

(2) 自顶向下的分析与设计，自底向上的实施。系统分析与设计时要从整体考虑，是一个从全局到局部、从抽象到具体的逐层实现的过程，每一阶段的工作，都体现出自顶向下、逐步求精的结构化技术特点。在系统实施阶段，分期、分批进行系统开发，采用"自底向上"逐步实现的辅助性原则。

(3) 严格区分工作阶段。将整个系统的开发过程分为若干阶段，每个阶段都有明确的任务和目标，及预期要达到的阶段成果。工作阶段的次序不可以打乱或颠倒，前一个阶段的完成是后一个阶段工作的前提和依据，而后一阶段的完成往往又使前一阶段的成果在实现过程中具体了一个层次。

(4) 逻辑设计与物理设计分开。首先进行系统分析，系统开发人员在此阶段利用一定的图表工具构造出新系统的逻辑模型，使用户能看到新系统的大概，然后在系统设计阶段再进行具体的物理设计，从而大大提高了系统的正确性、可靠性和可维护性。

(5) 质量保证，措施完备。对每一个阶段的工作任务完成情况都进行审查，对于新出现的错误或问题，及时地加以解决，决不允许转入下一工作阶段，也就较难使错误传递到下一阶段。

(6) 工作文档标准化。开发过程的每一阶段、每一步骤都有详细的文字资料记载。如系统分析过程中的调研材料，系统设计的每一步方案资料都有专人保管，有专门的一套管理、查询制度。有利于系统开发人员及时发现问题，总结经验，形成自我反馈，及时弥补工作中的缺陷。

结构化生命周期法是有效的，但不是完美无缺的，在长期使用过程中，该方法也暴露出了许多局限性，主要体现在以下几方面：

(1) 所使用的工具落后，主要是手工绘制各种分析设计图表，导致系统开发周期过长，缺乏快速反应能力。随之会带来一系列的问题。比如，经历漫长的开发周期后，人们原来所了解的情况可能会发生较多的变化。

(2) 它是一种预先定义需求的方法，基本前提是系统开发人员必须在早期调查中就确定用户的需求、管理状况及正确预测可能会发生的变化，这本身就违背了人们循序渐进地认识事物发展的客观规律。这种开发方法只适应于可在早期阶段就完全确定用户需求的项目，而这在现实生活中是不太可能做到的。

(3) 用户信息反馈慢。该方法为目标系统描述了一个模型，只能供人阅读和讨论，不能运行和试用，对确定用户需求只起到有限的作用。而系统的前期分析阶段太长，用户看到实际系统要等很长时间，通常等系统设计出来后会发现与用户的期望差距较大。由于用户信息反馈太迟，对目标系统的质量会有一定的影响。

(4) 该方法的文档编写工作量极大。使用结构化方法时，人们必须编写数据流程图、数据字典、加工说明等大量的文档资料，随着系统开发工作的不断深入和用户需求的不断变化，文档也需要不断修改。这样的修改工作需要耗用大量的人力、物力和时间，文档反复修改后也难以保持内容的一致性，这些都给系统开发工作带来极大的困难。

3.2.1.5 结构化系统开发的适用范围

该方法适用于一些组织相对稳定、业务处理过程规范、需求明确且在一定时期内不会发生大变化的大型复杂系统的开发。

随着时间的推移，结构化系统开发方法也暴露出了一些缺陷和不足。最突出的表现是使用的工具落后，导致系统开发周期过长，带来系统预算超支、用户需求变化等一系列的问题，一旦系统需求发生变化，系统开发人员将很难作出相应的调整。另外，该方法要求系统开发者在系统调查时就明确用户的需求，这在现实生活中不可能做到，不符合人们认识事物要循序渐进的规律。因而，在实际的系统开发中，系统开发人员很少会严格按步骤逐步地进行系统开发，而是采用其他的开发方法。原型法就是其中的一种。

3.2.2 原型法

20 世纪 80 年代，随着计算机软件技术的发展，特别是关系数据库系统、第四代程序设计语言和各种系统开发生成环境的产生，出现了原型法这样一种从设计思想、工具手段都全新的系统开发方法。

3.2.2.1 原型法的基本思想

原型法是凭借系统开发人员对用户要求的理解，在强有力的软件环境支持下，给出一个实实在在的系统原型，然后与用户反复协商修改，最终形成实际系统。信息系统原型，就是一个可以实际运行、可以反复修改、可以不断完善的信息系统。该方法是一种根据用户需求，利用系统快速开发工具，建立一个系统模型，在此基础上与用户交流，最终实现用户需求的快速管理信息系统开发方法。

原型法的基本思想是：在系统开发初期，凭借系统开发人员对用户需求的了解和系统主要功能的要求，在强有力的软件环境支持下，迅速构造出系统的初始原型，然后与用户一起不断对原型进行修改、完善，直到满足用户需求。

3.2.2.2 原型法的开发过程

原型法的开发过程可以从以下几个步骤来说明：

(1) 可行性分析。用户首先提出系统开发要求，开发人员对系统开发的意义、费用、时间作出初步的计算，确定系统开发的必要性和可行性。

(2) 确定系统的基本需求。系统开发人员向用户了解用户对信息系统的基本需求，即应该具有的一些基本功能，人机界面的基本形式等。这时的需求可能是不完全的、粗糙的描述和定义。

(3) 建造系统初始原型。在对系统需求有了基本了解的基础上，系统开发人员应争取尽快地建造一个系统软件的初始原型。初始原型不要求完全，只要求能满足用户的基本需求。这里讲究开发速度，而不是运行效率。

(4) 评价原型。让用户试用刚完成的或经过若干次修改后的系统原型，在试用中使用用户能亲自参加并体会一个实在的模拟系统，指出该原型存在的问题，提出进一步的需求，提出完善意见。

(5) 修改和完善系统原型。根据用户的意见，开发人员与用户共同研究确定修改原型的方案，经过修改和完善得到新的原型系统。

开发人员在对原始系统进行修改后，又与用户一起就完成的系统进行评审，如果不满足要求，则要进行下一轮循环，如此反复地进行修改、评审，直到用户满意。如果经用户评审，系统符合要求，则可根据开发原始系统的目的，或者作为最终的信息系统投入正常运行，或者是把该系统作为初步设计的基础。

原型法的工作流程可以用图 3.5 来表示。

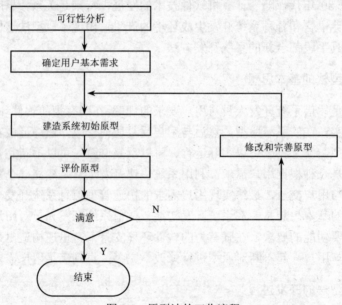

图 3.5　原型法的工作流程

3.2.2.3　原型法的主要优缺点

原型法从原理到流程都很简单，在实际应用中也取得了巨大的成功，与结构化开发方法相比，原型法具有以下优点：

(1) 对系统需求的认识取得突破，确保用户的要求得到较好的满足。并不是所有的需求都能在系统开发前被准确地说明。用户虽然可以描述他们所需最终系统的目标及大致功能，但对于细节问题往往不可能非常清楚。人们认识事物的过程是循序渐进的，对用户和开发人员来说，系统的开发是一个学习和实践的过程，用户随着系统开发的不断深入对系统需求的描述会不断进行完善，而开发人员则需要根据用户需求的变化快速修改系统原型。原型法很好地解决了对系统需求较准确说明问题。

(2) 改进了用户和系统开发人员的交流方式，加强了用户的参与程度。 项目参加者之间通常会存在交流上的困难，而原型法则很好地克服了这个困难。在原型法开发过程中，用户和开发人员通过屏幕、键盘进行对话、讨论和交流，从用户的角度测试原型，修改和完善系统原型，直至用户满意为止。正是这种直观性、动态性的交流方式，解决了沟通困难问题，加强了用户的系统开发参与程度。

(3) 开发的系统更加贴近实际，提高了用户的满意程度。 图形和文字描述缺乏直观的、感性的特征，不利于用户理解各类对象的全部含义。而系统原型让用户见到了一个贴近"真实"的模拟系统，让它在计算机上运行，进行交互式的说明对象，显然比理解纸面上的系统要深刻得多，从而使开发人员能更好地明确用户需求，进而快速改善系统原型，进一步提高了用户的满意程度。

(4) 降低了系统开发风险，一定程度上减少了开发费用。在系统开发前期，系统的需求是很难准确说明的，用户很难将系统的功能用清晰的语言加以描述，随着时间的推移，系统本身的功能需求可能会不断地变化，而系统开发者只是询问者、顾问及问题的解决者，他们不可能很熟悉业务。在这种情况下，用户和开发者之间传递错误信息和发生误解的可能性极大，而在需求分析报告和系统规格说明书中又不可能完全准确地反映系统需求，等到系统测试和运行阶段才发现问题，加重了系统维护的负担，严重的会要求重新开发系统。而原型法开发方法中，用户的需求会被不断地完善，系统原型也会不断地进行修改，避免了系统重新开发的风险，一定程度上也减少了系统开发费用。

(5) 易学易用，减少了对用户的培训时间。原型能较直观地、准确地描述系统需求，原型法的开发流程简单易懂，原型又是用户和开发者经讨论后共同确定的，再加上用户全过程参与系统开发，对所开发的系统原型比较熟悉，同时也增强了对系统功能的理解，有利于系统的移交、运行与维护。因此，通过原型法开发的系统易学易用，减少了用户使用系统的培训时间。

作为一种具体的开发方法，不可否认，原型法还是有其局限性，如：

(1) 对开发环境要求高。开发环境包括软件环境、硬件环境和开发人员，主要是软件环境。原型法的前提是有一个强有力的软件支持环境作为基础，包括集成化的数据字典、高性能的数据库管理系统、超高级语言、报告生成器、屏幕格式生成器、自动文档编写机制等。在原型法的开发中，开发环境的集成化使高效率的原型开发成为可能。

(2) 解决复杂系统和大型系统很困难。对于具有大量运算的、逻辑性较强的程序模块的复杂系统，开发人员很难通过原型法构造出模型以供用户评价。对于一个大型的系统，如果不经系统分析、规划与论证，而进行整体性划分，直接使用屏幕进行一个又一个的模拟，这是很困难的。

(3) 对用户的管理水平要求高。原型法最大的困难是工程管理的问题，许多具有较强管理能力的企业都对原型法感到恐惧，因为原型法开发过程中系统需求的不确定性会带来极大的风险。如果用户的基础管理不好，没有科学合理的管理方法，项目难以计划和管理，系统开发容易成为手工系统的机械模拟。因此，原型法要求用户有较高的管理基础和管理水平。

(4) 对系统的修订会产生无休止的反复。原型法并不要求开发者在系统开发之初就完全掌握用户的所有需求，而是根据用户基本需求开发一个应用系统软件的初始原型，通过用户不断试用原型、提出新需求，开发人员再不断修改和完善原型。所以，原型法的开发过程是一个循环的过程，对系统需求的不断修订会让开发者进入一个无休止的反复状态。

(5) 开发人员会误将原型取代系统分析。由于原型法的基本思想是根据用户的初步需求构造一个合适的原型，然后由用户对原型进行试用和评价，逐步完善系统需求，再由开发人员不断扩充和完善系统的结构和功能，直到用户满意为止。原型的构造和完善在系统开发过程中是很重要的环节，会让开发人员误认为有了系统原型，就可以不用系统分析。事实上，这种认识是错误的，采用原型法开发系统时，也要先对系统可行性进行研究，对系统开发的意义、费用、时间作出初步的计算，确定系统开发的必要性和可行性，才可以进行下一阶段的用户需求。

3.2.2.4　适用范围

原型法的适用范围是比较有限的，适用于规模较小的系统，适用于业务处理过程比较简单或不太复杂的系统，适用于交互功能多的系统，适用于用户需求比较明确的系统，适用于没有大量运算和逻辑处理过程的系统，适用于具有丰富的系统开发经验的开发人员。

3.2.3　面向对象方法

以前的开发方法，只是单纯地反映管理功能的结构状况，或者只是侧重反映事物的信息特征和信息流程，是一种被动地迎和实际问题需要的做法。面向对象的系统开发方法是在各种面向对象的程序设计语言(如 C++)基础上发展起来的，但它远远超出程序设计的范畴。面向对象开发方法把数据和过程包装成为对象，以对象为基础对系统进行分析与设计，为认识事物提供了一种全新的思路和办法，是一种综合性的开发方法。

3.2.3.1 ·面向对象方法的基本思想

面向对象方法的基本思想是，将客观世界抽象地视为若干相互联系的对象，然后根据对象和方法的特性研制出一套软件工具，使之能够映射为计算机软件系统结构模型和进程，从而实现信息系统的开发。

在面向对象的方法中，对象作为描述信息实体的统一概念，把数据和对数据的操作融为一体，通过方法、消息、类、继承、封装和实例化等机制构造软件系统，且为软件重用提供强有力的支持。面向对象方法认为：

(1) 客观事物是由对象组成的，对象是在事物基础上的抽象结果，任何复杂的事物都可以通过各种对象的某种组合结构来定义和描述；

(2) 对象是由属性和方法组成的，其属性反映了对象的数据信息特征，而操作方法则用来定义改变对象属性状态的各种操作方式；

(3) 对象之间的联系通过消息传递机制来实现，而消息传递的方式是通过消息传递模式和方法所定义的操作过程来完成的；

(4) 对象可以按其发生来归类，借助类的层次结构，子类可以通过继承机制获得其父类的特性；

(5) 对象具有封装的特性，一个对象就构成一个严格模块化的实体，在系统开发中可被共享和重复引用，达到软件重用的目的。

3.2.3.2 面向对象方法的基本概念和基本特征

所谓"面向对象"，是指一种认识客观世界的世界观，从结构组织角度模拟客观世界的一种方法论。有关基本概念如下：

1) 对象(object)：客观世界由各种"对象"组成，任何客观事物都是对象，对象是在原事物基础上抽象的结果。任何复杂的事物都可以通过对象的某种组合结构构成。对象可由相对比较简单的对象以某种方式组成。对象由属性和方法组成。属性(Attribute)反映了对象的信息特征，如特点、值、状态等，而方法(Method)则是用来定义改变属性状态的各种操作。

2) 类(Class)：类是面向对象的基本概念之一，是一组具有相同数据结构和相同操作的对象的集合。对象可按其属性进行归类。类的定义包括：

(1) 标识：类的名称，用以区分其他类。

(2) 继承：描述子类承袭父类的名称，以及继承得到的结构与功能。

(3) 数据结构：是对该类数据组织结构的描述。

(4) 操作：指该类通用功能的具体实现方法。

(5) 接口：指面向其他类的统一的外部通信协议。

类有明显的层次结构，类上可以有超类(Superclass)，类下可以有子类(Subclass)。对象或类之间的层次结构是靠继承关系(Inheritance)维系的。

3) 消息(Message)：对象之间相互合作需要一种机制协助进行，这样的机制被称为"消息传递"。消息传递的过程中，由发送消息的对象(Sender)将消息传递至接收消息的对象(Receiver)，引发接收消息的对象的一系列操作。所传递的消息实质上是接收对象所具有的操作或方法的名称，也包括相应参数，系统可以简单地看作一个彼此通过传递消息而相互作用的对象集合。

4) 继承性(Inheritance)：继承是指一个类因承袭而具有另一个类的能力和特征的机制或关系。父类具有通用性，而子类具有特殊性。子类可以从其父类，直至祖先那里继承方法和属性。继承机制最主要的优点是支持重用。结构化方法中的过程调用是重用的典型例子，但层次不如继承高。继承的作用是：减少代码冗余；通过协调性减少相互之间的接口和界面。

5) 封装性(Encapsulation)：封装就是将一个实际的属性(数据)和操作(程序代码)集成为一个对象整体。封装提供了对象行为实现细节的隐藏机制，用户只需根据对象提供的外部特性接口访问对象。这种封装了的对象满足软件工程的一切要求，而且可以直接被面向对象的程序设计语言所接受。

6) 多态性(Polymorphism)：不同对象收到同一消息后可能会产生完全不同的结果，这一现象称为多态。在使用多态时，用户可以发送一个通用消息，而实现的细节则由接收对象自行决定，这样同一消息就可以调用不同的方法。多态的实现受到继承性的支持。多态性的本质是一个同名称的操作可对多种数据类型实施操作的能力，即一种操作名称可被赋予多种操作的语义。

由于多态性，使程序在编译时根据当时的条件动态地确定和调用要求的程序代码，称为动态绑定(Dynamical Binding)。动态绑定比较灵活，是面向对象程序设计语言的一个特点，是与类的继承性、多态性相联系的。

3.2.3.3 面向对象开发方法的开发过程

通常，面向对象开发方法的开发过程包括三个阶段，即面向对象的系统分析(OOA)、面向对象的系统设计(OOD)、面向对象的系统实施(OOP)。

(1) 面向对象的系统分析(OOA)：这一阶段主要是利用面向对象技术进行需求分析，其过程大致是：依据对象分析的主要原则，首先利用信息模型(E-R 图)技术识别出问题中的对象实体，标识出对象间的关系，然后通过对对象的分析，确定对象的属性及方法，利用属性变化规律完成对象及其关系的有关描述，并利用方法演变规律描述对象或其关系的处理流程。这个阶段得到的模型是具有一定层次关系的问题空间模型，这个模型有弹性，且易修改、易扩充。

(2) 面向对象的系统设计(OOD)：这一阶段主要利用面向对象技术进行概念设计。需要注意的是，面向对象的设计与面向对象的分析使用了相同的方法，这就使得从分析到设计的转变非常自然，甚至难以区分。从面向对象的系统分析到面向对象的系统设计是一个积累性的模型扩充过程。这一过程使得系统设计变得很简单。扩充主要是指属性和服务量上的增加。设计阶段是将分析阶段的各层模型化的"问题空间"逐层扩展，得到一个模型化的特定"实现空间"。在设计阶段有时候还要考虑硬件体系结构、软件体系结构，并采用各种手段控制因扩充而引起的数据冗余。

(3) 面向对象的系统实施(OOP)：这一阶段主要是将面向对象的系统设计中得到的模型利用程序设计实现，具体操作包括选择程序设计语言编程、调试、试运行等。OOA 和 OOD 两个阶段得到的对象及其关系最终都必须由程序设计语言、数据库等技术来实现，但是，由于在设计阶段对语言会有所侧重考虑，所以系统实现不会受具体程序设计语言的制约，因而，该阶段在整个系统开发周期中所占的比重较小。但是，应当尽可能地采用面向对象的程序设计语言。这是因为，面向对象技术日趋成熟，支持这种技术的语言已成为程序设计语言的主流；而且，选用面向对象语言能够更容易、更安全和更有效地利用面向对象机制，更好地实现 OOD 阶段所选的模型。

3.2.3.4　面向对象方法的优缺点

面向对象的开发方法以对象为基础，利用特定软件工具直接完成从对象客体的描述到软件结构之间的转换。

面向对象方法的优点：

(1) 采用面向对象思想，使系统的描述及信息模型的表示与客观实体相对应，符合人类的思维习惯；有利于系统开发过程中用户与开发人员的交流和沟通，缩短了开发周期，提高了系统开发的正确性和效率。

(2) 系统开发基础统一于对象之上，各阶段工作平滑，避免了许多中间转换环节和多余的劳动，加快了系统的开发进程。

(3) 面向对象技术中的各种概念和特性，使软件的一致性、模块的独立性及程序的共享性和重用性大大提高，也与分布式处理多机系统及网络通信等发展趋势相吻合，具有广阔的应用前景。

面向对象方法的缺点：

(1) 必须依靠一定的软件技术支持。面向对象的方法实现是采用面向对象的软件开发工具来开发出系统软件。主要的面向对象软件开发工具有 Visual C++、Delphi、PowerBuilder、Java 等。

(2) 在大型系统的开发上存在明显的局限性。对于面向管理的大型项目，关键是要弄清楚用户的需求，脱离用户的需求而讲究开发方法，这样的系统开发注定是要失败的。而且，必须以结构化系统开发方法的自顶向下的系统调查和系统分析为基础，否则会存在系统结构不合理、关系不协调的问题。

3.2.3.5　面向对象的开发方法的适用范围

面向对象的开发方法是目前比较流行的开发方法，适用面很广。在大型管理信息系统开发过程中，通常采用面向对象方法和结构化方法相结合的方法。这是目前系统开发领域相互依存的两种方法。

3.3　开发策略与开发方式

3.3.1　系统开发的基本条件

3.3.1.1　系统开发成功的要素

管理信息系统的建设是复杂的，道路是坎坷的，许多已经建设好的系统所带来的经济效益还远远不及预先的期望。一个系统能否开发成功，必须具备以下几个要素：

(1) 合理地确定系统目标。目标的确定直接影响系统开发的成功与否，系统开发者应坚持先进性和实用性相结合的原则来制定系统目标。管理信息系统的最终使用者是各级各类管理人员。满足用户的信息需求，支持用户的管理决策活动，是系统建设的直接目标。然而，企业各类管理人员的需求不尽相同，可能还会相互发生冲突，有时需求还会在系统建设过程中发生变化。此时，系统开发者面对用户复杂多样的需求，必须努力寻求使各方面都比较满意的方案。

(2) 组织系统性队伍。由于管理信息系统涉及多种学科、多种人才，搞单干是不可能完成信息系统的开发任务的，这就需要根据系统的具体情况，合理地组织系统开发所必需的各类人才，共同完成开发任务。先要有组织的最高领导亲自领头，再要有各业务部门的工作人员积极参与和支持，由领导负责机构调整，人力、物力、财力的调配，规章制度的制定，作重要决策。系统开发队伍的人员不一定要很多，但一定要懂得管理信息系统建设的理论和经验。

(3) 从总体上对系统开发进行规划。由于管理信息系统的开发涉及面广，工作复杂，这就需要遵循系统工程的开发步骤，先从总体上进行规划，再按工作阶段分步骤实施开发计划。这样，有利于保证系统建设工作的稳步进行，保证系统建设质量与效率，最终提高系统建设成功的可能性。

3.3.1.2　系统开发的基本条件

系统开发工作做得好与坏，直接影响到整个信息系统的成败。实践证明，开发管理信息系统需要具备以下基本的必要条件：

(1) 有科学的管理基础。管理信息系统是在科学管理的基础上发展起来的，是为管理者决策服务的。所以，管理信息系统的开发必须考虑：管理理论与企业实际相结合；具有合理的管理体制和科学的管理方法；具有完善的规章制度，使管理工作达到标准化；保证稳定的生产秩序；拥有完整而准确的原始数据。为此，企业必须逐步实现管理工作的程序化，即各部门的管理工作有序化，有合理的工作流程，严格按照工作流程一环扣一环地进行；管理业务的标准化，即对重复出现的业务按照对管理的客观要求和管理人员长期积累的经验，规定标准的工作程序和工作方法，成为制度化；报表文件的统一化，即设计出一套标准的报表格式和内容，避免不必要的数据重复，方便各职能部门间的数据传递；数据资料的完善化和代码化，即各项数据资料要完整、准确，并具有统一的数据编码。

(2) 领导的重视和员工的积极参与。管理信息系统开发周期长、耗资大，对企业的影响面广，涉及整个管理体系，仅靠开发人员是无法解决的，必须由主要领导亲自领头，即"一把手原则"。领导最熟悉自己面临的问题，最能合理地确定系统目标，合理地调配人力、财力、物力资源，能够协调各部门的需求与步调，能够决定投资方向，及时调整机构，确定应用程度等。要不然，系统的开发工作将会处处受到阻力，最终无法实现目标。管理信息系统的开发同样也离不开各部门员工的配合和支持。各部门的工作人员最熟悉本部门的具体工作情况和信息需求，最熟悉本部门的业务流程和工作特点，他们是信息系统建设不可缺少的力量，他们的业务水平、工作习惯和对新系统参与的积极性都直接影响系统开发的效果。

(3) 拥有一支高水平的专业技术队伍。由于管理信息系统本身的复杂性，它的开发需要一支由各种专业技能人员组成的开发人员队伍。这支队伍中要有熟悉管理业务的管理人员，如数据管理员；要有懂计算机的硬件、软件人员，如程序设计人员、系统维护人员、系统操作员；还要有既懂计算机又熟悉管理工作的技术人员，如系统分析员。为此，企业必须加强自身专业技术队伍建设，努力做好选择和培训技术人员的工作，以增强企业专业技术能力。另外，由于这支开发队伍的人员来自各个部门、各类专业，知识结构也不相同，但开发管理信息系统的目标却是一致的，所以，要有善于组织各类人员一起工作的领导来全面负责整个系统的开发工作，并使全体开发人员分工协作，共同完成艰巨而复杂的开发工作。

(4) 有较雄厚的资金力量。管理信息系统的开发是一项投资大、风险大的系统工程，需要具备一定的物质基础才行。企业在系统开发过程中，需要购买机器设备、软件，需要消耗各种材料，还需要各种人工费用、培训费用，以及系统运行与维护费用。所以，开发管理信息系统的企业要有一定的经济实力，才能承受系统开发的投资负担。对企业来说，这些开发费用不是一个小数目，还是一个不小的负担。因此，为保证系统开发的顺利进行，在系统开发前要有一个总体规划，对所需资金要有一个合理的预算，要保证资金按期顺利到位，在开发过程中还要加强资金管理，防止资金浪费现象的发生。

3.3.1.3 系统开发的基本原则

为了能以最少的人力、物力、财力，在最短的时间内开发出高质量的管理信息系统，必须运用系统工程的观点，确立开发系统的基本原则。这些基本原则都是通过大量的信息系统实践总结出的，主要包括：

(1) 用户至上原则：这是管理信息系统开发所要遵循的最重要的原则。系统是为管理工作服务的，建设好的系统最终要由管理人员来使用。所以，一个系统开发是否成功主要取决于是否满足用户管理上的要求，这是开发工作的出发点和归宿；用户是否满意是衡量系统开发质量的首要标准。但用户的要求很难一下子用简单的言语来表达，而是随着开发工作的不断深入而逐渐明确化和具体化。因此，在系统开发的整个过程中，开发人员应始终与用户保持密切联系，不断地、及时地了解用户的要求和意见。另外，系统除了必须要保证功能的正确性，还要向用户提供友好的人机界面，便于用户的操作，拥有完善的系统维护措施，便于以后的系统维护工作。

(2) 整体性原则：管理信息系统是组织机构内部进行综合信息管理的软件系统，有着鲜明的整体性、综合性、层次结构性。系统的整体功能是由许多子功能的有序组成的，各子功能处理的数据既独立又相互关联，构成一个完整而又共享的数据体系。因此，在管理信息系统的开发过程中，一定要强调系统功能和数据的整体性和系统性。

(3) 阶段性原则：管理信息系统是一个复杂的大系统，企图一步到位建设好系统反而会增大系统实施的风险，使企业现有的业务大大受影响，使系统开发周期过于漫长，影响系统开发成功自信心。因此，对于复杂的工程问题，最好先做一个系统总体规划，然后严格按工作阶段分步实施，确保系统开发工作逐步发展，保证质量与效率，使系统开发风险降到最低点，系统建设成功成为可能。

(4) 效益性原则：企业的任何行为都是为了创造效益，包括直接效益和间接效益，也可以是经济效益和社会效益。企业建立管理信息系统时投入巨额资金，其目的是想通过管理信息系统进行科学地管理，提高管理效率，从而间接地为企业创造更多的经济效益。因此，管理信息系统的功能并不是简单地用计算机代替传统的手工操作方式，而是要发挥计算机自动化管理优势，具有一定的分析统计、智能功能。为此，系统建设的目的是通过管理思路创新、管理方式创新、管理手段创新，来提高企业经济效益的目的。

(5) 规范化原则：管理信息系统的软件开发是一个复杂的软件工程，要遵循一定的标准和规范。不管是管理信息系统的开发单位，还是使用单位，人员都处在一个动态的环境中，为保证系统的开发和使用处于一个相对稳定的环境中，就要建立一系列相应的标准。一般来说，包括各种文档规范化、自动化工具规范化、信息技术规范化、项目管理规范化等四个方面。

(6) 动态性原则：随着管理信息系统的开发过程的深入，用户对管理信息系统的了解也逐步加深，总是希望改变他们以前提出的不符合他们需要的要求。为此，管理信息系统的开发人员可能需要付出更多的劳动、成本，按照用户的需求修改系统的设计和实施。为降低管理信息系统开发人员的工作成本，应该在系统开发过程中设置相应的检查点和检查内容清单。另外，随着企业发展规模的扩大和外界环境的不断变化，会出现新的管理要求。正因为用户需求有动态性特点，系统开发为了要适应这种变化，必须具有良好的可扩展性和易维护性，能够与外界环境保持最佳适应状态。

3.3.2　开发策略

管理信息系统的开发是一个庞大的系统工程，它涉及组织的内部结构、管理模式、生产加工、经营管理过程、数据的收集与处理过程、计算机硬件系统的管理与应用等各个方面。正确的开发策略是指能根据企业应用的实际情况选择合适的方法，采用正确的方式和技术手段来建设系统，使它具有恰当的目标，能动员企业各方面的力量，组织各方面的管理人员和技术人员参与到系统建设中去，保证系统建设的顺利进行。因此，选择正确的开发策略是保证满足用户要求，成功开发系统的重要因素。每一种开发方法都要遵循相应的开发策略。根据系统的特点和开发工作的难易程度和风险的大小，一般可采取下列开发策略：

(1) 接收式开发策略：根据初步调研，确定用户对信息的需求是正确的、完全的和固定的，现有的处理过程和方法是科学的。然后，根据用户要求和现有状况，直接编程，过渡到新系统。这种开发策略主要适合于系统规模不大，信息和处理过程结构化程度高，用户需求明确，开发者有较丰富的开发经验。

(2) 直接式开发策略：系统开发人员在调查后即可确定用户需求处理过程，而且以后变化不大，适宜采用直接式开发策略。系统的开发工作可以按照某一种开发方法的流程，按部就班工作，直至完成任务。这种策略可用在系统规模虽然较大，但高度结构化，而且用户对任务比较了解，开发者对任务比较精通的情况下。

(3) 迭代式开发策略：开发需求的不确定性比较高、难度比较大、问题具有一定的复杂性，需要进行反复设计、分析、修改，随时反馈信息，发现问题，及时修正，直到所开发的系统能满足用户需求为止。这种策略适用于大型多用户的系统和对用户或开发者来说是新的应用领域。它的特点是对开发者和用户要求低，但耗时长，费用高。

(4) 实验式开发策略：需求的不确定性很高，一时无法制定具体的开发计划，只能反复试验。它主要是通过实际使用系统来验证需求是否能得到保证。实验式开发策略适用于决策支持系统、交互式预测模型、多用户非结构化系统等需要不断探索逐步完善的系统。这种策略需要有较好的软件支持环境，并且在大型系统开发上具有明显的局限性。

(5) 规划式开发策略：信息系统规模特大，复杂程度特别高，需求不确定性的程度又很高时，就应采用规划式开发策略，先进行总体规划。总体规划一般分为：确定信息系统的战略目标、信息需求分析、资源分配和项目计划。总体规划中所包含的子系统，则可以根据其信息需求的不确定性的程度，选择上述四种开发策略中的某一种。

3.3.3　开发方式

管理信息系统开发方式的选择取决于用户自身的实际条件。不论哪种方式都必须由本企业的领导和技术人员参加，并在系统开发的全过程中不断培养和锻炼本单位的系统开发和维护人员队伍。一般来说，有用户自主开发、委托专业单位开发、联合开发、直接从市场购买软件、咨询开发等几种形式。

3.3.3.1　常见的系统开发方式

(1) 用户自主开发：是指企业自己组织技术力量进行管理信息系统的开发工作。对于拥有强大的技术力量、资金充足、时间充实的组织和单位，可以采取自主开发的方式。如企业具有较强的信息系统分析与设计人员、程序设计人员、系统维护人员。

优点：企业是根据自身的需求来开发系统，所开发系统的满意度较高；可以最终拥有系统的源代码，便于以后对系统的升级和维护，也可以在此基础上开发其他类似的系统；开发人员熟悉业务处理过程，部门和人员之间的沟通交流较为容易；可以为企业培养一支较出色的系统维护队伍；条件成熟时还可以把所开发的系统软件推向市场，进一步获得收益。

缺点：开发人员大多数是临时从企业所属的各部门抽调来的，自身还有其他工作，精力有限；由于不是专业队伍开发，技术力量受限制，容易造成系统开发时间长，系统整体优化较弱，软件水平较低，需求难以规范，流程难以改进，系统通用性不够，所开发软件往往只有第一版；系统开发风险较高，成功比率较低，往往要延期完成，一旦不成功，损失巨大；开发费用可能少，但最终成本比购买现成的软件要高。

(2) 委托专业单位开发：委托开发指用户将信息系统建设的规划、目标等方面的要求明确提出，可以采取招标等方式委托软件公司，通过签订合同的方式来完成开发任务。这种开发方式适合于没有管理信息系统分析与设计人员、软件开发人员或开发队伍力量较弱，但资金较为充足的单位。他们希望通过系统的开发拥有系统的源代码，便于将来系统的维护。被委托方一般是专业的计算机开发公司或大学机构。

优点：由于是专业技术人员开发系统，所开发系统的技术水平较高，通用性较强；委托专业单位来开发系统，系统开发省事、快速、效率高。

缺点：系统开发费用较高；纯粹依靠外部力量来开发，系统维护工作需要得到开发单位的长期支持，困难较大；风险较大，如果被委托单位没有丰富的管理信息系统开发经验，那么他们所开发的应用软件可能并不能满足用户需要；有些系统源代码是核心机密，被委托方可能并不会提交。所以，要对被委托单位进行深入调查，所签订的开发合同的条款也需要细致、明确，在开发过程中双方要及时沟通、协调。

(3) 合作开发：是指由用户和开发单位采用合作开发的方式，共同完成系统开发任务。这种开发方式明显好于用户自主开发的方式，它适合于使用单位有一定的管理信息系统分析、设计及编程人员，但开发队伍力量较弱，希望通过管理信息系统的开发建立、完善和提高自己的技术队伍，便于系统维护工作的单位。

优点：用户可以学习专业软件公司的开发方法，并在开发过程中培养了一支专业技术人员队伍，便于日后系统的维护工作；可以由专业软件公司负责解决系统开发中的技术难题；由于双方共同参与开发系统，用户可以合理安排和控制开发进程；双方共享开发成果，共享系统源代码；软件的技术水平较高，软件的用户满意度较高；相比委托专业单位开发方式要节约资金。

缺点：双方在合作中沟通容易出现问题，这就需要双方及时进行协调和检查。另外，在开发过程中用户一定要明确自身的职责，锻炼和培训本单位的专业技术人员。

(4) 直接从市场上购买适合自身需要的软件：我国目前有不少专门从事管理信息系统软件开发的单位，他们开发的软件通用性强，易学易用，软件质量也相对较高。用户可以直接从市场上购买适合自身需要的软件，买来就可以投入使用。

优点：节省时间和费用，缩短系统建设周期，软件技术水平高，可以提高本企业的管理水平和规范企业的管理，而且系统的维护也可靠。

但正是因为市场上的软件所具有的通用性，使得用户的个性化需要难以被充分考虑，所以，所购买的软件不一定完全适合本企业的业务处理要求，用户往往需要进行二次开发，这会有一定的技术难度，如果没有有关产品供应商的协助是难以进行的。同时，随着系统应用的深入，系统本身可能会出现一些问题，而软件企业不可能为用户进行修改，此时，用户或者全部报废，或者大大降低系统的目标而将就着用。所以，这种方式目前还不是主要的开发方式。

(5) 咨询开发：这是一种以用户自己组织技术力量为主，外请专家进行咨询为辅的系统开发方式。主要是由系统分析员进行咨询指导，如帮助系统开发的总体规划和系统分析等，而系统开发的具体实施则由用户自己进行。这种方式既能保证用户自身开发需要，又可以克服用户自主开发方式中开发经验不足等缺点。其实，这是对用户自主开发方式的一种补充。

3.3.3.2 各种开发方式的比较

对企业来说，管理信息系统的开发最终的结果是拥有业务处理的软件并能成功地投入使用，而开发方式要根据企业自身的情况进行选择。表 3.1 列出了各种开发方式的比较结果。

表 3.1 各种开发方式的比较

开发方式 特点比较	用户自主开发	委托专业单位开发	合作开发	直接购买软件	咨询开发
分析和设计能力	较高	一般	逐渐培养	不需要	较低
编程能力	较高	不需要	需要	不需要	需要
系统维护	容易	较困难	较容易	较困难	较容易
开发费用	少	多	较少	较少	较少
风险程度	大	大	大	小	较小

3.3.4　开发单位的选择

目前，管理信息系统的开发方式有五种，除了用户自主开发以外，其他几种开发方式都存在选择开发单位的问题。对于开发单位的选择，一般应考虑以下几个方面：

(1) 开发单位是否具有计算机专门知识，熟悉开发工具。开发管理信息系统对开发单位的技术素质要求很高，开发人员必须具备系统分析、系统设计、程序设计、系统维护、计算机软硬件操作等能力，这就要求开发单位的专业技术人员精通计算机专业知识，熟悉各种软件开发工具，才能胜任系统开发任务。

(2) 开发单位是否具有相关项目开发成功的实际开发经验。管理信息系统的开发是一个复杂的、周期长的、耗资大的、艰巨的系统工程，开发道路是极其坎坷的。国内外许多组织机构在实施管理信息系统开发的过程中，由于各种因素，到最后都以失败告终。实践证明，如果没有相关项目开发成功的实际经验，要完成这样一个系统工程是很困难的。

(3) 开发单位是否熟悉用户的业务情况和开发过类似的信息系统项目。如果开发单位不熟悉用户的实际业务情况和工作流程，也没有开发过类似的信息系统项目，那么，所开发出来的应用软件只能是"纸上谈兵"，实用性就会很差，根本不能满足企业的实际管理需要，也就难以实现系统建设的最终目标。

(4) 开发单位是否与用户单位具有较近的地理位置，便于及时对系统进行维护。系统开发的最终目的是满足管理工作的需要，一旦开发成功，就会被用户投入使用。在系统使用过程中，不可避免地会出现不少系统操作和维护上的技术问题，由于不是企业自行开发的系统，缺乏专业的系统维护人员，用户肯定就会找开发单位，寻求他们的帮助和技术支持。如果开发单位与用户之间地理位置相差甚远，那么及时的系统维护工作就不可能实现。

3.3.5　系统开发组织和项目管理

管理信息系统是一个大系统，它犹如一个大的科研项目或一个大的工程项目，它是在用户和各类开发人员的共同努力下完成的。所以，为了领导与协调好管理信息系统的开发工作，使开发工作在经费许可范围内按时、保质地完成，必须关注系统开发组织和项目管理工作。

3.3.5.1　建立系统开发组织

　　系统开发是一项涉及面广的工作，为确保领导与协调有力，分工与职责明确，需要成立相应的组织机构。通常，要成立两个工作小组，即系统开发领导小组和系统开发工作小组。

　　系统开发领导小组是领导整个项目工作的。它的任务是制定管理信息系统规划，安排工作小组人员参加开发工作，在开发过程中，根据客观发展情况进行决策，协调各部门的关系，审核开发工作的计划与进度。小组成员应包括一名企业主要领导(此人一般担任领导小组的组长)，系统开发项目负责人，有经验的系统分析师，以及各主要部门的业务负责人。由于领导小组不负责系统开发的具体技术工作，其组成成员中有的可能并不具备计算机应用的知识和经验。

　　系统开发工作小组由系统开发人员参加，主要由系统分析员负责整个开发各阶段的工作，还要有相关的管理人员参加系统分析工作。其任务是根据系统目标和系统开发领导小组的指导展开具体工作。这些工作包括开发方法的选择，各类调查的设计和实施，调查结果的分析，撰写可行性报告，系统的逻辑设计，系统的物理设计，系统的具体编程和实施，制定新旧系统的交接方案，监控系统的运行；如果需要，协助组织进行新的组织机构变革和新的管理规章制度的制定。小组中应该有一个熟悉系统全局的管理业务者参加或者邀请开发单位的业务负责人参加，负责具体的联络和沟通。总之，每个阶段的工作都要得到管理人员的认可与赞同，这样设计出的系统才将受欢迎，真正具有生命力。

3.3.5.2　制定系统开发计划

　　管理管理系统开发必须有一个严密的工作计划，才能有条不紊地按计划完成系统的开发工作。不严格按阶段进行开发，将会给开发工作带来极大的混乱，以致返工或某些工作必须推倒重来。例如，系统分析未完成之前，就匆忙地确定硬件配置；系统设计未完成之前，就开始编写程序等。这样做，都很可能造成浪费与返工。

　　项目负责人要经常检查计划的完成情况，分析工作滞后的原因，并及时调整工作计划。计划工作的内容不仅是安排各工作阶段的进度，还要安排各工作阶段的人员计划。定期检查根据系统开发的进度计划进行，检查结果用甘特图进行表示。

3.3.5.3　加强项目管理

　　管理信息系统的建设是一类项目，可以用项目管理的思想来指导。项目管理是指在项目活动中运用专门的知识、技能、工具和方法，使项目能够实现或超过项目干系人的需要和期望。它也是一项系统工程，要负责协调各类开发人员和各级用户之间关系，以保证开发过程有条不紊地进行。一般来说，系统开发项目管理主要包括以下 4 个方面：

(1) 计划管理：有两种方法，传统的方法是借助甘特图的计划图表工具将工程各工序的名称、所需时间及进度安排等画出来；另一种较为先进的方法是计划评审技术，是一种网络图技术，它简单明了、使用方便，而且能较好地反映出对整个工程的影响，从而能进行随时调整，实现动态计划管理。主要工作内容为：制定总体计划，确定系统开发范围，估算开发所需资源，划分系统开发阶段，分步实施，同时明确系统开发重点；制定阶段计划，分解阶段任务，估算阶段工作，规划阶段工作进度；工程计划执行情况检查，找出无法按计划完成的原因并且提出相应建议，以对计划做出相应调整。

(2) 技术管理：主要工作内容为：标准化管理，确定所依据的标准，确定自定义标准范围；安全管理，制定安全保密制度，排除不安全因素，进行安全保密教育。

(3) 质量管理：要求项目管理人员熟悉基本的质量管理技术，所开发的管理信息系统能满足用户需要。主要工作内容为：贯彻系统开发过程质量管理原则；确定系统质量管理指标体系；保证系统的可用性、正确性、适用性、可维护性及文档完整性；系统开发周期内的质量管理，分阶段确认工程质量指标，实行质量责任制；对各项任务进行质量检查，分阶段质量评审，分析影响阶段质量的原因。

(4) 资源管理：包括人员与组织的管理、软件资源管理、硬件资源管理和资金管理四个方面。主要工作内容为：人员与组织管理：制定各类专业人员需求计划，对人员进行合理组织和使用，进行人员培训；软件资源管理：明确软件所需和软件来源，合理使用软件，重视软件的日常维护；硬件资源管理：熟悉系统运行环境和硬件系统配置，制定硬件安全使用制度，重视硬件维护保养，加强对辅助设备的管理；资金管理：严格执行投资预算，包括硬件软件投资、系统开发费用、运行和维护费用，做到资金使用平衡，定期编制资金使用报表。

3.3.5.4 合理组织队伍和人员分工

在管理信息系统的开发过程中，要对各级各类的系统开发人员和管理人员进行合理的组织和分配，使全体人员各尽所能，相互配合，团结协作，这是保证系统开发成功的一项重要基础工作。开发管理信息系统所需的人员，按其职务可分为下述五类人员：

(1) 企业高层领导：管理信息系统的开发必然涉及企业中的组织结构的变动，

实际上就是对于人的权力和职责的再分配。这种工作在一个组织中，如果没有第一把手的首肯，是不可能做好的。对于信息系统这种组织中的神经中枢系统，其目标必须与组织战略目标一致，否则系统建立之后是无法运行的。组织战略目标与信息系统目标的结合只有最高领导才能把握。所以，组织中的高层领导必须是系统开发小组的领导成员，并且要在把握大方向时切实的投入时间和精力。

(2) 项目主管：是实际系统开发的业务领导者与组织者，他主持整个系统开发，确定工作目标以及确定实现目标的具体方案。项目主管需要懂管理和懂技术两方面工作的才能。管理需要项目主管有很强的管理能力和与人进行交流的能力。技术方面的工作才能，包括对计算机科学技术地掌握和应用，有能力指定系统开发时有关问题的技术解决方案与技术路线。

(3) 系统分析员：是系统开发中最关键的人才，在开发中起到用户与系统设计员之间的桥梁作用。它的主要任务是研究用户对信息系统的需求，进行可行性研究；进行系统分析与设计；负责对新系统地安装、测试和技术文件的编写。所以，系统分析员不仅应当具备计算机硬件、软件的知识，还要懂得企业管理的业务知识，了解现代化管理方法，具有较强的组织能力，并且应当具有理论联系实际、灵活运用上述知识的能力。

(4) 程序设计员：系统开发中需要编制大量的应用程序。而程序编制的工作量既大、技术性又强，因而这类人员在开发中需要的人数较多。程序设计员的主要任务是按照系统分析员提出的设计方案编写程序，调试程序，修改程序，直到新系统投入运行。在系统交付使用以后，企业的程序设计员还要担负系统的运行维护工作，负责程序的改进任务。程序设计员应该有较强的逻辑思维能力，掌握计算机软件的基本知识，熟练掌握数据库及程序设计语言。

(5) 管理人员：在前期，他们要把自己的需求非常准确和全面地提供给系统分析员；在与计算机工作人员进行沟通时，要把业务流程和系统功能阐述得很透彻。在后期，系统雏形出来之后，他们要能够根据系统的功能，对系统进行客观的评价，找出系统改进方向。因此，参与系统开发的管理人员必须是业务骨干，了解自己的部门或自己工作的关键点和难点是什么，更重要的是能够对未来信息系统的构成和添加哪些新功能有自己的看法。

总之，系统的开发人员必须各尽所能，发挥特长，注重实践经验的研究，注重沟通，进行正确的分工与协作，明确自己的职责，保证开发工作的顺利进行。

思考题

1) 管理信息系统的开发体系是什么？

2) 结构化开发方法的基本思想是什么？它有什么优缺点？

3) 什么是原型法？其基本思想是什么？有什么优缺点？

4) 什么是面向对象方法？其基本思想是什么？

5) 建立管理信息系统应具备哪些条件？

6) 列举管理信息系统的开发策略。

7) 简述管理信息系统的开发方式。

4 系统规划

学习目的

- 了解诺兰模型的内容及其指导作用；
- 掌握系统规划的常用方法；
- 理解业务流程重组的内涵。

本章要点

- 诺兰模型的内容及启示；
- 系统开发可行性研究的内容；
- 系统规划的作用、内容及步骤；
- 典型的系统规划方法；
- 业务流程重组的定义、步骤及方法。

4.1 信息系统建设概述

　　管理信息系统建设是指企业为满足其自身的需要根据自身情况而建设具有某种功能的人-机系统所采取的一系列活动的总和。纵观整个管理信息系统建设过程，大体上可以分为四个阶段，即管理信息系统规划、管理信息系统开发、管理信息系统管理、管理信息系统控制。这几个阶段构成了信息系统建设的全部过程，它们之间紧密相连而且相互影响，每一个阶段都有其特殊的功能和意义。对于整个系统建设来讲，它们都是不可或缺的部分，其中一个过程处理不当就可能影响其他阶段的实施和整个管理信息系统建设的顺利进行。

　　管理信息系统建设的目的是为了节省人力，提高效益而过渡到一种新的工作方式上去，计算机系统是促进标准化管理、提高企业效益的强有力的工具。信息系统的建设是一项复杂的系统工程，覆盖全企业或至少覆盖企业的主要业务部门。可以看到，信息系统建设对于一个企业来讲是多么的重要。针对信息系统建设中存在的技术问题，美国学者马丁提出了以数据为中心的开发思想。信息系统都是以数据库为基础实现的，我们把分类组织到数据中的数据称为数据平台。数据平台实际上是信息系统的核心，也是信息系统建设的本质问题。

信息系统建设的根本性任务是将人工方式下的零乱的数据组织成统一的数据平台。但是，作为一个崭新的学科，还不够成熟，有些基本概念甚至还存在混淆。因此，在实际的信息系统建设实施过程中，必须注意下列问题：

(1) 要注意企业的实际情况。有些企业以为凭着高新的计算机技术或设备就可以解决信息系统建设的一切问题，结果导致大量不必要的开发或系统规模过大无法完成。还有的仅仅关注购买多少计算机、安装什么网络，以为计算机软、硬件平台越先进越好，结果造成购进的大量设备不可能发挥作用，在实际的信息系统建设过程中一定要首先注意企业的实际情况，然后再着手进行信息系统建设。这样既节省了很多人力物力又可以使信息系统更能适应企业。

(2) 制定中长期规划。有些企业忽略信息系统建设的渐进过程，以为通过一次性的突击式开发就可以毕其功于一役。这会使信息系统建设陷于误区，有的开发规模很大，实际应用的范围却很小；有的系统用与不用似乎没有多少明显的差别；还有的系统维护工作量太大，甚至推倒重来，从而不能达到预期的效果。信息系统建设不可能通过一年半载大规模的开发工作就能完全办妥，而是需要随着管理水平的不断提高进行多次的开发和完善。因此，要切实做好信息系统建设的中长期规划，在此基础上把多次的开发成果有效地衔接起来，形成统一的大系统。

(3) 明确开发内容。有的信息系统建设不从系统所能发挥的作用着眼，而是把程序所实现的功能列为开发的内容，似乎装入系统的内容越多，系统所发挥的作用就越大。有的开发者对用户的参与重视不够，仅仅把着眼点放在计算机技术本身，按照自己的构想做出了大量程序，而用户却不愿使用，使开发工作落空，带有很大的盲目性。满足用户需求的技术是最好的技术。单纯追求先进性而不把技术建立在自己的实际需求之上的技术没有任何实际意义。系统成败的主要因素并不取决于是否采用了最新的计算机硬件、软件及通信技术。采用了先进的设备，但在系统设计时未能提供完善的用户需求，系统不能很好运行，甚至系统不仅不能解决应用的实际问题而成为企业弃之可惜用之不能的沉重包袱，这样的例子并不罕见。

(4) 部署开发工作。信息系统建设的内容很多，也涉及了众多的用户和开发者，只有对整个工作进行合理的部署，才能使系统开发工作有序和有效。

(5) 控制开发过程。系统开发过程中，需要对全局进行有效地控制，并使系统具有合理的结构。

(6) 建立系统的运行机制。这也就是建立用户使用系统以后新的工作模式。

4.2 诺兰模型及其指导作用

1980 年，美国专家诺兰(R.L.Nolan)通过大量调查研究，提出了在一个组织(一个企业、一个地区，甚至一个国家)发展信息系统的过程。将其归纳为六个阶段，称为诺兰阶段模型，如图 4.1 所示。这个模型被国际上许多企业的计算机应用发展情况所证实，反映了计算机在管理中应用发展的规律。

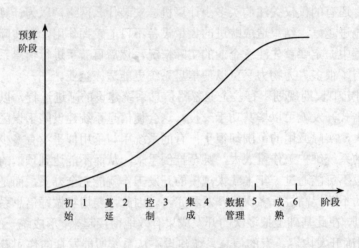

图 4.1　诺兰阶段模型

4.2.1　诺兰阶段模型的内容

第一个阶段是初始阶段。组织引入了像管理应收账款和工资这样的数据处理系统，各个职能部门(如财务)的专家致力于发展他们自己的系统。人们对数据处理费用缺乏控制，信息系统的建立往往不讲究经济效益。用户对信息系统也是抱着敬而远之的态度。

第二阶段是蔓延阶段。信息技术应用开始扩散，数据处理专家开始在组织内部鼓吹自动化的作用。这时，组织管理者开始关注信息系统方面投资的经济效益，但是实质的控制还不存在。

第三阶段是控制阶段。出于控制数据处理费用的需要，管理者开始召集来自不同部门的用户组成委员会，以共同规划信息系统的发展。管理信息系统成为一个正式部门，以控制其内部活动，启动了项目管理计划和系统发展方法。目前的应用开始走向正规，并为将来的信息系统发展打下基础。

第四阶段是集成阶段。这时，组织从管理计算机转向管理信息资源，这是一个质的飞跃。从第一阶段到第三阶段，通常产生了很多独立的实体。在第四阶段，组织开始使用数据库和远程通信技术，努力整合现有的信息系统。

第五阶段是数据管理阶段。信息系统开始从支持单项应用发展到在逻辑数据库支持下的综合应用。组织开始全面考察和评估信息系统建设的各种成本和效益，全面分析和解决信息系统投资中各个领域的平衡与协调问题。

第六阶段是成熟阶段。中上层和高层管理者开始认识到，管理信息系统是组织不可缺少的基础，正式的信息资源计划和控制系统投入使用，以确保管理信息系统支持业务计划。信息资源管理的效用充分体现出来。信息系统通过上述发展形成一条学习曲线，深入地理解这条学习曲线，将会有助于组织更有效地管理这个进化过程。

4.2.2　诺兰阶段模型的启示

诺兰认为这个模型是一个客观的发展规律，各阶段是不能超越的。其中，第一至第三阶段，人们主要关注的是信息技术的应用本身，可称为计算机管理阶段。而在第四阶段开始有一个转折点，从第四阶段至第六阶段，人们关注的重点已转到信息资源的管理和应用，可称为数据管理阶段。诺兰模型可作为企业进行信息系统规划时的一个参考。当然，应该结合本单位的实际情况，实事求是地判断本单位计算机应用的实际情况，合理地规划本单位信息系统的发展。

当企业的计算机应用还处在单项业务处理阶段时(可认为在诺兰模型的第一至第三阶段)，应用计算机的目的主要是为了减轻管理人员的重复劳动，提高工作效率。这时系统的开发主要是编制应用软件，系统的开发任务比较简单，只要模拟人工处理过程，就可以达到应用的目的。当企业的计算机应用已经发展到数据的系统处理阶段，即管理信息系统阶段(可认为是进入诺兰模型的第四阶段)，要求计算机全面地辅助企业管理，就不能只模仿原有的人工处理过程，也不是各个单项的信息系统的简单叠加，而是要求将企业看作一个整体，需要进行系统的总体规划和可行性分析，应用系统工程的方法，建立企业的管理信息系统。

4.3　系统开发的可行性研究

可行性研究也称可行性分析。可行性研究已经被广泛应用于各个领域，凡是需要较大投资的项目，都必须进行可行性研究。管理信息系统的开发是一项耗资大、周期长、风险高的工程项目，因此，在新系统开发前应该对系统开发应具备的基本条件、总体规划内容进行分析和评估。

4.3.1　可行性研究的内容

开发管理信息系统的可行性研究与一般的项目工程项目一样，可行性研究内容包括以下三个方面。

1) 技术可行性研究：主要是分析规划中总体方案的技术设备和技术人员能否达到系统所提出的要求。技术设备是指方案的计算机软件硬件、数据库系统、通信网络设备等。它们的性能、可靠性、安全性是否能满足系统所提出的要求。技术人员包括管理信息系统的开发、使用、维护各阶段都需要的系统分析、系统设计、程序设计、操作及维护等各种专业人员。如果目前还缺乏有关人员，应该考虑如何组织培训或如何引进等问题。

2) 经济可行性研究：分析该项目所需要资金提供的许可行和经济的合理性。

(1) 资金的许可性分析。首先要核对规划报告中的投资费用的估算是否准确，然后根据企业目前的资金状况、资金来源分析其许可性。

(2) 经济的合理性分析。经济合理性就是要估算管理信息系统建成后，将可能带来的经济效益。效益可分为直接效益和间接效益。直接经济效益是系统投入运行后对利润的直接影响，例如，节省了人员、减少了库存、增加了产量等，这些都是可以用货币形式表达的。根据直接的经济效益和投资额就可以计算出投资回收期。但是，间接效益(包括社会效益)是很难用货币形式表达的，例如，提供了过去不能提供的统计报表和分析报告、为领导提供决策支持，提高了企业的竞争力、促进了企业体制的改革，提高了工作效率、改善了工作条件、提高了服务水平等。

3) 社会可行性研究：从企业内外两个方面进行分析。在企业内部，要分析领导管理者和广大职工能否承受由于管理信息系统的建立而导致的管理体制变动、人事变更等。在企业外部，要分析管理信息系统运行后各类报表、票据格式的改变能否为相关部门接受、认同等。

4.3.2　可行性研究报告

根据可行性分析结果，最终要提出可行性研究报告，对系统总体规划报告内容进行概述，并说明内容的技术可行性、经济可行性和社会可行性进行总结。

可行性分析报告要提交给一个会议进行论证。会议参加人员，除企业领导、主要业务部门负责人、开发的系统分析人员以外，还应邀请上级有关的领导、企业管理和计算机方面的专家参加，对系统开发应具备的基本条件、技术可行性、经济可行性和社会可行性进行充分讨论，也可提出修改建议，最后要形成一个可行性分析的结论，结论可能是：

(1) 可以立即开始开发工作。

(2) 需要对系统目标进行某些修改，可以进行系统开发。

(3) 需要增加某些条件，条件具备后才能进行系统开发。

(4) 没有必要进行系统开发，终止工作。

可行性分析报告一经通过，它就不仅代表着系统总体规划小组的观点，而是将成为下一步工作的依据。

4.4 系统规划及其作用

系统规划指根据组织的战略目标和用户提出的需求，从用户的现状出发，经过调查，对所要开发管理信息系统的技术方案、实施过程、阶段划分、开发组织和开发队伍、投资规模、资金来源及工作进度，用系统的、科学的、发展的观点进行全面规划。

在进行系统规划时，一般应对现行系统进行创造性分析和批判性分析。所谓创造性分析是指对现存问题采用新的方法进行调查分析，批判性分析是指毫无偏见地仔细询问系统中各组成部分是否有效益或效率，是否应建立新的关系，是否是超越手工作业系统的自动化；询问用户的陈述和假设，选择合理的解决方法；查清及分析有冲突的目标及发展方向。

4.4.1 管理信息系统规划的目标

信息系统规划的目标就是制定与组织发展战略目标相一致的建设和发展目标。在信息系统规划目标上存在着两种不同的观点：一种是通过更多更好的硬件和软件来增强信息系统的信息处理能力；另一种是通过对组织进行改造，建立更好的组织模式，目的是为组织决策提供良好的信息支持。事实上，这两种观点的目标是一致的，都是希望建立的信息系统能够为组织的整体发展服务，只是对具体的组织而言，其具有的基础条件不一样，需要采取不同的方式进行。有的组织在今后相当长一段时间内，现有的组织模式能够满足发展的需要，以采取第一种观点为宜，而对于不对现有组织模式进行改造，组织就难以生存和发展，就宜于采用第二种观点，也即重组问题。

4.4.2　信息系统规划的作用

信息系统规划的好坏是信息系统建设成败的关键，制定信息系统规划的作用在于：使信息系统与信息用户建立良好的关系，这是信息系统规划的出发点和落脚点；合理分配和利用信息资源(信息、信息技术和信息生产者)，以节省信息系统的投资；促进信息系统应用的深化，为组织带来更多的经济效益和社会效益；通过制定规划，找出存在的问题，更正确地识别出为了实现组织目标信息系统所必须完成的任务；信息系统规划还可以作为一种标准，明确信息系统开发人员的工作方向，并作为对他们的工作业绩进行考核的依据。

例如，存在产品质量问题的某企业在战略规划中确定的战略是：为新产品建立全面质量管理控制规程，由此导出的信息系统的战略为：建立新产品的全面质量管理控制数据库系统。

4.4.3　信息系统规划的内容

信息系统规划一般包括三年或更长期的计划，也包括一年的短期计划。规划的内容包括：

(1) 信息系统的目标、约束及总体结构：信息系统的目标确定了信息系统应实现的功能；信息系统的约束包括信息系统实现环境、条件(如管理的规章制度、人力、物力等)；信息系统的总体结构指明了信息的主要类型和主要的子系统。

(2) 组织的状况：包括计算机软件及硬件情况、产业人员的配备情况，以及开发费用的投入情况。

(3) 业务流程的现状、存在的问题和不足以及流程在新技术条件下的重组：企业流程重组实际上是根据信息技术的特点，对手工方式下形成的业务流程进行根本性的再思考、再设计。

(4) 对影响规划的信息技术发展的预测：这些信息技术主要包括计算机硬件技术、网络技术，以及数据处理技术等。这些技术的不断更新将给信息系统的开发带来深刻的影响(如处理效率、相应时间等)，它与信息系统的性能有着密切的联系，决定着信息系统的优劣。因此，在规划过程中需要从吸收相关技术的最新发展，从而使所开发的信息系统具有更强大的生命力。

4.4.4 信息系统规划工作的组织

信息系统规划的制定，决定着信息系统最终能否成功开发。要成功进行信息系统规划，需要做到以下几个方面：

(1) 领导的重视和参与是信息系统规划成功的保证。作为企业的领导者，要有现代管理思想和意识，重视信息技术在企业中的广泛应用，要充分认识信息的采集传递对现代企业适应市场经济发展的重要性。此外，领导的参与可以保持信息系统规划和企业组织目标方向的一致性，这对于企业是至关重要的。诚然，要领导事事参与也是不现实的，但领导对信息系统工作的关心、支持和鼓励，无疑会增强和增加信息系统工作者的信心和力量，使信息系统建设和规划能够更顺利、更流畅地开展。

(2) 做好思想动员工作。信息系统规划要让各种人员了解信息系统规划的意义，使企业内的各层人员都知道如何才能做好信息系统规划、如何才能使信息系统规划得以顺利实施，让企业内各层管理人员都了解信息系统规划的重要性，而不是只把规划放在心里。加强规划制定者与规划执行者之间的沟通，以确保制定计划的人的意图被执行计划的人所理解。此外，还可以使规划制定者更加了解企业基层的实际情况，制定出的规划也更符合实际，利于实施。

(3) 进行信息系统规划要有自己的风格。对于一些企业尤其是大企业来说，应当把企业的信息系统规划同该企业的企业文化结合起来，形成具有自己风格、更符合自己企业的信息系统规划。只有这样，最终开发出来的信息系统才能更加符合本企业的特点，成为企业发展的左膀右臂，而不是累赘。

(4) 把信息系统规划看作是一个连续的过程。企业的外部环境是不断改变的，随着信息系统规划的不断深入，规划制定者对于企业具体情况也会逐步深入理解，类似上述的这些变数都会促成信息系统规划的连续性。在规划制定和实行的过程中不断进行"评价与控制"，这也符合战略管理的概念。只有这样，战略规划才是成功的，才能更加适合企业，从而也可以保证企业对大环境的适应性，开发出来的信息系统不会成为企业和经济发展过程中的"鸡肋"。

(5) 激励新的战略思想。信息系统规划的重要核心应当说是战略思想，由于平时紧迫的工作，我们往往疏忽了战略的重要性，这也就是工作的紧迫性和战略的重要性之间的矛盾。如果没有新的战略思想的不断产生，现在运行得很好的企业将来也未必具有竞争力，企业的活力也必将慢慢地被消磨掉。因而，激励新战略思想的产生是企业获得强大生命力的源泉。对于激励员工的创造性，不能只停留在表面的口号上，而应该切实地做好动员工作，并在实际工作中贯彻之，规定具体的奖励制度，培养职工的主人翁精神。

4.4.5 信息系统规划的步骤

目前，已有多种方法用于信息系统的规划工作，各种方法在规划中所起的作用和地位各不相同。由 B.Bowman、G.B.Davis 等研制的信息系统计划工作的三阶段模型，阐明了关于以规划的制定活动以及各种活动的顺序与可选择的技术和方法，如图 4.2 所示。

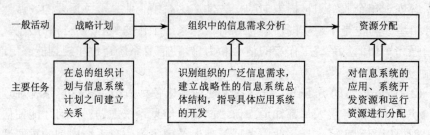

图 4.2   信息系统计划工作的三阶段模型

该模型有助于人们了解规划问题的本质并选择适当的规划阶段，可以减少规划方法使用不当所造成的混乱，对信息系统规划工作给予了实质性的指导。

制定信息系统规划的一般步骤如下：

(1) 确定规划的性质。检查并充分理解组织的战略规划，明确信息系统规划的年限及具体的规划方法。

(2) 收集相关信息。收集来自组织内部和外部环境中的与组织战略规划有关的各种信息。

(3) 进行战略分析。对信息系统的目标、开发方法、功能结构、计划活动、信息部门的情况、财务情况、所承担风险度和政策等多方面进行分析。

(4) 定义约束条件。根据组织的财务资源、人力资源及信息设备资源等方面的限制，定义信息系统的约束条件和政策。

(5) 明确战略目标。根据分析结果和约束条件，确定信息系统的开发目标，即明确信息系统应具有的功能、服务范围和质量等。

(6) 提出未来的略图。选择所要建设的信息系统的思想，勾画出信息系统的初步框架，产生各子系统的划分表等。

(7) 选择开发方案。对信息系统进行分析，根据资源的约束情况，选择一个适宜的项目优先开发，确定总体开发顺序。

(8) 提出实施进度。在确定每个项目的优先权后，估计项目成本和人员要求

92

等，列出开发进度表。

(9) 撰写信息系统战略规划。通过信息系统规划，将规划形成文档，经组织的决策人员批准后生效，并将其作为组织整体规划的一部分。在形成信息系统规划的文档过程中需要反复听取各方面的意见，如组织的决策人员、系统分析人员和有关方面的专家或顾问的意见，特别是注意用户的意见和建议，使系统规划得到各方面的认可。

信息系统规划的一般过程如图 4.3 所示。

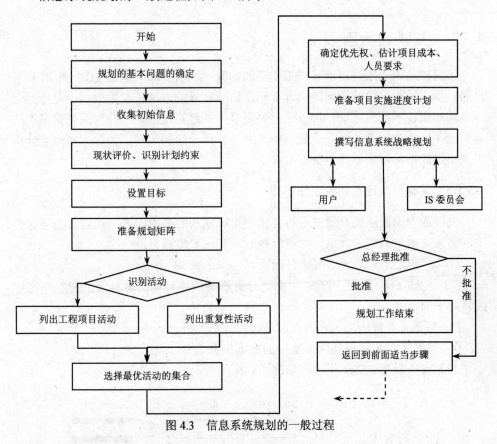

图 4.3　信息系统规划的一般过程

4.5　信息系统规划的方法

决定要开发什么样的信息系统应该成为一个组织计划的重要组成部分。组织需要制定出一个能支持其总体企业计划的信息系统规划。符合企业和信息系统两方面战略规划的具体项目一经确定，就可以制定出一个信息系统开发规划。

为了制定一个有成效的信息系统规划，一个组织必须对其长期和短期的信息需求有一个清晰的了解。目前用于信息系统规划的方法有很多，主要有关键成功因素法(Critical Success Factors，CSF)、战略目标集转化法(Strategy Set Transformation，SST)和企业系统规划法(Business System Planning，BSP)。其他还有企业信息分析与集成技术(BIAIT)、产出/方法分析(E/MA)、投资回收法(ROI)、征费法、零线预算法等。用得最多的是 CSF、SST BSP，下面分别进行介绍。

4.5.1 关键成功因素法

关键成功因素法是由麻省理工学院的约翰·罗克特(John Rockart)于 1980 年提出的。罗克特指出传统的帮助管理者确定信息需求的方法正在失效。一种他称之为"副产品技术"的方法，可以通过利用事务处理系统的副产品来满足管理者的需要。关键成功因素法源自企业目标，通过目标分解和识别、关键成功因素分析识别、性能指标识别，产生数据字典。

4.5.1.1 关键成功因素法的工作过程

关键成功因素法就是通过分析找出使组织成功的关键因素，然后再围绕这些关键因素来确定系统的需求，并进行规划。其一般步骤是：

(1) 了解组织或 MIS 的战略目标。

(2) 识别所有的成功因素。主要是分析影响战略目标的各种因素和影响这些因素的子因素。

(3) 明确各关键成功因素的性能指标和评估标准。

(4) 定义衡量关键成功因素指标的数据字典。

关键成功因素法的工作过程如图 4.4 所示。

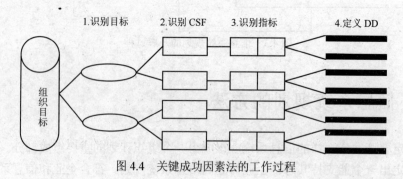

图 4.4　关键成功因素法的工作过程

4.5.1.2 关键成功因素法的特点

关键成功因素法就是要识别联系于系统目标的主要数据及其关系，识别关键成功因素所用的工具是树枝因果图。例如，某企业有一个目标是提高服务竞争能力，用因果图画出影响它的各种因素以及影响这些因素的子因素，如图 4.5 所示。

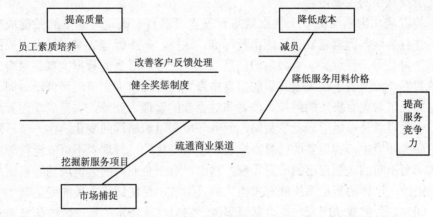

图 4.5　树枝因果图

关键成功因素法是一种用以满足高级管理层信息需求的方法，因为每一个高层领导人日常总在考虑什么是关键因素。对中层领导来说一般不太适合，因为中层领导所面临的决策大多数是结构化的，其自由度较小，对他们最好应用其他方法。

作为一个管理者，应用关键成功因素法首要的就是确定关键成功因素。而我们这里所提到的关键成功因素并非是一成不变的。对于处在不同行业的企业来说，他们的关键成功因素是不同的。制造加工型企业考虑的比较多的是降低成本和提高产品质量，而百货公司则会对有效的客户服务和产品的定位以及广告效力更加在意。即使处于同行业的企业根据公司的发展规模等具体情况，他们的关键成功因素亦有所不同，发展已有一定规模，占领相当程度的市场份额的企业，他们的关键成功因素是提高产品质量和研发，而小型的特别是刚刚起步的企业则会更加注重产品的价位，以期望能够得到消费者的认可。在一个企业内部，不同的部门，它们的关键成功因素也不尽相同。作为生产制造部门的关键成功因素应该是降低原料价格和提高加工质量等，作为市场营销部门则是疏通商业渠道和改善售后服务质量。同时，关键成功因素的确定还要受到市场大环境、公司发展方向、竞争策略等其他多方面条件的制约。总之，在实际的工作中要根据企业的实际情况而有针对性地确定企业的关键成功因素。

关键成功因素法能帮助管理者确定他们的信息需求。对管理者有价值的信息应该通过提供衡量其完成情况好坏的标准，来支持关键成功因素的实现。这就是在确定关键成功因素后管理者要面临的事情。简单地说，就是用什么来衡量这一关键成功因素？所有这些衡量标准都可以用来确定信息系统的需要。当这些需求被建立起来后，就可以通过系统开发计划来满足了，这也正是我们今后进行系统开发所要从事的主要内容。

关键成功因素法的一个优点就是管理者可以自己确定本企业的关键成功因素，并且为这些因素建立良好的衡量标准。这样，对于管理者来说开发出来的信息系统将是一个有意义、有效率的信息系统，管理者看到的数据大多是对自己必要的数据，而节省了在大量冗余的信息中查找的过程，大大节约了劳动时间，从而也加强了对现有操作的监控、监督和对企业的管理。此外，关键成功因素法还有一个优点就是可以适应竞争策略、业务环境和组织结构的变化。在一个不断变化的商务环境中，管理者的信息需求也是不断变化的，管理者不可能迁就一切信息需求而不断的改变自己的信息系统。然而，对于企业内的关键成功因素则是相对稳定的，这样的信息系统就有相当大的灵活性，更能适应市场的变化。

同时，关键成功因素法也有其局限性。它只注重特定的管理者的信息需求，而不是整个组织的信息需求。其初始目标是帮助高级主管确定他们所需要的信息以进行有效的规划和控制，关键成功因素法未能提出与实施这些系统规划有关的各项指标要求。

4.5.2 企业系统规划法

企业系统规划法是 IBM 公司在 20 世纪 70 年代初作为内部系统开发的一种方法，它是通过全面调查，分析企业信息需求，制定信息系统总体规划的一种方法，企业系统规划法可以帮助公司建立一个既能支持短期信息需求，又能支持长期信息需求的信息系统规划。这种方法为管理者提供了一种非正式的、客观的方法，以确定支持业务需求的信息系统的优先权。在参与企业业务规划法研究的过程中，高层管理者应该加强与信息系统专业人员的联系，并且支持高回报的信息系统项目计划的开发。

4.5.2.1 企业系统规划法的基本思想和过程

企业系统规划法是一种对企业信息系统进行规划和设计的结构化方法，它是自上而下识别系统目标、企业过程、数据和自下而上的设计系统，它是一种支持系统目标实现的结构化规划方法。这里所说的"企业"也可以是非盈利性的单位或部门。企业系统规划法主要基于用信息支持企业运行的思想，是把企业目标转化为信息系统规划的全过程。它所支持的目标是企业各层次的目标，实现这种支持需要许多子系统。它从企业目标开始，然后规定其处理方法，自上而下地推导出信息需求。事务处理是数据收集和分析的基础。通过与管理人员面谈，了解清楚处理过程，并询问企业成功的关键因素，明确决策方法和问题，找出逻辑上相关的数据以及事务处理的关系。这些信息可以用来定义未来的信息结构。根据当前系统和未来系统的信息结构，就可以建立应用的优先级别，并开始数据库设计。

企业系统规划法摆脱了系统对原组织机构的依从性，从企业最基本的活动过程出发，进行数据分析，分析决策所需数据，然后自下而上设计系统，以更好地支持系统目标的实现。图 4.6 说明了企业系统规划法的基本思想和过程。

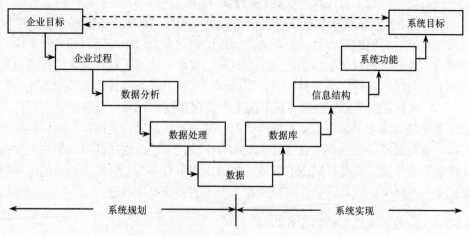

图 4.6 企业系统规划法的基本思想和过程

4.5.2.2 企业系统规划法的作用

企业系统规划法是一种能够帮助规划人员根据企业目标制定出信息系统规划的结构化方法，通过这种方法可以做到：

(1) 确定出未来信息系统的总体结构，明确系统的子系统组成和开发子系统的先后顺序。

(2) 对数据进行统一规划、管理和控制，明确各子系统之间的数据交换关系，保证信息的一致性。

企业系统规划法的优点在于利用它能保证信息系统独立于企业的组织机构，也就是能够使信息系统具有对环境变更的适应性。即使将来企业的组织机构或管理体制发生变化，信息系统的结构体系也不会受到太大的冲击。

4.5.2.3 企业系统规划法的基本原则

(1) 一个信息系统必须支持企业的战略目标。基于这种思想，可以将企业系统规划法看成是一个转化过程，即企业战略目标转化为信息规划。

(2) 一个信息系统规划应当表达出企业各个管理层次的需要。由于不同管理层次的管理活动对信息有着不同的信息需求，因此，有必要建立一个合理的框架，并以此来定义信息系统。

(3) 一个信息系统应该向整个企业提供一致信息。由于计算机在应用中，各种数据处理单项开发所形成的信息存在不一致性，包括信息形式上的不一致、定义上的不一致和时间上的不一致。为了保证信息的一致性，有必要制定关于信息一致性的定义、技术实现以及安全性的策略和规程。

(4) 一个信息系统规划应该经得起组织机构和管理体制变化。信息系统应具有可变更或对环境的适应性，有能力在组织的变化和发展中经受得起各种冲击。为此，企业系统规划法采用了定义企业过程的概念和技术，这种技术是使信息系统独立，与组织机构中的各种因素，即具体的组织系统和具体的管理职责无关。

(5) 一个信息系统应是先"自上而下"识别和设计，再"自下而上"设计。企业系统规划法对于大型信息系统所采用的基本方法是"自上而下"地识别系统目标、企业过程、数据和"自下而上"地分步设计系统，这样既可以解决大型企业信息系统难以一次设计完成的困难，也可以避免自下而上分散设计可能出现的数据不一致问题、重新系统化问题和相互无关的系统设计问题。

4.5.2.4 企业系统规划法的工作步骤

用企业系统规划法制定规划是一项系统工程。其工作步骤如下：

(1) 项目的确定：企业系统规划法必须反映企业最高层决策人员对信息系统发展的想法，提出的建议也必须得到他们的批准、参与和承诺，对目标和交付的成果取得一致意见。

(2) 准备工作：成立由最高领导牵头的委员会，下设一个规划研究组，准备工作阶段的主要工作是制定工作计划，内容包括研究计划、采访日程、复查时间安排、规划报告大纲以及必要的经费。准备工作阶段任务繁重，大量的工作需要耐心细致准备，仓促开始规划工作会危及整个工程。

(3) 调研：规划组成员通过查阅资料，深入各级管理层，了解企业有关决策过程、组织职能和部门的主要活动及存在的主要问题。

(4) 定义业务过程：定义业务过程是 BSP 方法的核心。业务过程指的是企业管理中必要且逻辑上相关的、为了完成某种管理功能的一组活动，例如产品预测、材料库存控制等业务处理活动或决策活动。业务过程将作为信息总体结构、现行系统分析、识别数据类以及随后许多工作的基础。在业务过程定义的基础上，找出哪些过程是正确的，哪些过程是低效的，需要在信息技术支持下进行优化处理，还有哪些过程不适合计算机信息处理的特点，应当取消，也就是在业务过程定义的基础上对业务过程进行重组。

(5) 定义数据类：数据类是支持业务过程所必需的逻辑上相关的数据。对数据进行分类是按业务过程进行的，即分别从各项业务过程的角度将与该业务过程有关的输入数据和输出数据按逻辑相关性整理出来归纳成数据类。

(6) 分析现行系统：对现行业务过程、数据处理和数据文件进行分析，发现欠缺和冗余部分，进而对将来的行动提出建议。

(7) 确定管理部门对信息系统的要求：企业系统规划法本身决定了在整个规划过程中必须考虑管理人员对信息系统的要求，特别是对中长期发展的看法。通过与他们的交换看法，明确目标、问题、信息需求和信息的价值，使规划工作人员与管理部门之间建立新型的、更密切的联系。

(8) 提出判断和结论：通过多种形式的调查和对大量数据的分析，明确问题所在，使用问题/过程矩阵等方法将数据和业务过程关联起来。通过关联分析，不仅为安排项目的优先顺序提供帮助，也有助于解决信息系统的改进问题。

(9) 定义信息系统总体结构：目的是刻画未来信息系统的框架和相应的数据类，因此其主要工作是划分子系统，具体实现可利用 U/C 矩阵。有关内容将在系统分析中阐述。

(10) 确定总体结构中的优先顺序：即对信息系统总体结构中的子系统按先后顺序排出开发计划。

(11) 评价信息资源管理：对于信息系统相关的信息资源的管理加以评价和优化，使其能够随着企业战略的变化而变化，目的在于使信息系统能够有效地和高效率地开发、实施和运行。

(12) 提出建议书和开发计划：建议书用来帮助管理部门对所建议的项目做出决策。开发计划则说明具体的资源、日程、估计工作规模等。

(13) 提交规划成果报告：向最高决策层提交完整和规范的信息系统规划报告。

以上是 BSP 法的基本步骤，可以看出它具有强大的数据结构规划功能，这也是它的主要优点之一。同时，由于其繁琐的步骤，真正实施起来非常的耗时耗资。虽然 BSP 法能设计比较好的数据结构规划，但是它不能解决信息系统组织以及规划管理和控制等问题。

具体的工作步骤如图 4.7 所示。

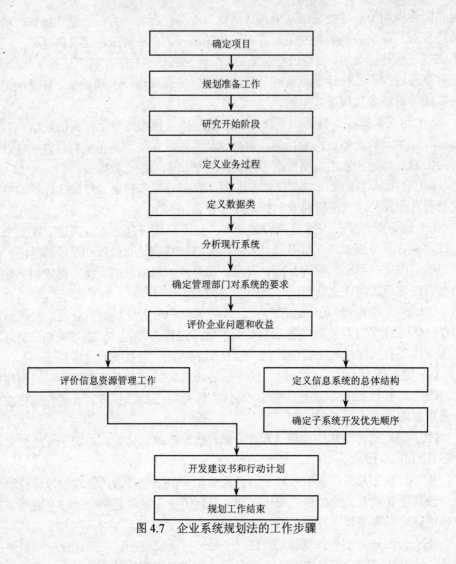

图 4.7　企业系统规划法的工作步骤

4.5.3　战略目标集转化法

战略目标集转化法是由 William King 于 1978 年提出的,他把整个战略目标看成是一个"信息集合",由使命、目标、战略和其他战略变量(如管理的复杂度、改革习惯以及重要的环境约束)等组成。信息系统的战略规划过程就是把组织的战略目标转变为信息系统战略目标的过程,如图 4.8 所示。

这个方法对第一步是识别企业的战略集,先考察该企业是否有成文的战略或长期规划,如果没有,就要去构造这种战略集合。可以采用以下步骤:

100

组织战略集   信息系统战略集

使命目标战略   战略目标转化法   系统目标
其他战略变量   战略约束
                                 系统开发策略

图 4.8　战略目标集转化法(SST)

(1) 描绘出企业各类人员结构,如卖主、经理、雇员、供应商、顾客、货款人、政府代理人、地区社团和竞争者。

(2) 识别每类人员的目标。

(3) 对于每类人员识别其使命及战略。

当企业战略初步识别之后,应立即送交企业有关领导审阅和修改。

这个方法的第二步是将组织战略集转化成信息系统战略,信息系统战略应包括系统目标、系统约束以及开发策略和设计原则等。这个转化的过程包括对应企业战略集的每个元素识别对应的信息系统战略约束,然后提出整个信息系统的结构。最后,就可以选择一个方案送交总经理。

SST 方法是从另一个角度识别管理目标,它反映了各种人的需要,而且给出了按这种要求的分层,然后转化为信息系统目标的结构化方法。它能保证目标比较全面,疏漏较少,这是 CSF 法所做不到的,但它在突出重点方面不如前者。

以上三种方法各有利弊,不能说哪种方法更好,在实际的规划工作中要根据实际的情况灵活运用。此外,我们可以把这三种方法综合使用,可以把它叫做 CSB 方法(即 CSF、SST、BSP 方法的结合)。这种方法先用 CSF 法确定企业目标,然后用 SST 法补充完善企业目标,并将这些目标转化为信息系统目标,再用 BSP 法校核两个目标,并确定信息系统结构,这样就补充了单个方法的不足。这个方法虽然比较全面,但也由于其复杂程度过高而削弱了单个方法的灵活性。可以说到目前为止,关于信息系统总体规划尚无一个十全十美的方法,在实际的工作中不能照抄照搬上述的方法,必须根据企业和信息系统实际情况,具体问题具体分析,选择以上方法中可取的思想,灵活运用才能做到事半功倍。

4.6　业务流程重组

在管理信息系统建设过程中,长期存在的问题之一是如何解决好业务流程不合理问题。尽管在业务流程分析过程中通过减少环节、删除多余的步骤等措施,在进行系统规划时提出要用批判的和创新的观点，但这些措施和观点仍然只是局部的，并未从根本上提高管理信息系统的质量，提高组织的效率和效益，需要对现有存在的系统进行大刀阔斧的改革，这就是业务流程重组(Business Process Reengineering, BPR)所要解决的问题。

BPR 是近年国外管理界在 TQM(全面质量管理)、JIT(准时生产)、WORKFLOW(工作流管理)、WORKTEAM(团队管理)、标杆管理等一系列管理理论与实践全面展开并获得成功的基础上产生的。是西方发达国家在世纪末，对已运行了 100 多年的专业分工细化及组织分层制的一次反思及大幅度改进。BPR 主要是指对企业僵化、官僚主义而进行的改革。

4.6.1　业务流程重组的定义

业务流程是指为完成企业目标或任务而进行的一系列跨越时空的逻辑相关的业务活动。例如，仓库收货的业务流程可能是：保管员验收货物并做记录、通知采购员、签收货物发运单、填写入库单并入库、分发入库单、填写送验单等。在手工管理方式下，企业已经形成了一个比较成型的企业流程和管理方法。信息技术的应用有可能改变原有的信息采集、加工和使用方式，甚至使信息的质量、获取途径和传递手段等都发生根本性的变化。

人们发现，在传统的劳动分工原则下，企业业务流程被分割为一段段分裂的环节，每一环节关心的焦点仅仅是单个任务和工作，而不是整个系统的全局最优；在管理信息系统建设中仅仅用计算机系统去模拟人工管理系统，并不能从根本上提高企业的竞争能力，重要的是重组企业流程，按现代化信息处理的特点，对现有的企业流程进行重新设计，成为提高企业运行效率的重要途径。业务流程重组的本质就在于根据新技术条件信息处理的特点，以事物发展的自然过程寻找解决问题的途径。

业务流程重组是一种管理思想。它强调以业务流程为改造对象和中心、以关心客户的需求和满意度为目标、对现有的业务流程进行根本的再思考和彻底的再设计，利用先进的制造技术、信息技术以及现代化的管理手段、最大限度地实现技术上的功能集成和管理上的职能集成，以打破传统的职能型组织结构(Function-Organization)，建立全新的过程型组织结构(Process-Oriented Organization)，从而实现企业经营在成本、质量、服务和速度等方面的巨大改善。

在这个定义中，包含三个关键："根本的、彻底的、巨大改善"。

"根本的"：不是枝节、表面，而是本质的，即革命性的，对现行系统进行彻底的怀疑，用敏锐的眼光看出企业的问题，只有看出问题、看透问题，才能更好地解决问题。

"彻底的"：动大手术、大破大立，不是一般的修补。

"巨大改善"：指成十倍、百倍的提高，是在量变的基础上产生质变，出现突跃点。

业务流程与企业的运行方式、组织的协调合作、人的组织管理、新技术的应用与融合等紧密相关，因而，业务流程的重组不仅涉及到技术，也涉及人文因素，包括观念的重组、流程的重组和组织的重组，以新型企业文化代替老的企业文化，以新的业务流程代替原有的业务流程，以扁平化的企业组织代替金字塔形的企业组织。其中，信息技术的应用是流程重组的核心，信息技术既是流程重组的出发点，也是流程重组的最终目标的体现者。

4.6.2 业务流程重组的步骤与方法

业务流程重组实际上是站在信息的高度，对企业流程的重新思考和再设计，是一个系统工程，包括在系统规划、系统分析、系统设计、系统实施与评价等整个规划与开发过程之中。

在信息系统分析中，要充分认识信息作为战略性竞争资源的潜能，创造性地对现有业务流程进行分析，找出现有流程存在的问题及产生问题的原因，分析每一项活动的必要性，并根据企业的战略目标，采用关键成功因素法等，去发现正确的业务流程，如在信息技术支持下，有些活动可以合并，管理层次可以减少，有些审批检查可以取消等。

目前已有的流程设计方法大多仅仅提出流程设计的原则方法，还缺乏比较具体的操作规程，因而，流程设计的好坏在很大程度上取决于设计者对信息技术潜能的把握以及对现有业务流程、运行环境、客户需求等因素的熟悉程度。

流程设计有以下原则方法可供参考：

(1) 以过程管理代替职能管理，取消不增值的管理环节。

(2) 以事前管理代替事后监督，减少不必要的审核、检查和控制活动。

(3) 取消不必要的信息处理环节，消除冗余信息集。

(4) 以计算机协同处理为基础的并行过程取代串行和反馈控制管理过程。

(5) 用信息技术实现过程自动化，尽可能抛弃手工管理过程。

以上原则指出了流程重组的指导性方法，在实际操作中，还应考虑具体的企业环境及条件，灵活运用，才能设计出理想的企业过程。

4.6.3 业务流程重组的目标

BPR 追求的是一种彻底的重构，而不是追加式的改进。它要求人们在实施 BPR 时作这样的思考："我们为什么要做现在的事？为什么要以现在的方式做事？"这种对企业运营方式的根本性改变，目的是追求绩效的飞跃，而不是改善。

通过业务流程重组，可以实现以下目标：

(1) 企业的组织更趋扁平化，工作方式也将改变。

(2) 企业将更多采用更大的团队工作方式。

(3) 团队间的相互了解和主动协调将大大提高。

(4) 领导更像是教练，而不像是司令员。

(5) 整个组织更主动更积极面向客户。

4.6.4 业务流程重组的适用范围

业务流程重组虽然可以大幅度的提高企业关键的性能指标，但并不是所有的企业都适合进行业务过程再设计，濒临破产和需要大发展的企业容易推行 BPR。一般来讲，企业进行 BPR 有以下几种情况：

(1) 企业濒临破产，不改只能倒闭。

(2) 企业竞争力下滑，企业调整战略和进行重构。

(3) 企业领导认识到 BPR 能大大提高企业竞争力，而企业又有此需要扩张。

(4) BPR 的策略在自己相关的企业获得成功，影响本企业。

目前，BPR 正被企业界普遍接受，并像一股风潮席卷了美国和其他工业化国家。BPR 被称作是"恢复美国竞争力的唯一途径"，并将"取代工业革命，使之进入重建革命的时代。"尽管，不少企业的 BPR 项目取得了巨大的成功，但据统计，70%以上的 BPR 项目均归于失败。BPR 不是神话，也不是洪水猛兽，而是一种新兴的管理思想，它的观点和方法对于解决我国当前企业面临的问题，或许有可借鉴之处。

思考题

1) 诺兰阶段模型的实用意义何在？它把信息系统的成长过程划分为哪几个阶段？

2) 什么是业务过程？简述业务过程与企业目标之间的关系。

3) 简述信息系统规划的目的与作用。

4) 简述信息系统规划的主要步骤。

5) 信息系统规划主要有哪些方法？BSP、CSF、BPR 之间的异同是什么？

6) 什么是企业流程再造？为什么说企业流程再造不仅涉及设计，而且涉及人文因素？

5　系统分析

学习目的

- 了解系统分析阶段的主要任务；
- 认识常用的系统分析工具；
- 掌握常用的系统分析方法；
- 提出新系统逻辑模型。

本章要点

- 系统调查与分析方法；
- 业务流程图和数据流程图；
- 数据字典和 U/C 矩阵。

5.1　概述

5.1.1　系统分析的主要任务

系统分析是在总体规划的指导下，对系统进行深入详细的调查研究，确定新系统的逻辑模型的过程。系统分析的主要任务是定义或制定新系统应该"做什么"的问题。

(1) 了解用户需求。详细了解每个业务过程和业务活动的工作流程及信息处理流程，理解用户对信息系统的需求，包括对系统功能、性能方面的需求，对硬件配置、开发周期、开发方式等方面的意向及打算，最终以需求说明书的形式将系统需求定义一下来。这部分工作是系统分析的核心。

(2) 确定系统逻辑模型，形成系统分析报告。在详细调查的基础上，运用各类系统开发的理论、开发方法和开发技术，确定系统应具有的逻辑功能，再用一系列图表和文字表示出来，形成系统的逻辑模型，为下一步系统设计提供依据。

5.1.2　系统分析的步骤

系统分析的一般步骤如下：

(1) 现行系统的详细调查：集中一段时间和人力，对现行系统做全面、充分和详细的调查，弄清现行系统的边界、组织机构、人员分工、业务流程、各种计划、单据和报表的格式、种类及处理过程、企业资源及约束情况等，为系统开发做好原始资料的准备工作。

(2) 组织结构与业务流程分析：在详细调查的基础上，用图表和文字对现行系统进行描述，详细了解各级组织的职能和有关人员的工作职责、决策内容对新系统的要求，业务流程各环节的处理业务及信息的来龙去脉。

(3) 系统数据流程分析：分析数据的流动、传递、处理与存储过程。

(4) 建立新系统的逻辑模型：在系统调查和系统分析的基础上建立新系统逻辑模型，用一组图表工具表达和描述，方便用户和分析人员对系统提出改进意见。

(5) 提出系统分析报告：对系统分析阶段的工作进行总结和向有关领导提交文字报告，为下一步系统设计提供工作依据。

在运用上述步骤和方法进行系统分析时，调查研究将贯穿于系统分析的全过程。调查与分析经常交替进行，系统分析深入的程度将是影响管理系统成败的关键问题。

5.1.3　详细调查

与系统规划阶段的现状调查和可行性分析相比，详细调查的特点是目标更加明确，范围更加集中，在了解情况和数据收集方面进行的工作更为广泛深入，对许多问题都要进行透彻的了解和研究。

5.1.3.1　详细调查的原则

详细调查应遵循以下原则：

(1) 真实性：是指系统调查资料真实、准确地反映现行系统状况，不依照调查者的意愿反应系统的优点或不足。

(2) 全面性：任何系统都是由许多子系统有机地结合在一起而实现的。

(3) 规范性：有一套循序渐进、逐层深入的调查步骤和层次分明、通俗易懂的规范化逻辑模型描述方法。

(4) 启发性：需要调查人员的逐步引导，不断启发，尤其在考虑计算机处理的特殊性而进行的专门调查中，更应该善于按使用者能够理解的方式提出问题，打开使用者的思路。

5.1.3.2 详细调查的内容

详细调查的内容包括：

(1) 系统的定性调查：主要是对现有系统的功能进行总结，包括组织结构的调查、管理功能的调查、工作流程的调查、处理特点的调查与系统运行的调查等。

(2) 系统的定量调查：目的是弄清数据流量的大小、时间分布、发生频率，掌握系统的信息特征，据此确定系统规模，估计系统建设工作量，为下一阶段的系统设计提供科学依据。

5.1.3.3 详细调查的方法

调查的方法有多种多样，经常使用的有：

(1) 问卷调查。可以用来调查系统普遍性的问题。由初步调查结果可得到组织的基本情况。

(2) 召开调查会。这是一种集中调查的方法，适合于了解宏观情况。

(3) 调查人员直接参加业务实践。开发人员亲自参加业务实践，不仅可以获得第一手资料，而且便于开发人员和业务人员的交流，使系统的开发工作接近用户，用户更了解新系统。

(4) 查阅企业的有关资料。

(5) 个别访问。某些特殊问题或细节的调查，可对有关的业务人员作专题访问，仔细了解每一步骤、方法等细节。

(6) 由用户的管理人员向开发者介绍情况。

其他还有专家调查等方法，可以根据系统调查的具体需要确定调查方法。总的原则是，以了解清楚现状为最终目标。

5.1.3.4 系统调查中应注意的问题

在系统详细调查阶段应注意以下几个问题：

(1) 调查前要做好计划和用户培训。根据系统需要明确调查任务的划分和规划，列出必要的调查大纲，规定每一步调查的内容、时间、地点、方式和方法等。对用户进行培训或发放说明材料，让用户了解调查过程、目的等，并参与调查的整个过程。

(2) 调查要从系统的现状出发，避免先入为主。要结合组织的实际情况管理现状，了解实际问题，得到客观资料。

(3) 调查与分析整理相结合。调查中出现的问题应及时反映并解决。

(4) 分析与综合相结合。调查过程中要深入了解现行组织各部分的细节，而后根据相互之间的关系综合起来，使得对组织有一个完整的了解。

(5) 规范调查图表。为便于开发者和用户对调查中得到的结果和问题进行交流和分析，调查中需要简单易懂的图表工具。

系统分析人员的调查过程主要是大量原始素材的汇总过程，应当具有虚心、热心、耐心和细心的态度。分析员必须对这个内容进行整理、研究和分析，形成描述现行信息系统的文字材料。还可以将有关内容绘制成描述现行系统的各种图表，以便在短期内对现行信息系统有全面详细地了解，且与各级用户进行反复讨论、研究，反复修改，力求准确。

5.1.4　系统分析的成果与文档内容

系统分析阶段的成果就是系统分析报告，它反映了这一阶段调查分析的全部情况，是下一步设计与实现系统的基础。

系统分析报告形成后必须组织各方面的人员(包括组织的领导、管理人员、专业技术人员、系统分析人员等)一起对已经形成的逻辑方案进行论证，尽可能地发现其中的问题、误解和疏漏。对于问题、疏漏要及时纠正，对于有争论的问题要重新核实当初的原始调查资料或进一步地深入调查研究，对于重大的问题甚至可能需要调整或修改系统目标，重新进行系统分析。

系统分析报告要包括以下内容：

(1) 组织情况简述：主要是对分析对象的基本情况作概括性的描述，它包括组织的结构、组织的目标、组织的工作过程和性质、业务功能、对外联系、组织与外部实体间有哪些物质以及信息的交换关系，研制系统工作的背景如何等。

(2) 系统目标和开发的可行性：系统的目标是系统拟采用什么样的开发战略和开发方法，人力、资金以及计划进度的安排，系统计划实现后各部分应该完成什么样的功能，某些指标预期达到什么样的程度，有哪些工作是原系统没有而计划在新系统中增补的，等等。

(3) 现行系统运行状况：以业务流程图、数据流程图等工具，详细描述原系统信息处理以及信息流动情况。另外，各个主要环节对业务的处理量、总的数据存储量、处理速度要求、主要查询和处理方式、现有的各种技术手段等，都应作一个扼要的说明。

(4) 新系统的逻辑方案：新系统的逻辑方案是系统分析报告的主体。这部分主要反映分析的结果和我们对今后建造新系统的设想。它应包括本章各节分析的结果和主要内容。

5.2　组织结构与功能调查分析

5.2.1　任务

现行系统中的信息流动是以组织结构为基础的。因为各部门之间存在各种信息和物质的交换关系。只有理顺了各种组织关系，才能使系统分析工作找到头绪；有了调查问题的突破口，才能使我们按照系统工程的方法自顶向下地进行分析。

组织结构的划分总是随着功能的扩展或缩小、人员的变动等因素的变化而变化。以功能为基点分析问题，则系统将会相对于组织的变化而有一定的独立性，即可获得较强的生命力。所以在分析组织情况时还应该画出其业务功能一览表。这样做可以使我们在了解组织结构的同时，对于依附于组织结构的各项业务功能也有一个概貌性的了解，也可以对于各项交叉管理、交叉部分各层次的深度以及各种不合理的现象有一个总体的了解，在后面的系统分析和设计时应特别注意避免这些问题。

组织结构与功能调查就是对组织现有的结构与功能进行分析，弄清组织内部的部门划分，以及各部门之间的领导与被领导关系、信息资料的传递关系、物资流动关系与资金流动关系，并了解各部门的工作内容与职责。此外，还应详细了解各级组织存在的问题以及对新系统的要求等。

5.2.2　主要内容

1) 组织结构调查：

(1) 组织结构：是一个组织内部部门的划分及其相互之间的关系。

(2) 组织的特点：在交换物资、资金过程中，产生信息流；组织既是信息的接收者，又是信息的输出者；组织具有层次性。

(3) 组织结构调查内容：弄清组织内部的部门划分；各部门之间的领导与被领导关系；信息资料的传递关系；物资流动关系与资金流动关系。此外，还应详细了解各级组织存在的问题以及对新系统的要求等。

2) 功能结构调查：功能指的是完成某项工作的能力。为了实现系统目标，系统必须具有各种功能。各子系统功能的完成，又依赖于下面更具体的工作的完成。管理功能的调查是要确定系统的这种功能结构。

3) 组织/功能分析：

(1) 分析的目的：通过组织/功能分析，使组织的功能进一步理顺，提高管理效率。

(2) 分析工具：组织/功能联系表(如图 5.1 所示)。

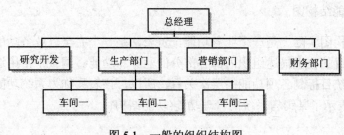

图 5.1　一般的组织结构图

5.2.3　描述方法

5.2.3.1　组织结构图

组织结构图的画法需要针对具体组织进行描述。一般的组织结构图如图 5.1 所示。但作为业务调查所画出的组织结构图，为了更好地表示部门间的业务联系，与一般组织结构图存在以下区别(如图 5.2 所示)：

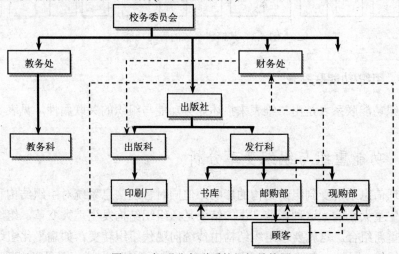

图 5.2　标明业务联系的组织结构图

111

(1) 除标明部门之间的领导与被领导的关系外，还要标明资料、物资、资金的流动关系。

(2) 图中各部门、各种关系的详细程度以突出重点为标准，即那些与系统目标明显关系不大的部分，可以简略或省去。

(3) 除了组织边界内的部门与联系外，还需画出与组织有业务联系的边界以外的若干部门与联系。

5.2.3.2　功能结构图

功能结构图实际上是一个业务功能一览表，是一个完全以业务功能为主体的树型表，其目的在于描述组织内部各部分的业务和功能。调查中常用这种树型表来描述从系统目标到各项功能的层次关系，所以，该表又称为系统功能层次图。

图 5.3 表示了某销售系统的管理功能(功能结构)。

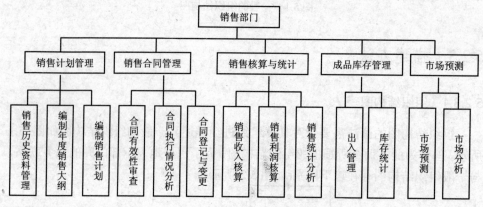

图 5.3　某销售系统的管理功能

5.2.3.3　组织/功能联系表

组织功能联系表是用二维表来描述业务功能与组织的关联属性，见表 5.1。

5.2.4　功能重组与组织变革分析

管理信息系统受到组织结构的影响，但同时管理信息系统对组织结构和功能也会产生重大影响。这种影响产生的结果是：组织结构发生重大变革，组织的功能出现重新组合。这就要求组织结构由传统向现代组织转变，如扁平化组织，学习型组织等，同时，按照业务流程对组织功能进行重组，如业务流程重组理论等。

112

表 5.1　组织功能联系表

序号	功能与业务	计划科	质量科	设计科	工艺科	机动科	总工室	研究所	生产科	供应科	人事科	总务科	教育科	销售科	仓库	...
1	计划	*					✓		×	×				×	×	
2	销售		✓											*	×	
3	供应	✓							×	*					✓	
4	人事										*	✓	✓			
5	生产	✓	×	×	×		*		*	×				✓	✓	
6	设备更新				*	✓	✓	✓	×							
7	……															

注：＊表示该项业务是对应组织的主要业务(即主持工作的主要单位)；×表示该单位是参加协助该项业务的辅助单位；√表示该单位是该项业务的相关单位(或称有关单位)；空格表示该单位与对应业务无关。

5.3　业务流程调查分析

5.3.1　业务流程调查

5.3.1.1　任务

业务流程调查主要任务是调查系统中各环节的业务活动，掌握业务的内容、作用、及信息的输入、输出、数据存储和信息的处理方法及过程等。它是掌握现行系统状况，确立系统逻辑模型不可缺少的环节。

5.3.1.2　方法

调查业务流程应顺着原系统信息流动的过程逐步地进行，内容包括各环节的处理业务、信息来源、处理方法、计算方法、信息流经去向、提供信息的时间和形态(报告、单据、屏幕显示等)。

系统调查过程中，业务流程调查的工作量非常大，需要耐心细致工作，系统开发人员与用户之间联系非常密切，需要彼此间进行良好的沟通，调查中，既要完成好自身工作任务，又要考虑所调查业务与其他业务彼此间的联系。

5.3.2 业务流程图

5.3.2.1 业务流程图图例及画法

业务流程图(Transaction Flow Diagram, TFD)是用规定的符号来表示具体业务处理过程。业务流程图的绘制基本上按照业务的实际处理步骤和过程绘制。

业务流程图图例没有统一标准，但在同一系统开发过程中所使用图例应是一致的，如图 5.4 所示。

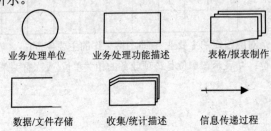

图 5.4　业务流程图图例

有关业务流程图的画法，目前尚不太统一，但大同小异，只是在一些具体的规定和所用的图形符号方面有些不同，而在准确明了地反映业务流程方面是非常一致的。业务流程图的绘制过程，可以参照图 5.5，从确定画图对象开始。

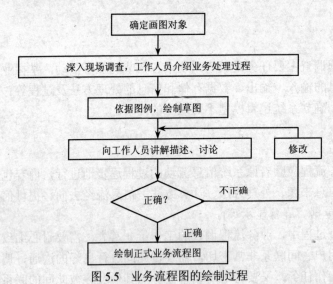

图 5.5　业务流程图的绘制过程

业务流程图是一种用尽可能少、尽可能简单的方法来描述业务处理过程的方法。由于它的符号简单明了，所以非常易于阅读和理解业务流程。但它的不足是对于一些专业性较强的业务处理细节缺乏足够的表现手段，它比较适用于反映事务处理类型的业务过程，如图 5.6 所示。

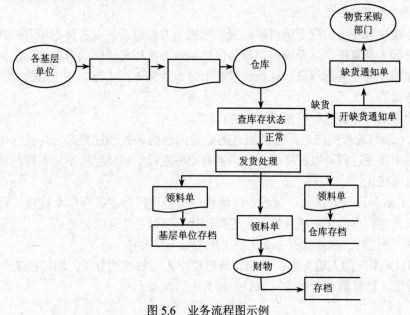

图 5.6　业务流程图示例

5.3.2.2　业务流程图的特点

业务流程图的特点是：
(1) 按业务部门进行划分。
(2) 图中描述的主体是票据、账单。
(3) 票据、账单的流程路线与实际业务处理过程一一对应。

5.3.2.3　业务流程图的作用

业务流程图的作用是：
(1) 业务流程图是系统分析员作进一步系统分析的依据。
(2) 业务流程是系统分析员与管理人员相互交流的思想工具。
(3) 系统分析员可以直接在业务流程图上拟出计算要处理部分。
(4) 利用业务流程图可以分析业务流程是否合理。

5.3.3　业务流程分析

对现行系统的业务流程分析是为了找出现行系统中存在的问题，以便在新系统建设中予以克服或改进。

系统中存在的问题原因可能是管理思想和方法落后，业务流程不尽合理；也可能是因为计算机信息系统的建设为优化原业务流程提供新的可能性，这时，就需要在对现有业务流程进行分析的基础上进行业务流程重组，产生新的更为合理的业务流程。

业务流程分析过程包括以下内容：

(1) 现行流程的分析：分析原有的业务流程的各处理过程是否具有存在的价值，其中哪些过程可以删除或合并，原有业务流程中哪些过程不尽合理，可以进行改进或优化。

(2) 业务流程的优化：现行业务流程中哪些过程存在冗余信息处理，可以按计算机信息处理的要求进行优化，流程的优化可以带来什么好处。

(3) 确定新的业务流程：画出新系统的业务流程图。

(4) 新系统的人机界面：新的业务流程中人与机器的分工，即哪些工作可由人机分工，计算机自动完成，哪些必须有人的参与。

5.3.4　业务流程的重组

在业务流程调查和分析中，必定会发现流程不合理的现象，要注意调查和分析，为业务流程重组作充分准备。

业务流程重组的步骤为：

(1) 深入分析流程调查资料。对业务流程调查资料进行规范化处理并且正确绘制各个层次的业务流程图，在业务流程图的基础上，结合内、外部环境对业务流程进行初步分析、概括和诊断。

(2) 分析现行系统业务流程中存在的问题。找出现行系统业务流程中存在的所有问题，对找出的问题逐项进行分析研究，提出新系统业务流程的改进模式和改进要点，形成流程改进报告。

(3) 制定新系统业务流程图。根据现行业务流程图和改进要点，绘制新系统的业务流程图。在此基础上，制定流程重组计划且对计划进行评审。

(4) 对提出的流程重组实施计划进行可行性分析。

业务流程重组的前提是对现有业务流程的调查和分析，因此，在进行业务流程调查和分析的过程中，必须注意的重点问题是：

(1) 不合理的业务流程有哪些？

(2) 不合理的业务流程产生的历史原因是什么？

(3) 改进措施有哪些？以及改进会涉及到哪些方面？

(4) 改进前后对组织的目标的影响有多大？

(5) 业务流程重组的应用条件有哪些？

5.4 数据、数据流程调查与分析

5.4.1 数据、数据流程调查

数据流程指数据在系统中产生、传输、加工处理、使用、存储的过程。

数据、数据流程调查的内容包括：收集原系统全部输入单据(如入库单、收据、凭证)、输出报表和数据存储介质(如账本、清单)的典型格式。

在上述各种单据、报表、账本的典型样品上或用附页注明制作单位、报送单位、存放地点、发生频度(如每月制作几张)、发生的高峰时间及发生量等，并注明各项数据的类型(数字、字符)、长度、取值范围(指最大值和最小值)。

5.4.2 数据流程的描述工具、画法及其特点

5.4.2.1 数据流程图图例及画法

数据流程图(Data Flow Diagram，DFD)是一种能全面地描述信息系统逻辑模型的主要工具，它可以用少数几种符号综合地反映出信息在系统中的流动、处理和存储情况。常见的数据流程图有两种：一种是以方框、连线及其变形为基本图例符号来表示数据流动过程；另一种是以圆圈及连接弧线作为其基本符号来表示数据流动过程。这两种方法实际表示一个数据流程的时候，大同小异，但是针对不同的数据处理流程却各有特点。故在此我们介绍其中一种方法，如图5.7所示，以便读者在实际工作中根据实际情况选用。数据流程图画法是自上而下，逐层展开；输入输出，保持平衡。

数据流程图的绘制过程可以参照图5.8、图5.9。

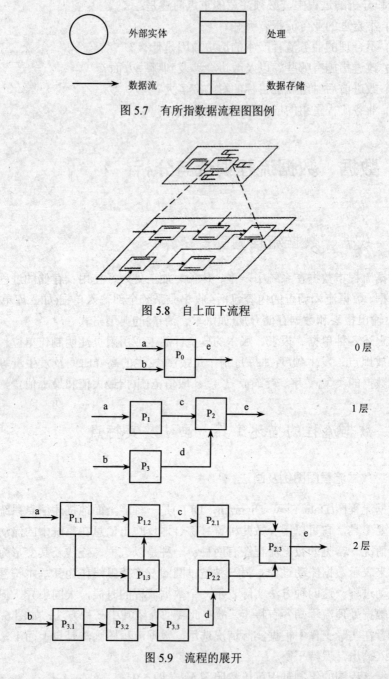

图 5.7　有所指数据流程图图例

图 5.8　自上而下流程

图 5.9　流程的展开

　　从图中可看到数据流程图是分层次的,绘制时采取自顶向下逐层分解的办法。

首先画出顶层(第一层)数据流程图。顶层数据流程图只有一张，它说明了系统的总的处理功能、输入和输出，如图 5.10 所示。下一步是对顶层数据流程图中的"处理"进行分解，也就是将"账务处理"分解为更多的"处理"。第 2 张图是第一层中的处理被分解后的第二层数据流程图中的一个，如图 5.11 所示。

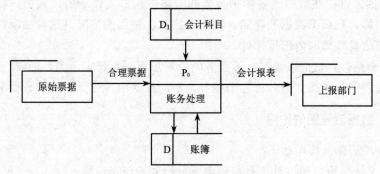

图 5.10　会计记账顶层数据流图

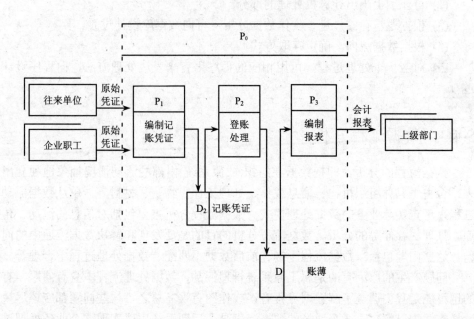

图 5.11　会计记账 1 层数据流图

　　数据流程图分多少层次应根据现实际情况而定，对于一个复杂的大系统，有时可分至七八层之多。为了提高规范化程度，有必要对图中各个元素加以编号。通常在编号之首冠以字母，用以表示不同的元素，可以用 P 表示处理，D 表示数据流，F 表示数据存储，S 表示外部实体。例如：P3.1.2 表示第三子系统第一层图

119

的第二个处理。

5.4.2.2　数据流程图的特征

数据流程图具有如下特征:

(1) 抽象性:在数据流程图中具体的组织机构、工作场所、人员、物质流等等都已去掉,只剩下数据的存储、流动、加工、使用的情况。这种抽象性能使我们总结出信息处理的内部规律性。

(2) 概括性:它把系统对各种业务的处理过程联系起来考虑,形成一个总体。而业务流程图只能孤立地分析各个业务,不能反映出各业务之间的数据关系。

5.4.2.3　数据流程图的作用

数据流程图的作用如下:

(1) 系统分析员用这种工具自顶向下分析系统信息流程。

(2) 可在图上画出计算机处理的部分。

(3) 根据逻辑存储,进一步作数据分析,可向数据库设计过渡。

(4) 根据数据流向,确定存取方式。

(5) 对应一个处理过程,可用相应的程序语言来表达处理方法,向程序设计过渡。

5.4.3　数据流程分析

数据流程的分析,即把数据在组织(或原系统)内部的流动情况抽象地独立出来,舍去了具体组织机构、信息载体、处理工作、物资、材料等,单从数据流动过程来考查实际业务的数据处理模式。数据流程分析主要包括对信息的流动、传递、处理、存储等的分析。数据流程分析的目的是要发现和解决数据流通中的问题。这些问题包括:数据流程不畅、前后数据不匹配、数据处理过程不合理等。

问题产生的原因有的是属于原系统管理混乱,数据处理流程本身有问题,有的也可能是我们调查了解数据流程有误或作图有误。总之,这些问题都应该尽量地暴露并加以解决。一个通畅的数据流程是今后新系统用以实现这个业务处理过程的基础。

5.4.4　数据字典

数据字典(Data Dictionary, DD)是对数据流程图中的数据项、数据结构、数据流、处理逻辑、数据存储和外部实体进行定义和描述的工具，是数据分析和管理工具，同时也是系统设计阶段进行数据库设计的重要依据。

数据字典中的数据有动态数据(可在系统内外流动的数据)及静态数据(不参与流动的数据存储)的数据结构和相互之间的关系。

数据字典的形式有手工卡片式及电子式。

数据字典的内容包括：

(1) 数据项(数据元素)：数据的最小单位。

(2) 数据结构：描述数据项之间的关系可由若干数据项、数据结构，或数据与数据结构组成。

(3) 数据流：由一个或一组固定的数据项组成。

(4) 处理逻辑：数据流程图中最底层的处理逻辑。

(5) 数据存储：数据的逻辑存储结构。

(6) 外部实体：与数据有关的机构或个人。

例如，数据项的定义及数据流的定义见表 5.2 及表 5.3。

表 5.2　数据项的定义

数据项编号	I02-01
数据项名称	材料编号
别名	物料编码
简述	某材料的代码
类型及宽度	字符型，4 位
取值范围	0001～9999

表 5.3　数据流的定义

数据流编号	F03-08
数据流名称	领料单
简述	车间/科室开出的领取物料的表格
数据流来源	车间/科室
数据流去向	发料部门(仓库)
数据流组成	日期＋领料部门＋物料编号＋物料名称＋ 领取数量＋单价＋金额＋领料人＋批人＋发料人
数据流量	10 份/小时
高峰流量	20 份/小时(9:00～11:00AM)

5.5 业务处理调查与分析

5.5.1 处理过程的识别

业务处理指的是业务人员处理业务的算法和逻辑关系。业务处理的分析是对业务流程分析和数据流程分析的补充，也是系统设计处理模块的设计依据。每个处理必然有处理的原始数据和输出数据，以及处理的逻辑关系和算法。对每个处理过程调查内容如下：

(1) 该处理有哪些输入数据？包括调查输入单据或报表上的各项数据。

(2) 经处理后的输出是什么？包括哪些数据项内容？

(3) 了解各项数据的生成途径(算法模型)。

5.5.2 处理过程的描述及工具

处理过程可以用判定树或判定表和结构化语言加以描述。

如果用文字表达这种多元的逻辑关系，不仅十分繁琐，而且难以看清，采用了判断表后，可以清晰地表达条件、决策规则和应采取的行动之间的逻辑关系，容易被管理人员和系统分析人员所接受。

5.5.2.1 判断树

图5.12是一张用于根据用户欠款时间长短和现有库存量情况处理用户订货方案的判断树。判断树比较直观，容易理解，但当条件多时，不容易清楚地表达出整个判别过程。

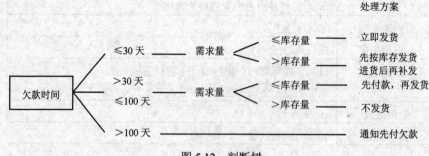

图 5.12　判断树

5.5.2.2 判断表

判断表又称决策表，是采用表格方式来描述处理逻辑的一种工具。见表 5.4。

表 5.4 判断表

	决策规则号	1	2	3	4	5	6
条件	欠款时间≤30 天	Y	Y	N	N	N	N
	欠款时间>100 天	N	N	Y	Y	N	N
	需求量≤库存量	Y	N	Y	N	Y	N
应采取的行动	立即发货	×					
	先按库存量发货，进货后再补发		×				
	先付款,再发货					×	
	不发货						×
	要求先付欠款			×	×		

5.5.2.3 结构语言表示法

结构语言表示法是一种模仿计算机语言的处理逻辑描述方法。它使用了由"IF"、"THEN"、"ELSE"等词组成的规范化语言。下面是处理订货单逻辑过程的结构英语表示法。

同前例。为了使用方便，这里将条件和应采取的行动用中文表示：

IF 欠款时间≤30 天

    IF 需要量≤库存量

        THEN 立即发货

    ELSE 先按库存量发货，进货后再补发

ELSE

IF 欠款时间≤100 天

    THEN

    IF 需求量≤库存量

        THEN 先付款再发货

    ELSE 不发货

ELSE 要求先付款

5.5.3　处理过程的分析

对处理过程进行调查要及时进行分析，分析内容如下：

(1) 输入数据：对输入数据进行分析，各项数据能否同时收集到？各项数据的精度对输出数据的影响是什么。

(2) 输出数据：对输出数据的分析，输出数据的表示形态(报表、报单、屏幕显示等)、表示精度。

(3) 处理过程：对处理过程的分析，处理的时间要求，处理的顺序要求，算法的有效性等问题。

5.5.4　处理过程的优化

经过上述分析，可以得出优化方案，包括选用更好的算法，(精度更高、处理更快)、更合理处理逻辑(如改串行为并行、顺序的优化等)、更好输出表示形式等。

5.6　功能/数据分析

5.6.1　功能/数据之间关系分析

功能与数据之间关系分析是分析业务处理过程中产生数据和使用数据之间的关系。即系统中任意一个功能模块使用的数据来源于哪里，是外部输入还是系统其他的功能模块所产生的，而自身所产生的数据又将为哪个功能模块所用。

功能与数据之间关系分析的目的是使得功能与数据之间的关系更合理，为划分子系统提供依据。功能与数据之间关系分析的工具有：

(1) U/C(Use/Create)矩阵：是 IBM 公司于 20 世纪 70 年代初的 BSP 中提出的一种系统化的聚类分析方法。它通过数据有一些功能产生，并被一些功能所使用之间的关系，判断数据产生于使用之间的关系是否正确，对功能进行归类，为系统划分提供依据。

(2) 功能/数据分析法：是通过 U/C 矩阵的建立和分析来实现的。这种方法不但适用于功能/数据分析，也可以适用于其他各方面的管理分析。在前面就曾借用它来分析收集数据的合理性和完备性问题。

124

5.6.2 U/C 矩阵

5.6.2.1 U/C 矩阵的建立

　　首先要进行系统化自顶向下地划分；然后逐个确定其具体的功能(或功能类)和数据(或数据类)；最后填上功能/数据之间的关系，即完成了 U/C 矩阵的建立过程。首先建立一张二维表格，将数据所调查的数据填写在横向方向，将功能填写在纵向方向；然后按照数据与功能之间的产生(C)与使用(U)之间的关系，分别在对应的单元中填入 C 或 U，如图 5.5 所示。

表 5.5　U/C 矩阵

功能 ＼ 数据类	计划	财务计划	产品	零件规格	材料表	材料库存	成本库存	任务单	设备负荷	物资供应	工艺流程	客户	销售区域	订货	成本	职工
经营计划	C	U												U	U	
财务规划	U	C													U	U
资产规模		U														
产品预测			U									U	U			
产品设计与开发	U		C	C	C							U				
产品工艺			U	U	U	U										
库存控制						C	C	U		U						
调度			U					U	C	U	U					
生产能力计划									C	U	U					
材料需求			U		U	U				C						
操作顺序								U	U	U	C					
销售管理		U	U					U				C	U	U		
市场分析		U	U									U	C	U		
订货服务			U					U				U	U	C		
发运		U	U					U					U	U		
财务会计	U	U	U					U				U		U		U
成本会计	U	U	U					U						U	U	
用人计划																C
业绩考评																U

5.6.2.2　U/C 矩阵的功能

一般说来 U/C 矩阵的主要功能有如下四点：

(1) 通过对 U/C 矩阵的正确性检验，及时发现前段分析和调查工作的疏漏和错误。

(2) 通过对 U/C 矩阵的正确性检验来分析数据的正确性和完整性。

(3) 通过对 U/C 矩阵的求解过程最终得到子系统的划分。

(4) 通过子系统之间的联系(U)可以确定子系统之间的共享数据。

5.6.2.3　U/C 矩阵的校验

建立 U/C 矩阵后一定要根据"数据守恒"原则进行正确性检验，以确保系统功能数据项划分和所建 U/C 矩阵的正确性。它可以指出我们前段工作的不足和疏漏，或是划分不合理的地方，应及时地督促以改正。

具体来说 U/C 矩阵的正确性检验可以从如下三个方面进行。

(1) 完备性检验：是指对具体的数据项(或类)必须有一个产生者(即 C)和至少一个使用者(即 U)，功能则必须有产生或使用(U 或 C 元素)发生。否则这个 U/C 矩阵的建立是不完备的。这个检验可使我们及时发现表中的功能或数据项的划分是否合理，以及 U、C 元素有无填错或填漏的现象发生。

(2) 一致性检验：是指对具体的数据项/类必有且仅有一个产生者(C)。如果有多个产生者的情况出现，则产生了不一致性的现象。其结果将会给后续开发工作带来混乱。这种不一致现象的产生可能有如下原因：

没有产生者：漏填了 C 元素或者是功能、数据的划分不当。

多个产生者：错填了 C 元素或者是功能、数据的划分不独立，不一致。

(3) 无冗余性检验：即表中不允许有空行空列。如果有空行空列发生则可能出现如下问题：漏填了 C 或 U 元素；功能项或数据项的划分是冗余的(没有必要的)。

5.6.2.4　U/C 矩阵的求解

U/C 矩阵求解过程就是对系统结构划分的优化过程。它是基于子系统划分应相互独立，而且内部凝聚性高这一原则之上的一种聚类操作。

U/C 矩阵的求解过程是通过表上作业来完成的。其具体操作方法是：

调换表中的行变量或列变量，使得 C 元素尽量地朝对角线靠近。然后再以 C 元素为标准，划分子系统。这样划分的子系统独立性和凝聚性都是较好的，因为它可以不受干扰地独立运行。

5.6.3 系统的功能划分与数据资源分布

U/C 矩阵的求解目的是为了对系统进行逻辑功能划分和考虑今后数据资源的合理分布。

5.6.3.1 系统逻辑功能的划分

系统逻辑功能划分的方法是在求解后的 U/C 矩阵中划出一个个的小方块，如表 5.6 所示。

表 5.6 U/C 矩阵的优化

功能	数据类	计划	财务	产品	零件规格	材料表	原材料库存	成品库存	工作令	机器负荷	材料供应	操作顺序	客户	销售区域	订货	成本	职工
经营计划	经营计划	C	U													U	
	财务规划	U	C													U	U
	资产规模		U														
技术准备	产品预测	U		U									U	U			
	产品设计开发			C	C	U							U				
	产品工艺			U	U	C	U										
生产制造	库存控制						C	C	U		U						
	调度			U					C	U							
	生产能力计划									C	U	U					
	材料需求			U			U				C						
	操作顺序								U	U	U	C					
销售	销售区域管理			U									C		U		
	销售			U									U	C	U		
	订货服务			U									U		C		
	发运			U				U							U		
财会	通用会计			U									U			U	
	成本会计														C		
人事	人员计划																C
	招聘/考核																U

划分时应注意：

(1) 沿对角线一个接一个地划分，既不能重叠，又不能漏掉任何一个数据和功能。

(2) 方块的划分是任意的，但必须将所有的 C 元素都包含在小方块之内。

(3) 划分后的小方块即为今后新系统划分的基础。每一个小方块即一个子系统。

另外特别值得一提的是：对同一个调整出来的结果，小方块(子系统)的划分不是唯一的，如表中粗线和细线所示。具体如何划分为好，要根据实际情况以及分析者个人的工作经验和习惯来定。

子系统划定之后，留在小方块(子系统)外还有若干个 U 元素，这就是今后子系统之间的数据联系，即共享的数据资源。

5.6.3.2　数据资源分布

在对系统进行划分并确定了子系统以后，从上面的图中可以看出所有数据的使用关系都被小方块分隔成了两类：

(1) 在小方块以内。在小方块以内所产生和使用的数据，则今后主要考虑放在本子系统的计算机设备上处理。

(2) 在小方块以外。在小方块以外的数据联系(即图中小方块以外的 U)，则表示了各子系统之间的数据联系。

这些数据资源今后应考虑放在网络服务器上供各子系统共享或通过网络来相互传递数据。

5.7　新系统逻辑模型

对现行系统的业务流程、数据流程、处理逻辑等进行深入分析之后，就可提出系统建议方案，即建立新系统逻辑模型。建立新模型是系统分析的重要任务之一，它是系统分析阶段的重要成果，也是下一阶段系统设计的重要依据。借助系统逻辑模型可以有效地确定系统设计所需的参数，确定各种约束条件；还可以预测各个系统方案的性能、费用和效益，以利于各种方案的比较分析。

5.7.1　新系统逻辑模型的内容

新系统逻辑模型的内容如下：

(1) 确定合理的业务处理流程：将业务流程和业务处理分析归纳整理的结果。

(2) 确定合理的数据和数据流程：数据、数据流程的分析归纳整理的结果。

(3) 建立数据字典。

(4) 确定新系统的逻辑结构和数据分布。

功能数据分析的结果分两部分：

(1) 新系统逻辑划分方案(即子系统的划分)。

(2) 新系统数据资源的分布方案，如哪些在本系统设备内部，哪些在网络服务器或主机上。

5.7.2 新系统逻辑模型的运行环境

经过前面对现行系统的调查、分析和优化，提出了新的管理信息系统逻辑模型，即新信息系统将是什么、做什么和如何做。如同现行系统一样，新系统需要一定的运行环境，在系统逻辑模型中，应对新系统的运行环境提出要求或设想。

新的管理信息系统运行环境包括：

(1) 硬件设备和布局包括：

系统总体结构；

单机用户/网络系统：Internet/Intranet/WAN/LAN/MAN；

网络拓扑结构。

(2) 软件系统包括：

操作系统；

数据库管理系统；

程序设计语言；

应用/工具软件系统；

(3) 机构调整和人员调整设想。

(4) 规章制度和岗位职责。

思考题

1) 系统分析的主要任务是什么？

2) 系统分析有哪几个主要步骤？

3) 系统调查的内容是什么？

4) 系统分析报告主要由哪几部分组成？

5) 管理信息系统分析为什么要对组织结构进行调查和分析？

6) 调查和分析的重点是什么？

7) 组织结构图怎么表示？以自己熟悉的部门画出其组织结构图。

8) 业务功能图用什么表示？以自己熟悉的组织画出其业务功能图。

9) 业务流程调查对系统分析的作用是什么？

10) 业务流程分析的任务和内容是什么？

11) 去图书馆借书的过程是：借书人先查图书卡片；填写借书条；交给图书管理人员；管理人员入库查书；找到后由借书人填写借书卡片；管理员核对卡片；将书交给借阅者；将借书卡内容记入计算机。试用业务流程图图例画出该业务流程图。并考虑到"找不到书"、"卡片填错"、"过期不还书"等情况的中断处理。

12) 数据流程图与业务流程图的联系和差别在何处？

13) 数据字典中是如何表示数据的层次关系的？

14) 数据字典的作用是什么？描述哪些内容？

15) 举例说明分层数据流程图的画法。

16) 业务处理分析与业务处理流程分析的关系是什么？

17) 业务处理分析的作用是什么？

18) 业务处理调查分析的内容是什么？

19) 将下面的判定表改成判定树。

学生奖励处理的判定表

条件	已修课程各门成绩比率	优≥70%	Y	Y	Y	Y	N	N	N	N	状态
		优≥50%	—	—	—	—	Y	Y	Y	Y	
		中以下≤15%	Y	Y	N	N	Y	Y	N	N	
		中以下≤20%	—	—	Y	Y	—	—	—	Y	
	团结纪律得分	优、良	Y	N	Y	N	Y	N	Y	N	
		一般	N	Y	N	Y	N	Y	N	Y	
决策方案		一等奖	X								决策规则
		二等奖		X	X		X				
		三等奖				X		X	X		
		四等奖								X	

130

6 系统设计

学习目的

- 理解系统设计阶段的主要任务；
- 明确系统设计的主要原则；
- 掌握系统设计的主要方法。

本章要点

- 代码设计；
- 数据文件设计；
- 输入输出设计；
- 流程设计；
- 新系统的物理模型。

6.1 概述

6.1.1 系统设计的原则

系统设计要符合以下原则：

(1) 系统性原则：从整个系统的角度进行考虑，系统的代码要统一，设计规范要标准，传递语言要尽可能一致，对系统的数据采集要做到数出一处、全局共享，使一次输入得到多次利用。

(2) 灵活性原则：系统应具有较好的开放性和结构的可变性，采用模块化结构，提高各模块的独立性，尽可能减少模块间的数据偶合，使各子系统间的数据依赖减至最低限度。

(3) 可靠性原则：指系统抵御外界干扰的能力及受外界干扰时的恢复能力。

一个成功的管理信息系统必须具有较高的可靠性，如安全保密性、检错及纠错能力、抗病毒能力等。

(4) 经济性原则：指在满足系统需求的前提下，尽可能减小系统的开销。一方面，在硬件投资上不能盲目追求技术上的先进，而应以满足应用需要为前提；另一方面，系统设计中应尽量避免不必要的复杂化，各模块应尽量简洁，以便缩短处理流程、减少处理费用。

6.1.2　系统设计的内容

系统设计的主要内容包括：

1) 系统总体结构设计：包括系统网络结构设计及系统模块化结构设计。

2) 代码设计：就是通过设计合适的代码，使代码形式作为数据的一个组成部分，用以代表客观存在的实体、实物和属性，以保证代码的唯一性，便于计算机处理。

3) 数据库(文件)设计：根据系统分析得到的数据关系集和数据字典，再结合系统处理流程图，就可以确定出数据文件的结构和进行数据库设计。

4) 输入/输出设计：主要是对以纪录为单位的各种输入输出报表格式的描述，另外，对人机对话各式的设计和输入输出装置的考虑也在这一步完成。

5) 处理流程设计：是通过系统处理流程图的形式，将系统对数据处理过程和数据在系统存储介质间的转换情况详细地描述出来。

6) 程序流程设计：是根据模块的功能和系统处理流程的要求，设计出程序模框图，为程序员进行程序设计提供依据。

7) 系统设计文档：即系统设计说明书等描述系统设计结果的文档。描述系统设计结果是指系统设计说明书，程序设计说明书，系统测试说明书以及各种图表等，要将他们汇集成册，交有关人员和部门审核批准。系统设计还应该包括以下内容：

(1) 系统标准化设计：指各类数据编码要符合标准化要求，对数据库(文件)命名、功能模块命名也要标准化。

(2) 拟定系统实施方案设计：指在系统设计结果在得到有关人员和部门的认可之后，拟定系统实施计划，详细地确定出实施阶段的工作内容、完成时间和具体要求。

另外，为了保证系统安全可靠地运行，还要对数据进行保密设计、可靠性设计等。

6.1.3　系统设计的步骤

(1) 系统总体设计。包括：系统总体布局方案的确定、软件系统总体结构设计、数据存储的总体设计、计算机和网络系统方案的选择。

(2) 详细设计。包括：代码设计、数据库设计、输出设计、输入设计、处理流程设计、程序流程设计。

(3) 系统实施进度与计划的制定。

(4) 系统设计说明书的编写。

6.1.4　系统设计的成果与文档内容

系统设计说明书是系统设计阶段的成果，它从系统设计的主要方面说明系统设计的指导思想、采用的技术方法和设计结果，是新系统的物理模型，也是系统实施阶段工作的主要依据。

1) 概述：系统的功能、设计目标及设计策略、项目开发者，用户，系统与其他系统或机构的联系、系统的安全和保密限制。

2) 系统设计规范：程序名、文件名及变量名的规范化、数据字典。

3) 计算机系统的配置：

(1) 硬件配置：主机，外存，终端与外设，其他辅助设备、网络形态。

(2) 软件配置：操作系统，数据库管理系统，语言，软件工具，服务程序，通信软件。

4) 系统结构：系统的模块结构图、各个模块的 IPO 图。

5) 代码设计：各类代码的类型、名称、功能、使用范式及要求等。

6) 文件(数据库)设计：

(1) 数据库总体结构：各个文件数据的逻辑关系。

(2) 文件结构设计：各类文件的数据项名称、类型及长度等。

(3) 文件存储要求：访问方法及保密处理。

7) 输入设计：各种数据输入方式的选择、输入数据的格式设计、输入数据的交验方法。

8) 输出设计：输出介质、输出内容及格式。

9) 系统安全保密性设计：关于系统安全保密性设计的相关说明。

10) 系统实施方案及说明：实施方案、进度计划、经费预算等。

6.2　系统总体结构设计

6.2.1　系统总体功能结构设计

6.2.1.1　结构化设计思想

结构化设计思想是一个发展的概念。最开始受结构化程序设计的启发而提出来的，经过众多的管理信息系统学者不断实践和归纳，现渐渐明确。图 6.1 体现了基本的结构化设计思想。

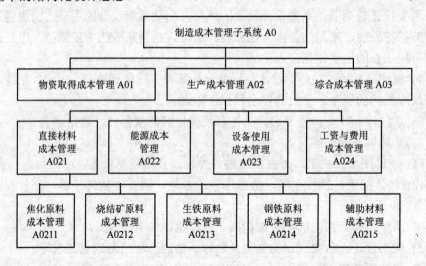

图 6.1　基本的结构化设计

结构化设计思想主要有三个要点：

(1) 系统性。就是在功能结构设计时，全面考虑各方面情况。不仅考虑重要的部分，也要兼顾考虑次重要的部分；不仅考虑当前急待开发的部分，也要兼顾考虑今后扩展部分。

(2) 自顶向下分解步骤。将系统分解为子系统，各子系统功能总和为上层系统的总的功能，再将子系统分解为功能模块，下层功能模块的实现上层的模块功能。这种从上往下进行功能分层的过程就是由抽象到具体，由复杂到简单的过程。这种步骤从上层看，容易把握整个系统的功能，不会遗漏，也不会冗余，从下层

134

看各功能容易具体实现。

（3）层次性。上面的分解是按层分解的，同一个层次是同样由抽象到具体的程度。各层具有可比性。如果有某层次各部分抽象程度相差太大，那极可能是划分不合理造成的。

6.2.1.2　模块化设计思想

把一个信息系统设计成若干模块的方法称为模块化。

其基本思想是将系统设计成由相对独立、单一功能的模块组成的结构，从而简化研制工作，防止错误蔓延，提高系统的可靠性。在这种模块结构图中，模块支点的调用关系非常明确、简单。每个模块可以单独的被理解、编写、调试、查错与修改。模块结构整体上具有较高的正确性、可理解性与可维护性。

功能模块结构图的基本符号如图 6.2 所示。图 6.3 为工资管理的模块设计。

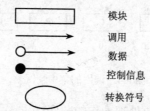

图 6.2　功能模块结构图的基本符号

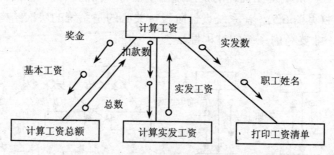

图 6.3　工资管理的模块设计

1）模块：是可以组合、分解和更换的单元，是组成系统、异于处理的基本单位。系统中的任何一个处理功能都可看成一个模块，也可以理解为用一个名字就可以调用的一段程序语句。模块应具备以下四个要素：

（1）输入和输出：模块的输入来源和输出去向都是同一个调用者，一个模块从调用者取得输入，加工后再把输出返回调用者。

（2）功能：模块把输入转换成输出所起的作用。

(3) 内部数据：仅供该模块本身引用的数据。

(4) 程序代码：用来实现模块功能的程序。

前两个要素是模块的外部特性，即反映模块的外貌。后两个要素是模块的内部结构特性。在结构化设计中，重点是是外部特性，其内部特性只做必要了解。

2) 调用：在模块结构图中，用连接两个模块的箭头表示调用。箭头总是由调用模块指向被调用模块，但是应该理解成被调用模块执行后又返回到调用模块。

一个模块是否调用一个从属模块，决定于调用模块内部的判断条件，则该调用称为模块间的判断调用，采用菱形符号表示。如果一个模块通过其内部的循环功能循环调用一个或多个从属模块，则该调用称为循环调用，用弧形箭头表示。图 6.4 为调用、判断调用和循环调用的示意图。

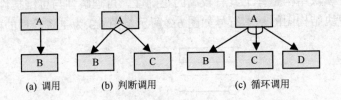

(a) 调用　　　　　(b) 判断调用　　　　　(c) 循环调用

图 6.4　调用的集中情况

一个软件系统具有过程性(处理动作的顺序)和层次性(系统的各组成部分的管辖范围)特征。模块机构图描述的是系统的层次性，而通常的"框图"描述的则是系统的过程性(见图 6.5)。在系统设计阶段，关心的是系统的层次结构；只有到了具体编程时，才要考虑系统的过程性。

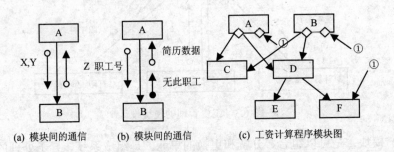

(a) 模块间的通信　　　(b) 模块间的通信　　　(c) 工资计算程序模块图

图 6.5　模块间的过程性

6.2.2　系统平台设计

管理信息系统是以计算机科学为基础的人-机系统。管理信息系统平台是管理

136

信息系统开发与应用的基础。管理信息系统平台设计包括计算机处理方式，网络结构设计，网络操作系统的选择，数据库管理系统的选择等软、硬件选择与设计工作等。

1) 按管理信息系统的目标选择系统平台：

(1) 单项业务系统：常用各类 PC，数据库管理系统作为平台。

(2) 综合业务管理系统：以计算机网络系统平台，如 Novell 网络和关系型数据库管理系统。

(3) 集成管理系统：OA、CAD、CAM、MIS、DSS 等综合而成的一个有机整体，综合性更强，规模更大，系统平台也更复杂，涉及异型机、异种网络、异种库之间的信息传递和交换。

在信息处理模式上常采用客户/服务器(Client/Server)模式或浏览器/服务器(Brower/Server)模式。

2) 计算机处理方式的选择和设计：计算机处理方式可以根据系统功能，业务处理特点，性能/价格比等因素，选择批处理、联机实时处理、联机成批处理、分布式处理等方式。在一个管理信息系统中，也可以混合使用各种方式。

3) 计算机网络系统的设计：主要包括中、小型机方案与微机网络方案的选取，网络互联结构及通信介质的选择，局域网拓扑结构的设计，网络应用模式及网络操作系统的选型，网络协议的选择，网络管理，远程用户等工作。有关内容可参考计算机网络的技术书籍。

4) 数据库管理系统的选择：原则是支持先进的处理模式，具有分布处理数据，多线索查询，优化查询数据，联机事务处理功能；具有高性能的数据处理能力；具有良好图形界面的开发工具包；具有较高的性能/价格比；具有良好的技术支持与培训。普通的数据库管理系统有 Foxpro，Clipper 和 Paradox 等。大型数据库系统有 Microsoft SQL Server，Oracle Server，Sybase SQL Server 和 Informix Server 等。

5) 软、硬件选择：根据系统需要和资源约束，进行计算机软、硬件的选择。计算机软、硬件的选择，对于管理信息系统的功能有很大的影响。大型管理信息系统软、硬件的采购可以采用招标等方式进行。

硬件的选择原则是：

(1) 选择技术上成熟可靠的标准系列机型。

(2) 处理速度快。

(3) 数据存储容量大。

(4) 具有良好的兼容性、可扩充性与可维修性。

(5) 有良好的性能/价格比。

(6) 厂家或供应商的技术服务与售后服务好。

(7) 操作方便。

(8) 在一定时间保持一定的先进性的硬件。

软件的选择内容包括：

(1) 操作系统。

(2) 数据库管理系统。

(3) 汉字系统。

(4) 设计语言和应用软件包等。

随着计算机科学与技术的飞速发展，计算机软、硬件的升级与更新速度也很快。新系统的建设应当尽量避免先买设备，在进行系统设计的情况。

6.3　代码设计

6.3.1　代码及其功能

代码(Code)是人为确定的代表客观事物(实体)名称、属性或状态的符号或者是这些符号的组合。

在系统开发过程中设计代码作用是：

(1) 唯一化：在现实世界中有很多东西如果我们不加标识是无法区分的，这时机器处理就十分困难。所以能否将原来不能确定的东西，唯一地加以标识是编制代码的首要任务。例如，最简单、最常见的代码就是职工编号。在人事档案管理中我们不难发现，人的姓名不管在一个多么小的单位里都很难避免重名。为了避免二义性，唯一地标识每一个人，因此编制了职工代码。

(2) 规范化：唯一化虽是代码设计的首要任务。但如果我们仅仅为了唯一化来编制代码，那么代码编出来后可能是杂乱无章的，使人无法辨认，而且使用起来也不方便。所以我们在唯一化的前提下还要强调编码的规范化。例如，财政部关于会计科目编码的规定，以"1"开头的表示资产类科目；以"2"表示负债类科目；"3"表示权益类科目；"4"表示成本类科目等。

(3) 系统化：系统所用代码应尽量标准化。在实际工作中，一般企业所用大部分编码都有国家或行业标准。例如，在产成品和商品中各行业都有其标准分类方法，所有企业必须执行。另外一些需要企业自行编码的内容，例如生产任务码、生产工艺码、零部件码等，都应该参照其他标准化分类和编码的形式来进行。

6.3.2　代码的设计方法

目前最常用的分类方法概括起来有两种：一种是线分类方法；另一种是面分类方法。在实际应用中根据具体情况各有其不同的用途。

6.3.2.1　线分类方法

线分类方法是目前用得最多的一种方法，尤其是在手工处理的情况下它几乎成了唯一的方法。

线分类方法的主要出发点是：首先给定母项，母项下分若干子项，由对象的母项分大集合，由大集合确定小集合……，最后落实到具体对象。

线分类划分时要掌握两个原则：唯一性和不交叉性。

线分类法的优点：结构清晰，容易识别和记忆，容易进行有规律的查找；与传统方法相似，对手工系统有较好的适应性。

线分类法的主要缺点是结构不灵活，柔性较差。

例如，分类的结果造成了一层套一层的线性关系，如图 6.6 所示。

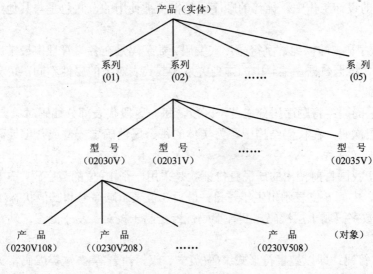

图 6.6　线分类法

6.3.2.2　面分类方法

与线分类法不同，面分类方法主要从面角度来考虑分类。

139

面分类方法的优点是：柔性好，面的增加、删除、修改都很容易。可实现按任意组配面的信息检索，对机器处理有良好的适应性。

面分类方法的缺点是不易直观识别，不便于记忆。

例如，代码 3212 表示材料为钢的Φ1.0mm 圆头的镀铬螺钉。面分类法的关系如表 6.1 所示。

表 6.1　面分类法

材料	螺钉直径	螺钉头形状	表面处理
不锈钢	Ø0.5	圆头	未处理
黄钢	Ø1.0	平头	镀铬
钢	Ø1.5	六角形状	镀锌
		方形头	上漆

6.3.3　代码的种类

1) 顺序码：以某种顺序形式编码。例如，各种票据的编号，都是顺序码。但信息系统的设计工作中，纯粹的顺序码是很少被使用的，它总是与其他形式结合使用。

2) 数字码：即以纯数字符号形式编码。数字码是在各类管理中最常用的一类编码形式。根据数据在编码中的排列关系，或代表对象的属性不同，可分为区间码和层次码。

(1) 区间码：将顺序码分成若干区段，每一区段代表部分编码对象。

(2) 层次码：在代码结构中，为实体的每个属性确定一位或几位编码，并排成一定的层次关系。

例如，我国目前使用的居民身份证就是采用一个 15 位的数字码，前 6 位表示地区编码，中间 6 位表示出生年月日，最后 3 位表示顺序号和其他状态(性别等)。

这种数字码属于层次码，其种编码优点是易于校对，易于处理，缺点是不便记忆。

3) 字符码：即以纯字符形式编码(英文、汉语拼音等)。这类编码常见的有我们在程序设计中的字段名、变量名编码。

例如，在开发一个成本管理信息系统时，在数据库设计时，所有的表名均以 C-开始，视图名用 C-V-开始。例如，产生各种材料汇总的视图：材料成本表 C-CLCB，C-V-CLHZ。

这就是一个典型的纯字符码。这种编码优点是可辅助记忆，缺点是校对不易，不易反映分类的结构。

4) 混合码：即以数字和字符混合形式编码。混合码是在各类管理中最常用的另一类编码形式。这种编码的优点是易于识别，易于表现对象的系列性，缺点是不易校对。

例如，GB××××表示国际标准的某类编码，IEEE802·X 表示某类网络协议标准名称的编码。所有的汽车牌照编号，都是混合码。

6.3.4 代码的校验

1) 录入代码时可能出现的错误：

(1) 识别错误：1 和 7，0 和 O，Z 和 2，D 和 O，S 和 5，等等。

(2) 易位错误：12345 和 13245，等等。

(3) 双易位错误：12345 和 13254，等等。

(4) 随机错误：上述两种或两种以上的错误出现。

2) 避免代码录入出现错误的办法：

(1) 在设计好的代码后，再增加一位，作为代码的组成部分。

(2) 增加的一位，即为校验位。使用中，没有特别性。

例如，×××××——设计好的代码共 5 位。

××××××——增加校验位后共 6 位，使用时，需用 6 位××××××。

使用时，应录入包括校验位在内的完整代码，代码进入系统后，系统将取该代码校验位前的各位，按照确定代码校验位的算法进行计算，并与录入代码的最后一位(校验位)进行比较，如果相等，则录入代码正确，否则录入代码错误，进行重新录入。

3) 校验位的确定步骤

设有一组代码为：$C_1 C_2 C_3 C_4 \cdots C_i$

第一步：为设计好的代码的每一位 C_i 确定一个权数 P_i(权数可为算术级数、几何级数或质数)。

第二步：求代码每一位 C_i 与其对应的权数 P_i 的成绩之和 S：

$S = C_1 \times P_1 + C_2 \times P_2 + \cdots + C_i \times P_i$ $(i=1, 2, \cdots, n)$

$$= \sum_{i=1}^{n} C_i * P_i \quad (i=1, 2, \cdots, n)。$$

第三步：确定模 M。

第四步：取余 $R = SMOD(M)$。

第五步：*校验位 $C_i+1=R$*。

最终代码为：$C_1C_2C_3C_4 \cdots C_iC_i+1$。

使用时：$C_1C_2C_3C_4 \cdots C_iC_i+1$。

例如，校验位的确定。原设计的一组代码为五位，如 32456，确定权数分别为 7、6、5、4、3，求代码每一位 C_i 与其对应的权数 P_i 的成绩之和 S：

$$S=C_1 \times P_1+C_2 \times P_2+ \cdots +C_i \times P_i \quad (i=1, 2, \cdots, n)$$
$$=3 \times 7+2 \times 6+4 \times 5+5 \times 4+6 \times 3=21+12+20+20+18=91。$$

确定模 M，$M=11$

取余 R，$R=SMOD(M)=91MOD(11)=3$。

校验位 $C_i+1=R=3$。

最终代码为：$C_1C_2C_3C_4 \cdots C_iC_i+1$，即 324563。

使用时为：324563。

该组代码中的其他代码按此算法，分别求得校验位，构成新的代码。

6.4 数据库(文件)设计

6.4.1 文件设计

文件设计就是根据文件的使用要求、处理方式、存储量、数据的活动性以及硬件设备的条件等，合理地确定文件类别，选择文件介质，决定文件的组织方式和存取方法。

6.4.1.1 文件的分类

根据文件的使用情况可将文件分为如下六种：

(1) 主文件：是长期保存的主要文件，用以存储重要的数据。在业务处理中，要对文件经常进行调用和更新。主文件分为静态文件和动态文件两种。静态文件包含的是相对来说变化不大的数据记录。例如，顾客文件的顾客号、顾客姓名、地址、电话、账号等都具有相对稳定性。动态文件包含的记录将随着业务的发生而不断修改和更新。例如，库存文件、销售账文件、图书馆的借阅文件等。为了减少不同文件的数据冗余和文件处理工作量，常将两者结合在一起。例如，借阅文件中，既包括读者的固定信息，也包括了读者借阅情况的变化。

(2) 业务文件：是在业务处理过程中，临时存储数据用的文件。这种文件实时记载业务过程中的数据发生的变化，是流水账形式的顺序文件。此种文件用于统一更新主文件或转换成其他文件，保存期较短。例如，用出入库流水账文件一次更新库存文件。

(3) 输入文件：输出文件将需要输入的大量数据线建立的数据文件，经校验后一次输入，进行处理，这种文件多用于批处理。

(4) 输出文件：是在处理过程中输出的结果文件，它可以是打印文件或其他形式的文件。

(5) 工作文件：是在处理过程中暂时使用的中间文件，例如排序过程中建立的排序中间文件等，处理结束后文件即可删除。

(6) 转存文件：是用于存储在一定恢复点上的系统部分状态的拷贝文件。它可能是一个正在更新过程中的文件，一组正在处理的业务或一个运行错误的程序。转存文件主要为了安全的目的。

6.4.1.2 文件设计的步骤

第一步，了解已有的或可提供的计算机系统功能。如：系统的外存配置是磁盘、磁带还是光碟，设备的数量、功能和容量是多少等。系统的计算机功能设计应考虑到文件的组织方式和存数方式，以及多终端操作的可能性。

第二步，确定文件设计的基本指标。通常，一个新系统的文件有以下七种指标：

(1) 与其他文件的接口：搞清有关文件之间的相互关系及数据项的协调。

(2) 文件的数据量：根据文件用途和记录长度，且从将来的需要考虑，估算文件的数据量(记录数)。

(3) 文件的逻辑结构：根据需要确定文件记录的长度，逻辑结构的组成以及各数据项的描述。

(4) 文件的处理方式：由用途决定文件的处理方式，可以是批处理、实时处理或混合方式等。

(5) 文件的使用率：估算文件记录的实际使用频率。

(6) 文件的存取时间：根据业务处理的需要，对文件存取时间提出的不同要求。

(7) 文件的保密：用户对文件机密程度的要求。

第三步，确定合适的文件组织方式、存取方式和介质。文件的组织方式、存取方法和机制的确定，应该考虑文件用途和使用频率等情况。通过以上各种因素的综合考虑和分析研究后，确定较为合适的文件组织及存取方式，且对介质的需要作初步计算。

第四步，编写文件设计说明书。

文件设计说明书是实施阶段建立文件的根据，具体包括：

(1) 文件的组织方式、存取方法和存储介质等的选择和确定根据。

(2) 文件用途、适用范围、处理方式、使用要求、存取时间和更新要求等。

(3) 文件数据量和存储介质需要量的初步估算。

(4) 文件保密要求及有关安全措施。

(5) 对于文件数据的收集、整理和格式要求的说明。

(6) 对于建立和更新文件所需要的程序先行说明及提出要求。

(7) 对于建立文件的注意事项及其他需要说明的内容。

6.4.2 数据库设计

数据库设计是在选定的数据库管理系统基础上建立数据库的过程。

数据库设计除用户需求分析外，还包括概念结构设计、逻辑结构设计和物理结构设计等三个阶段。

由于数据库系统已形成一门独立的学科，所以，当我们把数据库设计原理应用到 MIS 开发中时，数据库设计的几个步骤就与系统开发的各个阶段相对应，且融为一体，它们的对应关系如图 6.7 所示。

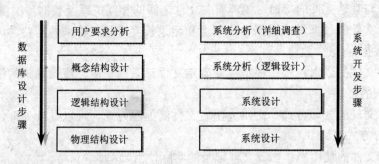

图 6.7　数据库设计与系统开发设计

6.4.2.1　数据库的概念结构设计

概念结构设计应在系统分析阶段进行。任务是根据用户需求设计数据库的概念数据模型(简称概念模型)。概念模型是从用户角度看到的数据库，它可用 E-R(实体-联系)模型表示。

144

6.4.2.2 数据库的逻辑结构设计

逻辑结构设计是将概念结构设计阶段完成的概念模型转换成能被选定的数据库管理系统(DBMS)支持的数据模型。数据模型可以由实体联系模型转换而来。

E-R 模型转换为关系数据模型的规则是：

(1) 每一实体集对应于一个关系模式，实体名作为关系名，实体的属性作为对应关系的属性。

(2) 实体间的联系一般对应一个关系，联系名作为对应的关系名，不带有属性的联系可以去掉。

(3) 实体和联系中关键字对应的属性在关系模式中仍作为关键字。

概念结构的转换举例如图 6.8 所示。

根据这些规则，下面的实体和联系就很容易转换成了上述对应的关系数据模型：

供方单位(单位号、单位名、地址、联系人、邮政编码)；

物资(代码、名称、规格、备注)；

库存(入库号、日期、货位、数量)；

合同(合同号、数量、金额、备注)；

结算(编号、用途、金额、经手人)；

购进(入库号、编号、数量、金额)；

付款(编号、合同号、数量、金额)；

订货(代码、单位号、合同号、数量、单价)。

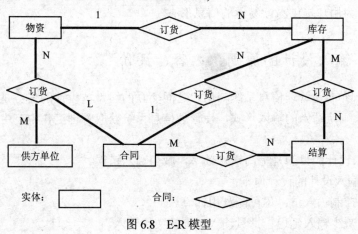

图 6.8　E-R 模型

6.4.2.3 数据库的物理结构设计

物理结构设计是为数据模型在设备上选定合适的存储结构和存取方法,以获得数据库的最佳存取效率。物理结构设计的主要内容包括:

(1) 库文件的组织形式:如选用顺序文件组织形式、索引文件组织形式等。

(2) 存储介质的分配:例如将易变的、存取频繁的数据存放在高速存储器上;稳定的、存取频度小的数据存放在低速存储器上。

(3) 存取路径的选择等。

6.5 输入输出设计

6.5.1 输入输出设计的意义

输入输出设计是管理信息系统与用户的界面,一般而言,输入输出设计对于系统开发人员并不重要,但对用户来说,却显得尤为重要。

(1) 它是一个组织系统形象(Cooperation Identify System, CIS)的具体体现。

(2) 它能够为用户建立良好的工作环境,激发用户努力学习、主动工作的热情。

(3) 符合用户习惯,方便用户操作,使目标系统易于为用户所接受。

(4) 为用户提供易读易懂的信息形态。

6.5.2 输入设计的原则、内容、评价

输入界面是管理信息系统与用户之间交互的纽带,设计的任务是根据具体业务要求,确定适当的输入形式,使管理信息系统获取管理工作中产生的正确的信息。

输入设计的目的是提高输入效率,减少输入错误。

1) 输入设计的设计原则:

(1) 控制输入量;尽可能利用计算。

(2) 减少输入延迟;批量输入、周转文件输入。

(3) 减少输入错误;采用多种校验方法和验证技术。

(4) 避免额外步骤。

(5) 简化输入过程。

2) 输入设计的内容一般包括：

(1) 输入界面设计：根据具体业务要求确定。

(2) 输入设备选择。输入设计首先要确定输入设备的类型和输入介质，目前常用的输入设备有以下几种：

① 键盘、磁盘输入装置。由数据录入员通过工作站录入，经拼写检查和可靠性验证后存入磁记录介质(如磁带、磁盘等)。这种方法成本低、速度快，易于携带，适用于大量数据输入。

② 光电阅读器。采用光笔读入光学标记条形码或用扫描仪录入纸上文字。光符号读入器适用于自选商场、借书等少量数据录入的场合。而纸上文字的扫描录入读错率较高。另外，收、发料单，记账凭证若通过扫描之后难于存入对应的表。

③ 终端输入。终端一般是一台联网微机，操作人员直接通过键盘键入数据，终端可以在线方式与主机联系，并及时返回处理结果。

④ 其他输入设备等。

3) 输入数据正确性校验：在输入时校对方式的设计非常重要的。特别是针对数字、金额数等字段，没有适当的校对措施作保证是很危险的。所以对一些重要的报表，输入设计一定要考虑适当的校对措施，以减少出错的可能性。但应指出的是绝对保证不出错的校对方式是没有的。

常用校对方式有：

(1) 人工校对：即录入数据后再显示或打印出来，由人来进行校对。这种方法对于少量的数据或控制字符输入还可以，但对于大批量的数据输入就显得太麻烦，效率太低。这种方式在实际系统中很少有人使用。

(2) 二次键入校对：是指一种同一批数据两次键入系统的方法。输入后系统内部再比较这两批数据，如果完全一致则可认为输入正确；反之，则将不同部分显示出来有针对性地由人来进行校对。它是目前数据录入中心、信息中心录入数据时常用的方法。该方法最大的好处是方便、快捷，而且可以用于任何类型的数据符号。尽管该方法中二次键入在同一个地方出错，并且错误一致的可能性是存在的，但是这种可能性出现的概率极小。

(3) 根据输入数据之间的逻辑关系校对：利用会计恒等式，对输入的记账凭证进行借贷平衡的检验。输入物资的收、发料单，产品的入库、出库单，均可采用先输入单子上的总计，然后逐项输入，计算机将逐项输入累计，用累计值与合计值比较，达到校对目的。

(4) 用程序设计实现校对：对接受数据字段，若在数据库设计时已知取值区间(可允许取值的上、下限)或取值集(例如性别的取值集为男或女，产品的取值集为该单位所有产品集合，……)，可通过设置取值区间检验，或利用输入数据表的外键(取值集所在表的主键)进行一致性检验，对输入日期型数据，一定要进行合法性和时效性检验。

4) 输入设计的评价：

(1) 输入界面是否明晰、美观、大方。

(2) 是否便于填写，符合工作习惯。

(3) 是否便于操作。

(4) 是否有保证输入数据正确性的校验措施。

6.5.3 输出设计的内容、方法、评价

输出设计的任务是使管理信息系统输出满足用户需求的信息。

输出设计的目的是为了正确及时反映和组成用于管理各部门需要的信息。信息能够满足用户需要，直接关系到系统的使用效果和系统的成功与否。

1) 输出设计的内容：

(1) 输出信息使用情况：信息的使用者、使用目的、信息量、输出周期、有效期、保管方法和输出份数。

(2) 输出信息内容：输出项目、精度、信息形式(文字、数字)。

(3) 输出格式：表格、报告、图形等。

(4) 输出设备和介质：设备如打印机、显示器等；介质如磁盘、磁带、纸张(普通、专用)等。

2) 输出设计的方法：在系统设计阶段，设计人员应给出系统输出的说明，这个说明既是将来编程人员在软件开发中进行实际输出设计的依据，也是用户评价系统实用性的依据。因此，设计人员要能选择合适的输出方法，并以清楚的方式表达出来。

输出主要有以下几种：

(1) 表格信息：一般而言，表格信息是系统对各管理层的输出，以表格的形式提供给信息使用者，一般用来表示详细的信息。

(2) 图形信息：管理信息系统用到的图形信息主要有直方图、圆饼图、曲线图、地图等。图形信息在表示事物的趋势、多方面的比较等方面有较大的优势，在进行各种类比分析中，起着数据报表所起不到的显著作用。表示方式直观，常为决策用户所喜爱。

(3) 图标：也用来表示数据间的比例关系和比较情况。由于图标易于辨认，无需过多解释，在信息系统中的应用也日益广泛。

3) 输出设计评价：

(1) 能否为用户提供及时、准确、全面的信息服务。

(2) 是否便于阅读和理解，符合用户的习惯。

(3) 是否充分考虑和利用了输出设备的功能。

(4) 是否为今后的发展预留一定的余地。

6.5.4 菜单设计

菜单是系统整体功能结构的具体体现，菜单的形式可以多种多样，但应使得用户能够用尽可能少的操作找到所需要的功能，同时功能描述上应明确无误。

6.6 处理流程设计

6.6.1 处理流程设计的任务

处理流程设计的任务是：设计出所有模块和他们之间的相互关系(即联结方式)，并具体地设计出每个模块内部的功能和处理过程，为程序员提供详细的技术资料。

6.6.2 处理流程设计的工具

6.6.2.1 IPO 图

IPO(Input-Process-Output)图就是用来表述每个模块的输入，输出和数据加工的重要工具。

IPO 图是由 IBM 公司发起并逐渐完善起来的一种工具。在由系统分析阶段产生数据流图，经转换和优化形成系统模块结构图的过程中，产生大量的模块，开发者应为每个模块写一份说明。常用系统的 IPO 图的结构如图 6.9 所示。

IPO 图的主体是处理过程说明。为简明准确地描述模块的执行细节，可以采用上一章介绍的判定树/判定表，以及下面将要介绍的问题分析图、控制流程图及过程设计语言等工具进行描述。

IPO 图中的输入/输出来源或终止与相关模块、文件及系统外部项，并需在数据字典中描述。局部数据项是指本模块内部使用的数据，与系统的其他部分无关，仅有本模块定义、存储和使用。注释是对本模块有关问题做必要的说明。

IPO 图是系统设计中一种重要的文档资料。

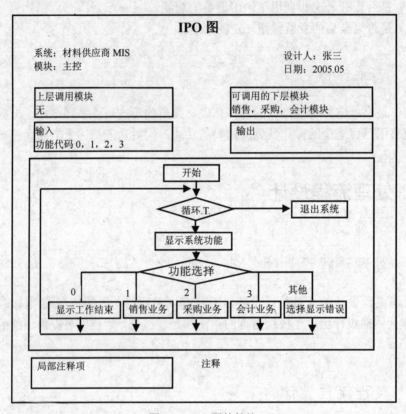

图 6.9　IPO 图的结构

6.6.2.2　控制流程图

控制流程图(Flow Chart，FC)又称框图，是经常使用的程序细节描述工具。框图包括三种基本成分，如图 6.10 所示。

图 6.10　框图的基本成分

框图的特点是清晰易懂，便于初学者掌握。

在结构化程序设计出现之前，框图一直可用箭头实现向程序任何位置的转移

(即 GOTO 语句)，往往不能引导设计人员用结构化方法进行详细设计。箭头的使用不当，会使框图非常难懂，而且无法维护。因此框图的使用有减少的趋势。

6.6.2.3　问题分析图

问题分析图(Problem Analysis Diagram，PAD)由日立公司于 1979 年提出，是一种支持结构化程序设计的图形工具，可取代前述的控制流程图。

问题分析图仅仅具有顺序、选择、和循环三种基本成分，如图 6.11 所示，正好与结构化程序设计中的基本成分相对应。

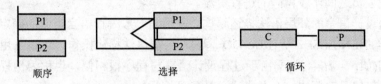

图 6.11　PAD 的基本组成

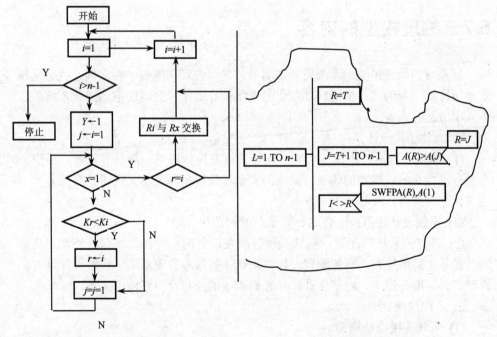

选择排序问题的控制流程图　　　　　　　选择排序问题的分析流程图

图 6.12　排序的控制流程图和问题分解图

图 6.12 为排序的控制流程图和问题分解图，分别表示将 n 个数从大到小排序

151

的过程。问题分析图的独到之处在于：以问题分析图为基础，按照一个机械的变换规则就可编写计算机程序。问题分析图有着逻辑结构清晰，图形化标准化与人们所熟悉的控制流程图比较相似等优点。更重要的是，它引导设计者使用结构化程序设计方法，从而提高程序的质量。

6.6.2.4　过程设计语言

过程设计语言(PDL，Process Design Language)是一个笼统的名字，有许多种不同的过程设计语言。过程设计语言用于描述模块中算法和加工的具体细节，以便在开发人员之间比较精确的进行交流。

过程设计语言的外层语法描述结构，采用与一般编程语言类似的确定的关键字(如 IF-THEN-ELSE，WHIEL-DO，等)，内层语法描述操作，可以采用人类的自然语句(如：英语、汉语)由于过程设计语言与程序很相似，也称为伪程序或伪码。但它仅仅是对算法的一种描述，是不可执行的。

6.7　物理模型的内容

新系统的物理模型即系统设计说明书，是系统设计的成果性文档，也是系统实施阶段的主要的工作依据。规范化的系统设计说明应完整的描述出新系统的以下六个方面的内容：

1) 总体结构设计：

(1) 概述：包括：系统的功能，设计目标及设计策略；项目开发者、用户，系统与其他系统或机构的联系；系统的安全和保密限制及相关说明；实施方案、进度计划、经费预算等。

(2) 系统设计规范：文件名、变量名的规范化。

(3) 计算机系统的配置：包括：硬件配置：主机、外存、终端与外设、其他辅助设备、网络形态；软件配置：操作系统、数据库管理系统、程序设计语言、软件工具、服务程序、通信软件；计算机系统的分布及网络协议文本。

2) 功能模块划分：

(1) 系统的模块结构图。

(2) 各个模块的 IPO 图。

3) 代码设计内容：包括代码设计方法选择、代码的类型、名称、功能、适用范围及要求等。

4) 数据库(文件)设计：

152

(1) 数据库总体结构设计：各文件数据间的逻辑联系。

(2) 文件结构设计：各类文件的数据项名称、类型、长度、限制、说明等。

(3) 文件存储设计：要求、访问方法及保密处理。

5) 输入输出设计内容：

(1) 输出设计：输出介质；输出的内容、形态及格式。

(2) 输入设计：各种数据输入方式的选择；输入数据格式的设计；输入数据的校验方法。

(3) 菜单设计：菜单系统结构。

6) 系统处理流程设计：包括系统处理 IPO 图及管理模型的应用。

思考题

1) 系统设计的内容及一般步骤是什么？

2) 系统设计最后成果用什么形式表示？包括哪些内容？

3) 用自己熟悉的事件，举例说明什么是线分类和面分类方法。

4) 试述我国身份证号中代码的意义。它属于哪种代码？有何优点？

5) 用几何级数设计代码校验方案如下：源代码 4 位，从左到右取权数。16、8、4、2，对乘积和以 11 为模取余数作为校验码。试问原代码为 6137 的校验码应该是多少？

6) 若主要设备利用率很低，如何解决？

7) 输入输出设计中如何考虑提高人的效率，方便使用者？

8) 可能用哪些方法校验输入数据中的错误，效率如何？

9) E-R 图设计主要解决什么问题？

10) 试述规范化处理的步骤。

11) 如何处理规范化与效率关系？

12) 处理流程设计要考虑哪几个方面的问题？

13) 处理流程设计要达到的目标是什么？

14) 层次结构图(H 图)与功能结构图的关系是什么？

15) 功能模块图(IPO 图)与处理过程分析的关系是什么？

7 系统实施与管理

学习目的

- 掌握程序设计的主要方法；
- 掌握系统测试的基本方法；
- 了解系统评价的方法及评价报告的撰写。

本章要点

- 物理系统的实施；
- 程序设计的目标和方法；
- 常用的编程语言；
- 系统调试的意义、原则、方法及主要步骤。

7.1 系统实施概述

系统实施是系统开发的最后一个阶段。所谓系统实施即是将系统设计阶段的结果在计算机上实现，并应用到实际管理工作之中的过程。即，将纸面上的、类似于设计图式的新的管理信息系统方案(物理模型)转成可以实际运行的管理信息系统系统软件，并应用到实际管理工作之中。

系统实施阶段的主要任务是：按总的设计方案购置和安装计算机及网络系统；建立数据库系统；编程与调试；整理基础数据；培训操作人员；系统切换和试运行。

本阶段需要大量的人力、物力，占用时间较长，必须在用户的支持下，做好系统的组织管理工作。在系统转换期间，还要进行人员的培训，安排好旧系统向新系统的顺利过渡。

系统硬件环境的建立包括选型、论证、购置、安装各种硬件设备和系统支持软件，以及系统调试运行。

编程或编码指按照详细设计阶段产生的程序设计说明书，用选定的程序设计语言书写源程序。

测试是指运用测试技术与方法，通过模块测试、组装测试、确认测试、系统测试和验收测试几个步骤，发现和排除系统可能的错误，保证系统质量可靠性。

系统转换指以新开发的系统替换旧的系统的选择。

在前面进行的系统分析和系统设计，还没有对企业产生事实影响，而进入系统实施阶段，开发工作开始产生效益，而且，系统实施对企业的现状产生重大的影响。系统实施的效果受企业各方面因素的影响，或者说，受企业各方面因素的严重制约。管理信息系统能否开发成功，取决于是否顺利实施。有的企业设计出管理信息系统方案但一直没有实施，主要担心实施工作会对企业现有的正常业务带来严重冲击，企业可能最终不能安全过渡实施过程，新系统没有建立起来，老系统撤掉了，企业无法正常处理日常业务。尤其是购买的现成管理信息系统，实施失败导致企业经营水平严重下降甚至破产的事件也有报道。

对于企业的领导和系统项目的开发人员来说，应对影响实施的企业方面的因素了解清楚，根据这些因素，制定可行的实施方案，保证系统正常实施。

7.2　物理系统实施

管理信息系统物理系统的实施是计算机系统和通信网络系统设备的订购、机房的准备和设备的安装调试等一系列活动的总和。

7.2.1　系统硬件平台的实施

7.2.1.1　计算机系统的实施

在这一阶段，系统环境配置方案的实现要进行设备的购置、安装、连接与调试，软件安装及系统环境调试。机房的准备和设备的安装调试。设备的购置应放在系统实施阶段，而不要放在系统规划或分析设计阶段，以免因方案的变动而造成资源浪费。

软件编码时间可能较长，可以先建立一个小型的开发环境，全部系统的设备的购置安装应在全部软件设计完后进行，进一步节约资金。由于信息硬件产品更新换代非常快，计算机产品每 18 个月速度提高一倍，而价格下降近一倍，越晚购置越节省资金。

采购计算机设备一般要采购有品质保障的品牌机。高可靠性环境要采用商用机，商用机的价格要比一般机器要高，但性能好，可靠性高。

管理信息系统常用的计算机类型分为微型计算机与服务器，有的还包括大型机、工作站、POS 机、手持数据终端等。一般说的计算机是指微型计算机系统。POS 机、手持数据终端是专用的微型计算机。管理信息系统使用的计算机包括一种或多种计算机类型。

目前微型计算机性能已超过以前的大型机，作为终端，采用微型计算机性能完全足够。一般的配置即可，没有必要高配置，除非需要特殊图形的处理。

采购计算机一般考虑的指标包括：CPU 速度、内存容量、硬盘容量、显卡类型、显存大小。

除外，还要配备不间断供电设备(UPS)。当交流电中断时，UPS 可以自动用电池继续向主机供电，这样能保证系统操作人员有足够的时间进行备份、正常关机，不致造成信息丢失。当来电时，UPS 自动切换为市电向主机供电，并向电池充电。UPS 的关键参数是不间断供电时间和功率。服务器必须配置 UPS，客户端根据需要选择是否配置 UPS。

7.2.1.2　网络系统的实施

通信线路把各种计算机设备、网络设备连接起来组成网络系统。局域网一般由传输介质、网络通信设备、网络服务器、客户端计算机系统和网络协议软件等组成，采用总线、星形和环形拓扑结构，传输介质用双绞线、同轴电线和光纤。

局域网的主要网络通信设备有网卡、集线器、交换机和路由器等。

常用的通信线路有双绞线、同轴电缆、光纤电缆、微波和卫星通信等。

企业建立了局域网以后，根据要求，需要把局域网接入广域网，以实现跨地区的处理。常用的互联网接入方式有拨号接入和专线接入等。

计算机硬件配置，应当与计算机技术发展的趋势相一致，硬件选型要考虑兼容性、升级和维护方便的要求。

7.2.2　系统软件平台的实施

建立了硬件环境，还必须建立适合系统运行的软件环境，包括购置系统软件、系统开发软件和应用支持软件。

系统软件包括操作系统、数据库管理系统、程序设计语言处理系统等。系统开发软件根据需要，采购 Visual Basic、PowerBuilder、Visual C++等软件开发包。有时需要购买商品化软件模块，如 MAPX 组件。在购买这些软件前应先了解其功能、使用范围、接口及运行环境等。

数据库系统实施包括购买商品化数据库管理系统及建立起所要求的数据库。因为数据库系统涉及硬件与软件，所以数据库系统的确定要与硬件和软件综合考虑。购买数据库商品软件可与硬件购置同步进行。建立数据库时，当数据与数据流程分析进行得比较规范而且开发者对数据技术比较熟悉时，可以迅速地建立起数据库(不包括数据输入)。

软件应选择主流软件产品，为提高系统的可扩展性奠定基础。尤其要有完好的售后服务的软件。

7.3　程序设计

7.3.1　程序设计的目标

随着计算机产业的发展，硬件的价格不断下降，而软件则越来越复杂，费用呈上升趋势。因此，对程序设计的要求也相应地发生了变化。小型程序设计强调程序的正确和效率，而大型程序则首先考虑程序的可维护性、可靠性和可理解性，然后才是效率。

(1) 可维护性：信息系统的需求是不断变化的，系统分析阶段分析和确定了组织目前的信息需求以及估计了未来一段时期内的信息需求。但是未来系统信息需求会随着环境的变化而变化，相应地，系统功能必须不断地完善和调整。因此，在系统实施过程中，要不断地对程序进行补充或修改，进行系统维护和数据管理。另外，计算机软硬件的更新换代也促使应用软件和应用程序做相应的升级。MIS的寿命一般是3～10年的时间，软件系统和程序的维护工作量相当大。一个不易维护的软件系统或程序，用不了多久就会因为不能满足应用需要而被淘汰，因此，可维护性是对程序设计工作的一种重要的要求。

(2) 可靠性：程序应具有较好的容错能力，不仅正常情况下能正确工作，而且在意外情况下应便于处理，不致产生意外的操作，从而造成严重损失。

(3) 可理解性：程序不仅要求逻辑正确，计算机能够执行，而且应当层次清楚，可读性好。这是因为程序的维护工作量很大，程序维护人员经常要维护他人编写的程序，一个不易理解的程序将会给程序维护工作带来困难。因此，有必要在程序中加入简明扼要的程序功能与变量说明。

(4) 效率：包括程序效率和人工效率。程序效率是指程序能否有效地利用计算机资源。由于硬件的性能价格比不断地提高，程序效率即软件效率已在很大的程度上由计算机硬件性能及效率来实现。相反，程序设计人员的工作效率则日益显得更重要，因为人工成本相对提高。改进人工效率不仅能降低软件开发成本，而且可明显降低程序的出错率，进而减轻维护人员的工作负担。程序效率与可维护性、可理解性通常是矛盾的。在实际编程过程中，宁可占用更多的系统资源来尽量提高系统的可理解性和可维护性。片面地追求程序的运行效率反而不利于程序设计质量的全面提高。应充分利用各种软件开发工具，如 MIS 生成器等来提高程序设计效率。

(5) 实用性：一般从用户的角度来审查，它是指系统各部分是否都非常方便实用。它是系统今后能否投入实际运行的重要保证。

7.3.2　程序设计方法

应用软件的编程工作量大，而且要经常维护、修改。应该遵循正确的规律，利用工程化的方法进行软件开发，通过建立软件工程环境来提高软件开发效率。

7.3.2.1　结构化程序设计方法

1) 模块结构化设计方法：

(1) 自顶向下，逐层分解。自顶向下逐层分解是指先设计调试顶层模块及各个接口；然后逐层向下，层层展开；最后设计调试最底层模块，如图 7.1 所示。在实现上层模块时，下层未实现的模块作为"黑箱模块"出现，只保留模块的名称、输入/输出参数，其具体的代码实现先留着，集中精力实现上层模块，快速设计出系统的框架，用户可先看到系统外形轮廓，从整体上了解系统的功能。

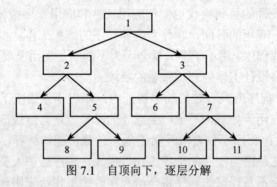

图 7.1　自顶向下，逐层分解

(2) 自底向上，逐层合并。自底向上逐层合并是指先实现下层模块，然后逐层向上，层层合并，实现上层模块。从当前层到最底层已完全实现。这样可能每个模块单独调试都能通过，但系统的联调通不过。原因是系统的整体结构和接口出现问题，如图 7.2 所示。

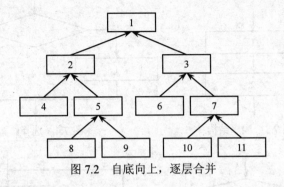

图 7.2　自底向上，逐层合并

在模块化程序设计中应注意：

① 模块应相互独立，减少模块间的耦合，即信息交互。以便于将模块作为一个独立子系统。

② 模块大小和模块中包含的子模块数要合适，既便于模块的单独开发，又便于系统重构。

③ 模块功能要简单，底层模块一般应完成一项独立的处理任务。

④ 共享模块应集中，应集中可供各模块共享的处理功能在一个上层模块，供各模块引用。

⑤ 实际开发时，两种思路可结合进行。

2) 结构化程序设计方法：模块化方法描述了大程序设计的原则，在具体编程中，则应采用结构化程序设计方法。结构化程序设计方法起源于 20 世纪 70 年代，有助于解决由程序中的不同过程的控制和数据传输引起的波动效应问题：某程序中的第一个错误会在程序的其他部分引发第二个错误，第二个错误又会引发第三个错误，以此类推。结构化程序设计采用以下三种基本逻辑结构来控制不同的处理过程：

(1) 顺序结构：是一种线性有序的结构，由一系列依次执行的语句或模块构成，如图 7.3 所示。

(2) 循环结构：是由一个或几个模块构成，程序运行时重复执行，直到满足某一条件为止，如图 7.4 所示。

(3) 选择结构：是根据条件成立与否选择程序执行路径的结构，如图 7.5 所示。

在 20 世纪 70 年代后期，一种称为结构化预排的组织策略为程序设计人员提供了仔细审核工作的机会。采用这种方法和策略，许多错误在系统分析和系统设计阶段就会被发现，预排参与者提出的意见是中肯的而非责难的，可以改进工作质量，加快系统开发进度。

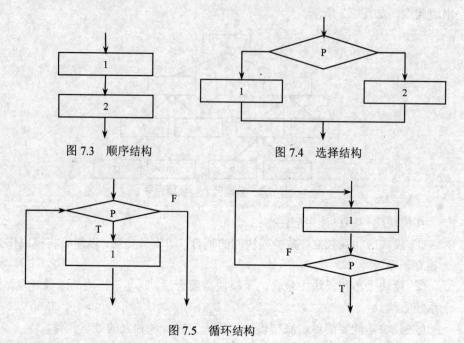

图 7.3　顺序结构　　　　　　　图 7.4　选择结构

图 7.5　循环结构

7.3.2.2　速成原型式的程序开发方法

　　这种开发方法在程序设计阶段的具体实施方法是，首先将 HIPO 图中类似带有普遍性的功能模块集中，如菜单模块，报表模块、查询模块、统计分析和图形等，这些模块几乎是每个子系统都必不可少的；然后再去寻找有无相应可用的软件工具，如果没有则可考虑开发一个能够适合各子系统情况的通用模块；然后用这些工具生成这些程序原型。如果 HIPO 图中有一些特定的处理功能和模块，而这些模块和功能又是现有工具不可能生成出来的，则再考虑编制一段程序加进去。利用现有的工具和原型可以很快地开发所要的程序。

7.3.2.3　面向对象程序设计方法

　　面向对象程序设计方法一般应与 OOD 所设计的内容相对应。它是一个简单、直接的映射过程，即将 OOD 中所定义的范式直接用向对象程序(OOP)语言，如 C++，VC 等来取代即可。例如，用 C++中的对象类型来取代 OOD 范式中的类&-&，用 C++中的函数和计算功能来取代 OOD 范式中处理功能等。在系统实现阶段，OOP 的优势是巨大的，是其他方法无法比拟的。

7.3.3　常用的编程工具

目前市场上能够提供系统选用的编程工具十分丰富。它们不仅在数量和功能上突飞猛进，而且在内涵的拓展上也日新月异，为我们开发系统提供了越来越多、越来越方便的实用手段。

一般比较流行的软件工具可分为 7 类：一般编程语言、数据库系统、程序生成工具、专用系统开发工具、客户/服务器(client/Server, C/S)工具、浏览器/服务器(B/S)工具及面向对象的编程工具。

7.3.3.1　常用编程语言类

常用编程语言是指由传统编程工具发展而来的一类程序设计语言。通常有 C 语言、C++语言、COBOL 语言、PL/1 语言、PROLOG 语言、OPS 语言等。

这些语言一般不具有很强的针对性，它只是提供了一般程序设计命令的基本集合，因而适应范围很广，原则上任何模块都可以用它们来编写。

这些语言的缺点有：其适应范围广是以用户编程的复杂程度为代价的，程序设计的工作量很大。

7.3.3.2　数据库类

数据库是信息系统中数据存放的中心和整个系统数据传递和交换的枢纽。目前市场上提供的主要有两类：xBASE 系统(以微机关系数据库为基础)和大型数据库系统。

xBASE 系统主要是指以微机为基础所形成的关系数据库及其程序开发语言。典型产品代表有：dBASE-II、III、IV，FoxBASE 以及 FoxPro 等各种版本。

大型数据库系统指规模较大、功能较齐全的大型数据库系统。

目前较为典型的系统有 ORACLE 系统、SYBASE 系统、INGRES 系统、INFORMAX 系统、DB2 系统等。

这类系统的最大特点是功能齐全，容量巨大，适合于大型综合类数据库系统的开发。在使用时配有专门的接口语言，可以允许各类常用的程序语言(称之为主语言)任意地访问数据库内的数据。

7.3.3.3　程序生成工具类

程序生成工具是指第四代程序(4GLs)生成语言，是一种常用数据处理功能和程序之间的对应关系的自动编程工具。

较为典型的产品有：应用系统建造工具(Application Builder，AB)、屏幕生成工具、报表生成工具以及综合程序生成工具，如 FoxPro、Visual BASIC、Visual C++、CASE、Power Builder 等。

目前这类工具发展的一个趋势是功能大型综合化，生成程序模块语言专一化。

7.3.3.4　系统开发工具类

系统开发工具是在程序生成工具基础上进一步发展起来的，它不但具有 4GLs 的各种功能，而且更加综合化、图形化，使用起来更加方便。目前主要有两类：专用开发工具类和综合开发工具类。

专用开发工具类是指对某应用领域和待开发功能针对性都较强的一类系统开发工具。

综合开发工具类是指一般应用系统和数据处理功能的一类系统开发工具。其特点是可以最大限度地适用于一般应用系统开发和生成。如专门用于开发查询模块的 SQL，专门用于开发数据处理模块的 SDK(Structured Development Kits)、专门用于人工智能和符号处理的 Prolog for Windows、专门用于开发产生式规则知识处理系统的 OPS(Operation Process System)等。

在实际开发系统时，只要我们再将特殊数据处理过程编制成程序模块，则可实现整个系统。常见的系统开发工具有 FoxPro、dBASE-V、Visual BASIC、Visual C++、CASE、Team Enterprise Developer 等。

这种工具虽然不能帮用户生成一个完整的应用系统，但可帮助用户生成应用系统中大部分常用的处理功能。

7.3.3.5　客户/服务器(C/S)工具类

C/S 工具采用了人类在经济和管理学中经常提到的"专业化分工协作"的思想而产生的开发工具。它是在原有开发工具的基础上，将原有工具改变为既可被其他工具调用的，又可以调用其他工具的"公共模块"。在整个系统结构方面，这类工具采用了传统分布式系统的思想，产生了前台和后台的作业方式，减轻了网络的压力，提高了系统运行的效率。

常用的 C/S 工具有：FoxPro、Visual BASIC、Visual C++、Excel、Powerpoint、Word、Delphi C/S、Power Builder Enterprise、Team Enterprise Developer 等。

这类工具的特点是它们之间相互调用的随意性。例如在 FoxPro 中通过动态数据交换(Dynamic Data Exchange，DDE)或对象的链接和嵌入(Object Linking and Embedding，OLE)，或直接调用 Excel，这时 FoxPro 应用程序模块是客户，Excel 应用程序是服务器。

7.3.3.6　浏览器/服务器(B/S)工具类

目前 B/S 模式成为管理信息系统开发主流，常见 B/S 模式开发平台有.NET 平台和J2EE 平台，开发技术有 ASP、PHP、JSP 及最新的 JCL(Javascript Component Library)技术。目前使用最广泛的 B/S 模式开发工具有 ASP.NET 和 JAVA。

7.3.3.7　面向对象编程工具类

面向对象编程工具主要是指与 OO 方法相对应的编程工具。目前常见的工具有：C++(或 VC++)、Smalltalk。这一类针对性较强，且很有潜力，其特点是必须与整个 OO 方法相结合。

7.4　系统调试

7.4.1　调试的意义和目的

在管理信息系统的开发过程中，面对着错综复杂的各种问题，人的主观认识不可能完全符合客观现实，开发人员之间的思想交流也不可能十分完善。所以，在管理信息系统开发周期的各个阶段都不可避免地会出现差错。开发人员应力求在每个阶段结束之前进行认真、严格的技术审查，尽可能早的发现并纠正错误，否则等到系统投入运行后再回头来改正错误将在人力、物力上造成很大的浪费，有时甚至导致整个系统的瘫痪。

经验表明，单凭审查并不能发现全部差错，加之在程序设计阶段也不可避免还会产生新的错误，所以，对系统进行调试是不可缺少的，是保证系统质量的关键步骤。统计资料表明，对于一些较大规模的系统来说，系统调试的工作量往往占程序系统编制开发总工作量的 40%以上。

调试的目的在于发现其中的错误并及时纠正，所以在调试时应想方设法使程序的各个部分都投入运行，力图找出所有错误。错误多少与程序质量有关。即使这样，调试通过也不能证明系统绝对无误，只不过说明各模块、各子系统的功能和运行情况正常，相互之间连接无误，系统交付用户使用以后，在系统的维护阶段仍有可能发现少量错误并进行纠正，这也是正常的。

7.4.2　调试的策略和基本原则

先看一个例子。图 7.6 所示的是一个小程序的控制流程图，该程序由一个循环语句组成，循环次数可达 20 次，循环体中是一组嵌套的 IF 语句，其可能的路径有五条，所以从程序的入口 A 到出口 B 的路径数高达 $5^{20} \approx 10^{14}$。

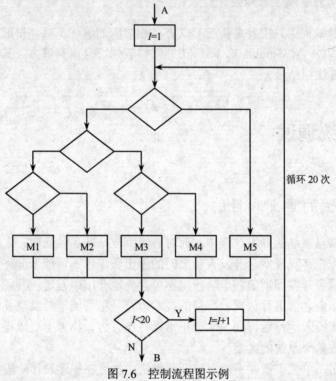

图 7.6　控制流程图示例

如果编写一个调试例子，并用它来调试这个程序的一条路径要花一分钟，则调试每一条路径就需要 2 亿年。这个例子说明，要想通过"彻底"地调试找出系统的全部错误是不可能的。因此，调试阶段要考虑的基本问题就是"经济性"了。调试采取的策略是：在一定的开发时间和经费的限制下，通过进行有限步操作或执行调试用例，尽可能多发现一些错误。调试阶段还应注意以下一些基本原则：

(1) 调试用例应该由"输入数据"和"预期的输出结果"组成。这就是说，在执行程序之前应该对期望的输出有很明确的描述，调试后可将程序的输出同它仔细对照检查。若不事先确定预期的输出，这可能把似乎是正确而实际是错误的结果当成是正确结果。

164

(2) 不仅要选用合理的输入数据进行调试，还应选用不合理的甚至错误的输入数据。许多人往往只注意前者而忽略了后一种情况，为了提高程序的可靠性，应认真组织一些异常数据进行调试，并仔细观察和分析系统的反应。

(3) 除了检查程序是否做了它应该做的工作，还应检查程序是否做了它不该做的事情。例如除了检查工资管理程序是否为每个职工正确地产生了一份工资单以外，还应检查它是否还产生了多余的工资单。

(4) 应该长期保留所有的调试用例，直至该系统被废弃不用为止。

在管理信息系统的调试中，设计调试用例是很费时的，如果将用过的例子丢弃了，以后一旦需要再调试有关的部分时(例如技术鉴定系统维护等场合)就需要再花很多人工。通常，人们往往懒得再次认真地设计调试用例，因而下次调试时很少有初次那样全面。如果将所有调试用例作为系统的一部分保存下来，就可以避免这种情况的发生。

7.4.3 调试的基本方法

系统测试的方法有静态测试法(桌前检查、代码会审)和动态测试法(黑盒法、白盒法)两种。

静态测试法以人工方式对程序进行分析和测试。静态测试法成效比较明显，可以查出 30%～70% 的逻辑错误，成本低。动态测试法有两种：

黑盒法：穷举数据，检查所有数据经过处理后所得结果是否正确。选择有代表性的数据进行检查，如图 7.7 所示。

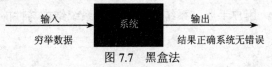

图 7.7　黑盒法

白盒法：覆盖路径，检查所有路径是否正确。选择主要路径，如选择、循环路径检查。如图 7.8 所示。

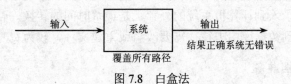

图 7.8　白盒法

需要说明的是，系统测试只能证明错误存在，不能证明错误不存在。这是因为不可能穷举数据，不可能完全覆盖路径，这样就不能证明系统中不存在错误。

7.4.4　程序调试的主要步骤

(1) 模块调试：对功能模块进行全面调试，主要调试内部功能。

(2) 分调：对子系统有关的各模块进行联调，以考查各模块外部功能、接口以及各模块之间调用关系的正确性。

(3) 联调：各模块、各子系统均经调试无误后，就可进行系统联调。联调是实施系统的最后一道检验工序。联调通过后即可投入系统的试运行阶段。

7.5　系统转换

系统切换是指从一种处理方法改变到另一种处理方法的过程。用计算机辅助的企业管理信息系统一般都是在现行的手工管理系统基础上建立起来的，因此，必须协调新旧系统之间的关系，否则将造成紊乱与中断，损害经济效益。

7.5.1　系统转换的基本条件

系统设备：系统实施前购置、安装、调试完毕。

系统人员：系统转换前配齐并参与各管理岗位工作，并进行相关培训。

系统数据：系统转换所需各种数据按照要求各式输入到系统之中。

系统文件资料：用户手册、系统操作规程、系统结构与性能介绍手册。

7.5.1.1　数据准备

新系统运行前要进行数据准备。准备系统基础数据所需要的时间，很大程度上根据系统切换的类型来确定。

对已有的计算机系统上的文件转换可通过合并和更新来增添和扩展文件。将手工处理的数据录入到计算机系统的外存上是最费时间的转换。若是将一个普通的数据文件转换到数据库中去往往需要改组或重建文件，较为费时。

7.5.1.2　系统文档准备

系统调试完以后应有详细的说明文档供人阅读。该文档应使用通用的语言说明系统各部分如何工作、维护和修改。系统说明文件大致可分以下四类：

1) 系统一般性说明文件：

(1) 用户手册：给用户介绍系统全面情况，包括目标和有关人员情况。

(2) 系统规程：为系统的操作和编程等人员提供的总的规程，包括计算机操作规程、监理规程、编程规程和技术标准。

(3) 特殊说明：随着外部环境的变化而使系统作出相应调整等，这些是不断进行补充和发表的。

2) 系统开发报告：

(1) 系统分析说明书：包括系统分析建议和系统分析执行报告。

(2) 系统设计说明书：涉及输入、输出、数据库组织、处理程序、系统监控等方面。

(3) 系统实施说明：主要涉及到系统分调、总调过程中某些重要问题的回顾和说明；人员培训、系统转换的计划及执行情况。

(4) 系统利益分析报告：主要涉及系统的管理工作和职工所产生的影响，系统的费用、效益分析等方面。

3) 系统说明书：

(1) 整个系统程序包的说明。

(2) 系统的计算机系统流程图和程序流程图。

(3) 作业控制语句说明。

(4) 程序清单。

(5) 程序实验过程说明。

(6) 输入输出样本。

(7) 程序所有检测点设置说明。

(8) 各个操作指令、控制台指令。

(9) 操作人员指示书。

(10) 修改程序的手续，包括要求填表的手续和样单。

4) 操作说明：

(1) 系统规程：系统总的规程，包括系统技术标准、编程、操作规程、监理规程等。

(2) 操作说明：系统的操作顺序，各种参数输入条件，数据的备份和恢复操作方法以及系统维护的有关注意事项。

(3) 系统的操作顺序，各种参数输入条件，数据的备份和恢复操作方法以及系统维护的有关注意事项。

7.5.1.3 人员培训

为了使新系统能够按预期目标正常运行，对用户人员进行必要的培训是在系

167

统转换之前不可忽视的一项工作。管理信息系统是一个人机系统，它的正常运行需要很多人参加工作，将有许多人承担系统所需输入信息的人工处理过程，以及计算机操作过程。这些人通常来自现行系统，他们熟悉或精通原来的人工处理过程，但缺乏计算机处理的有关知识，为了保证新系统的顺利使用，必须提前培训有关人员。需要进行培训的人员主要有以下三类：

(1) 事务管理人员：新系统能否顺利运行并获得预期目标，在很大程度上与这些第一线的事务管理人员(或主管人员)有关系。因此，可以通过讲座、报告会的形式，向他们说明新系统的目标、功能说明系统的结构及运行过程，以及对企业组织机构、工作方式等产生的影响。对事务管理人员进行培训时，必须做到通俗、具体、尽量不采用与实际业务领域无关的计算机专业术语。许多管理信息系统不能正常发挥预期作用，其原因之一就是没有注意对有关事务管理人员的培训，因而没有得到他们的理解和支持。所以，今后在新系统开发时必须注意这一点。

(2) 系统操作员：是管理信息系统的直接使用者，统计资料表明，管理信息系统在运行期间发生的故障，大多数是由于使用方法错误而造成的，如图 7.9 所示。所以，系统操作员的培训应该是人员培训工作的重点。对系统操作员的培训应该提供比较充分的时间，除了学习必要的计算机硬、软件知识，以及键盘指法、汉字输入等训练以外，还必须向他们传授新系统的工作原理、使用方法，简单出错的处置等知识。一般来说，在系统开发阶段就可以让系统操作员一起参加。例如，录入程序和初始数据，在调试时进行试操作等，这对他们熟悉新系统的使用，无疑是有好处的。

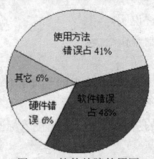

图 7.9　软件故障的原因

(3) 系统维护人员：对于系统维护人员来说，要求具有一定的计算机硬、软件知识，并对新系统的原理和维护知识有较深刻的理解，在较大的企业和部门中，系统维护人员一般由计算机中心和计算机室的计算机专业技术人员担任。

有条件时，应该请系统维护人员和系统操作员，或其他今后与新系统有直接接触的人员，参加一个或几个确定新系统开发方针的讨论会，因为他们今后的工作将与新系统有直接联系，参加这样的会议，有助于他们了解整个系统的全貌，并将给他们打好今后工作的基础。

对于大、中企业或部门用户，人员培训工作应列入该企业或部门的教育计划中，在系统开发单位配合下共同实施。

7.5.1.4 设备安装

系统的安装地点应考虑系统对电缆、电话或数据通信服务、工作空间和存储、噪音和通信及交通情况的要求。计算机系统的安装应满足以下两个要求：

(1) 使用专门的地板，让电缆通过地板孔道，连接中央处理机及各设备，保证安全。

(2) 提供不中断电源，以免丢失数据。

7.5.1.5 系统试运行

(1) 系统初始化、输入各种原始数据。

(2) 记录系统运行状况和产生的数据。

(3) 核对现行系统与目标系统输出的结果。

(4) 对目标系统的操作方式进行考查(方便性、效率、安全可靠性、误操作保护等)。

(5) 测试系统运行、响应速度(运算、传递、查询、输出速度等)。

7.5.2 系统转换方式

为了保证原有系统有条不紊的、顺利转移到新系统，在系统切换前应仔细拟订方案和措施，确定具体的步骤。系统的切换方式通常有三种，如图7.10所示。

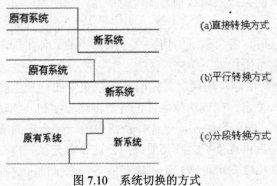

图 7.10 系统切换的方式

7.5.2.1 直接切换

直接切换就是在原有系统停止运行的某一时刻，新系统立即投入运行，中间没有过渡阶段。用这种方式时，人力和费用最省，使用与新系统不太复杂或原有系统完全不能使用的场合，但新系统在切换之前必须经过详细调试并经严格测试。同时，切换时应做好准备，万一新系统不能达到预期目的时，须采取相应措施。直接切换的示意图如图 7.10(a)所示。

7.5.2.2 并行切换

并行切换就是新系统和原系统并行工作一段时间，经过这段时间的试运行后，再用新系统正式替换下原有系统。在并行工作期间，手工处理和计算机处理系统并存，一旦新系统有问题就可以暂时停止而不会影响原有系统的正常工作。切换过程如图 7.10(b)所示。

并行切换通常可分两步走。首先以原有系统的作业为正式作业，新系统的处理结果作为校核用，直至最后原有系统退出运行。根据系统的复杂程度和规模大小不同，平行运行的时间一般可在 2～3 个月到 1 年之间。

采用并行切换的风险较小，在切换期间还可同时比较新旧两个系统的性能，并让系统操作员和其他有关人员得到全面培训。因此，对于一些较大的管理信息系统，并行切换是一种最常用的切换方式。

由于在并行运行期间，要两套班子或两种处理方式同时并存，因而人力和费用消耗较大，这就要时实现周密做好计划并加强管理。

7.5.2.3 分段切换

这种切换方式是上述两种方式的结合，采取分期分批逐步切换。如图 7.10(c)所示。一般比较大的系统采用这种方式较为适宜，它能保证平稳运行，费用也不太大。

采用分段切换时，各自系统的切换次序及切换的具体步骤，均应根据具体情况灵活考虑。通常可采用如下策略：

(1) 按功能分阶段逐步切换。首先确定该系统中的一个主要的业务功能，如财务管理率先投入使用，在该功能运行正常后再逐步增加其他功能。

(2) 按部门分阶段逐步切换。先选择系统中的一个合适的部门，在该部门设置终端，获得成功后再逐步扩大到其他部门。这个首先设置终端的部门可以是业务量较少的，这样比较安全可靠，也可以是业务最繁忙的，这样见效大，但风险也大。

(3) 按机器设备分阶段逐步切换。先从简单的设备开始切换，在推广到整个系统。例如，对于联机系统，可先用单机进行批处理，然后用终端实现联机系统。对于分布式系统，可以先用两台微机联网，以后再逐步扩大范围，最终实现分布式系统。

总之，系统切换的工作量较大，情况十分复杂。据国外统计资料表明，软件系统的故障大部分发生在系统切换阶段。这就要求开发人员要切实做好准备工作，拟定周密的计划，使系统切换不至于影响正常的工作。

7.6 系统运行与维护

7.6.1 系统运行管理

新系统通过验收测试后，就进入系统的运行阶段。这一阶段的任务主要是对用户来说的，用户应做好系统的日常管理工作，使系统处于良好的运行状态。MIS运行的日常管理不仅仅是机房环境和设施的管理，主要的是对系统每天运行状况、数据输入和输出情况以及系统的安全性与完备性及时如实的记录和处置。

管理信息系统经过系统切换后正式运行，系统运行管理包括系统的日常操作和维护等。系统投入使用后，要经过多次的开发、运行、再开发、再运行的螺旋循环不断上升才逐步完善。

管理信息系统经过正式运行后，随着信息作用的增加，信息系统组织的地位越来越高，需要相应的组织来管理其日常的运行工作。目前，从管理信息系统在企业中的地位看有以下几种类型：

(1) 业务部门所有。信息管理部门为企业的某个业务单位所有，使得信息不能成为全企业的资源，只能为本单位提供信息服务。

(2) 信息部门与企业的部门并列。企业有专门的信息部门，信息资源可共享，各单位权利相等。

(3) 作为企业的参谋中心。这种组织方式有利于信息共享和支持决策，现在的趋势是集散系统，公司既有信息中心又允许部门拥有管理信息资源。

虽然转换前要求建立各种制度，但对大部分企业来说，因为建立管理信息系统是新的工作、许多问题处于探索阶段，往往在正常运行一段时期后，才建立完善的管理制度。

应建立完整的运行日志，运行日志可以在系统出现问题时帮助查找原因和恢复系统。运行日志有人工记录和计算机自动记录两种。计算机自动记录的日志包括操作系统日志、数据库日志、服务器日志和其他日志，这类日志也由开发人员设计。计算机自动记录日志可记录下绝大部分的运行信息。

虽然计算机自动记录日志可记录下绝大部分的运行信息，但还是需要人工日志。人工日志主要包括交接时间、设备异常问题、软件系统异常问题、用户反映、安全、人员签字等。

7.6.2　系统维护

管理信息系统的维护一般指软件系统的维护。管理信息系统在投入正常远行之后，其使用寿命短则4～5年，长则达到10年以上，用户的业务环境会发生变化，按照当时的业务需求开发的管理信息系统肯定不能一成不变，其功能要随着用户业务的需求变化而变化，这个概念是系统的维护，但并不是管理信息系统本身出现了问题。

维护工作是管理信息系统生命周期中花钱最多、延续时间最长、开发人员最出力不讨好的活动。维护已有的软件，有的尽管没有余力开发新软件，现在软件的维护费用已经远远超过了系统的软件开发费用。软件维护费用与开发费用的比例一般为2:1，一些大型软件的维护费用甚至达到了开发费用的50倍。

全面来讲，管理信息系统的维护包括硬件维护、软件维护和数据维护。

7.6.2.1　硬件维护

硬件维护主要是指对计算机网络设备、通信线路、服务器、客户主机及外设的日常维护和管理，定期进行机器部件的清洗、润滑，设备故障的检修，易损部件的更换等，以保证系统正常有效的运行。

7.6.2.2　数据维护

随着系统应用环境的变化，需要调整系统的运行状态，有时不需要对程序代码更改，而只对管理信息系统的参数进行调整，也可以调整系统的功能。数据维护的另一个含义是对系统的数据库结构进行调整，比如增加数据记录、修改数据库结构或则去除一些不适当的过期数据。数据维护还包括运行时期的数据备份与恢复。

例如病毒防护软件公司经常发布新的病毒代码，其软件不作改动。图书馆自动化管理软件，由软件公司制作一些编目的标准数据，便于用户进行馆藏著作录入，定期更新编目数据。

有一些系统的主要产品是数据，如清华数字图书，其系统的升级就是不断追加新数据。

7.6.2.3　软件维护

软件维护是对系统在源代码级进行增加、修改、删除，以增加和调整系统的功能。系统维护具体来说可以划分为下面三种类型：

(1) 纠错性维护：在系统投入运行后的实际应用过程中，随着数据的加载量增加和应用的深入，系统可能暴露出新的错误，修正系统中的错误，就是纠错性维护。这种错误往往是从未遇到过的，有些系统运行多年以后才遇到这种情况。在系统刚刚投入使用时，这类错误会发现很多。进行维护的手段是提供软件服务包，由用户从网站上下载安装，如微软公司提供的许多软件服务包就是纠错性维护。

(2) 适应性维护：是为了使系统适应环境的变化而进行的维护工作，如用户要求在新操作系统下运行系统。机构调整、管理体制改变、业务流程的修改、数据与信息需求的变更等，都要求修改软件，使之适应应用对象的变化。大量的维护是适应性维护。如果用户提出的维护要对系统作根本的修改，那就不再是维护了，而应是新的系统开发生命周期的开始。

例如出现新的操作系统，原来的软件在 Windows 98 下运行正常，但现在大部分新的计算机安装了 Windows 2000 或 Windows XP，原来的软件在新的操作系统下不能全部正常运行，取系统日期的函数 Date()在 Windows 98 下能运行，在 Windows 2000 或 Windows XP 下不能运行，需要把所有的 Date()改为 Now()函数。

(3) 预防性维护：应由开发部门主动进行，预防性维护不是完全等用户发现问题后再进行维护。开发部门发现了系统存在问题，要进行预防性维护。通过预防性维护为未来的修改与调整奠定更好的基础，消除了潜在的错误。比如，开发公司主动提供的软件升级。

人们往往认为系统的维护要比系统开发容易很多，维护工作不需要预先拟订方案。事实是维护比开发更困难，需要更多的创造性工作。因为维护人员必须用较多的时间理解别人编写的程序和文档，而且对系统的修改不能影响其正确性和完整性。

7.7　系统评价

一个花费了大量资金、人力和物力建立起来的新系统，其性能和效益如何？

是否达到了预期的目的？这对用户和开发人员双方都是很关心的问题。因此，必须通过系统评价来回答以上问题。

对新系统的全面评价是在新系统运行了一段时间后进行的，以避免片面性。系统评价工作通常由开发人员和用户共同进行。

7.7.1　系统评价的目的

系统评价的目的主要包括以下部分：

(1) 检查系统的总体目标是否达到预期设计要求。

(2) 检查系统的功能是否达到预期设计要求，有哪些功能还不足。

(3) 检查系统的各项运行指标是否达到预期设计要求。

(4) 检查系统的实际使用效果与预期的比较。

(5) 根据评价结果，提出管理信息系统的进一步改进意见。

7.7.2　系统评价的主要内容

管理信息系统作为一项企业的投资工程项目，应从成本和效益两方面进行评价，计算其投资回收期。管理信息系统又是一项特别的项目，其成本容易计算，但其效益计算困难，往往很难用金钱衡量其收益。系统评价的内容包括：

(1) 检查系统的目标、功能及各项指标是否达到设计要求。

(2) 检查系统的质量。

(3) 检查系统使用效果。

(4) 根据评审和分析的结果，找出系统的薄弱环节，提出改进意见。

7.7.3　系统评价体系

系统评价体系由系统建设、系统性能、系统应用等方面构成。

7.7.3.1　系统建设评价

系统建设评价包括：

(1) 系统规划目标的科学性：分析管理信息系统规划目标的科学性，并考虑经济上、技术上、管理上和法律上的可行性。

(2) 规划目标的实现程度：分析管理信息系统是否达到或超过规划阶段提出的规划目标。

(3) 先进性：满足用户的需求，充分利用资源，融合先进管理知识，先进组织管理，设计的科学性，适应性。

(4) 经济性：投资与所实现的功能相适应程度。

(5) 资源利用率：对计算机、外部设备、各种硬软件、系统资源的利用程度。

(6) 规范性：系统建设遵循相关的国际标准、国家标准和行业标准，有关文档资料全面性和规范程度。

7.7.3.2 系统性能评价

系统性能评价包括：

(1) 可靠性：系统所涉及硬件系统和软件系统的可靠性。

(2) 系统效率：系统完成各项功能所需要的资源，通常以时间衡量：周转时间、响应时间、吞吐量等。

(3) 可维护性：确定系统中的错误，修改错误所需做出努力的大小，通常以系统的模块化程度、简明性及一致性衡量。

(4) 可扩充性：系统的处理能力和功能的可扩充程度。分为系统结构、硬件设备、软件功能的可扩充性等。

(5) 可移植性：系统移至其他硬件环境下所需做出努力的程度。

(6) 安全保密性：系统抵御硬件设备、软件系统和用户误操作、自然灾害及敌对者采取的窃取或破坏系统的能力、系统采取的安全保密措施。

7.7.3.3 系统应用评价

系统应用评价包括：

(1) 经济效益：系统所产生的经济效益，如降低成本、提高竞争力、改进服务质量、获得更多利润等。通常以货币化衡量。

(2) 社会效益：系统对国家、地区和民众的公共利益所做出的贡献，不能用货币化指标衡的效益。例如，思想观念的转变、技术水平的提高、促进经济社会协调发展、决策科学化、生产力水平的提高、公共信息服务、合理利用资源、改变工作方式等。

(3) 用户满意程度：用户对系统的功能、性能、用户界面的满意程度。通常，以人机界面友好、操作方便、容错性强、系统易用性、界面设计清晰合理、帮助系统完整等衡量。

(4) 系统功能应用程度：系统的目标和功能实现了多少，用户应用到什么程度，是否达到预期的目标和技术指标。

7.7.4 系统评价报告

系统评价结束后应形成正式书面文件即系统评价报告。系统评价报告既是对新系统开发工作的评定和总结。也是今后进行系统维护工作的依据。因此,必须认真,客观地编写。

系统评价报告通常由以下主要内容组成。

1) 引言:

(1) 摘要:系统名称、功能。

(2) 背景:系统开发者、用户。

(3) 参考资料:设计任务书、合同、文件资料等。

2) 性能指标评价,包括:整体性评价(设计任务书要求是否达到,功能设置是否合理);可维护性评价;适应性评价;工作质量评价(操作的方便、灵活性、系统的可靠性、设备利用率、响应时间、用户的满意程度);安全及保密性评价。

3) 经济指标评价,包括:系统开发与试运行费用总合,将它与设计时的预计费用进行比较,若有不符,则找出原因;新系统带来的直接和间接效益;系统后备需求的规模与费用。

4) 综合性评价,包括:文档的完整性和质量评价;开发周期和程序规模;各类指标的综合考虑与分析;系统的不足之处和改进建议。

7.8 信息行业职业道德

7.8.1 信息系统职业道德行为的特征

信息系统职业道德行为的特征有:

(1) 广泛性:信息系统是一个综合系统,涉及到多个学科领域和社会生活的各个方面。如破坏信息系统的安全、发布谣言、色情、传播病毒等,会引起该系统所涵盖的所有机构和个人。特别是 Internet 的迅速发展,这种危害则更加广泛。

(2) 快捷性:较之传统的传播媒介,信息系统不仅传播的空间上更加广泛,时间上更加快捷,而且呈现出发散状态,后续传播者无需作更多的准备工作;只需点击鼠标等简单操作,即可完成传播过程。

(3) 隐蔽性:从信息系统的技术因素看,在今后一段时间内,违反信息职业道德的从业人员一般具有较高的学历，对于计算机本身的安全性能等方面的一定程度的了解，为逃避道德上的谴责，往往采取多种手段，如技术的手段、非技术的手段骗取他人的信任，从而达到其目的。追查这些违反道德的行为，将会更加困难，如近几年愈演愈烈的黑客攻击网站，窃取或有意识地破坏系统密码等，难度将越来越大。

(4) 认识上的模糊性：信息系统的发展过快于职业道德、伦理道德的建立，致使在此领域出现空白地带，相对于传统而言，信息系统从业人员还难以遵循某种公认的准则或规范。如知识产权的保护问题，在相当长一段时间内，还难以从根本上获得正确的认识。还有一些人出于好奇或无意识，做出一些非道德的事情，往往易于被社会所宽容等。

随着信息系统行业的法律体系逐步建立和完善，一些非道德的行为可能触及法律，依法加以解决，而不再是一般的道德谴责。

7.8.2　信息系统行业职业道德的内容

信息系统行业职业道德涉及的方面有：

(1) 隐私权问题：确定标准，建立安全保障等级，信息发布的等级，以确保隐私权等到尊重。

(2) 正确性问题：明确发布信息的正确性、可信性、权威性及相应的责任者。

(3) 产权性问题：明确各类信息资源的产权及公开交换的利益分配等。

(4) 存取权问题：明确信息存取的特权资格和相应的安全保障措施。

7.8.3　信息系统行业职业道德的倡导

在信息系统行业中倡导：

(1) 及时归纳、总结、分析提炼本公司的精神内涵，并使其升华，不断丰富本企业的价值观和企业文化。

(2) 对新进员工进行岗前基本技能培训的同时，把职业道德作为一项重要内容进行培训，使新员工上岗前就初步树立起一种职业道德意识。

(3) 树立典型，在企业员工中树立能够体现本企业职业道德的典型人物，树立一个典型即是树立一面旗帜，就能促使其他员工看到这面旗帜，更加勤奋努力工作。

(4) 开辟适当的空间，展出本企业的发展历史、物质的和精神的财富，使员工置身其中有一种自豪感，使其他组织和人员对本公司产生一种信任感。

7.8.4　信息系统人员的基本素质

就共性而言，信息系统人员应具备以下素质：

(1) 甘于奉献的道德情操：甘于奉献具有巨大的影响力和感召力，是一种人格的力量，可以起到一般组织要求所起不到的作用。

(2) 团结协作的合作意识：信息系统的开发是一项系统工程，已经不是个人力所能及，必须是一个团队共同工作。团队中每个成员有其自身的工作任务，但又与其他成员的工作相互联系、相互制约，彼此之间至少从工作上要建立起亲密无间的关系，及时沟通情况，交流工作。在团队中树立起协作精神，对于成功开发信息系统至关重要。

(3) 严谨求实的工作作风：为确保系统的可靠性、正确性，在系统开发、运行和管理的各个环节中，各类人员必须具备严谨求实的工作作风，不懂就要不耻下问，虚心学习，切忌不懂装懂，否则，轻则浪费时间和精力，重则导致整个信息系统的失败，造成巨大的人力、物力和财力的浪费，造成管理工作的混乱，给用户的经济效益和社会效益造成重大损失和不良后果。

(4) 忠于职守的敬业精神：每个工作岗位都有其明确的职业道德规范和行为准则。从系统的观点看，本职工作职能未能履行，不仅仅只是影响局部工作，而是影响着整体和全局工作。因此，忠于职守的敬业精神既是职业道德的要求，又是行为规范的要求。

(5) 结构合理的知识体系：信息系统涉及多个学科领域，仅仅具备某一领域的知识是难以胜任工作要求的。无论对于开发人员，还是用户单位的管理人员、业务操作人员，均应有意识地建立起与信息系统相适应的知识结构体系，其中包括管理原理、计算机知识、系统论和信息论基本知识、信息系统开发、数理知识、通信技术、行为科学、法律法规等知识，以及信息系统解决问题的具体领域的知识。

(6) 敏锐地获取新知识的能力：信息系统的发展依赖于技术的进步为其提供物质基础，依赖于相关学科的发展为其提供理论基础。而技术的进步和学科的发展日新月异，及时把握发展动态，掌握先进的技术和科学的理论，对于信息系统的开发、满足用户的需求具有重要的作用，不仅可以缩短开发周期、降低开发费用，而且将使信息系统的结构更加合理、功能更加完善、适应能力更强、技术更加先进。这一切有赖于各方面人员获取新知识的能力。信息系统领域的一个严酷事实是，不进则退，不进则会在一个不太长的时间内被淘汰。

(7) 开阔的思路和较强的综合能力：信息系统开发的一个基本原则是要使开

发的目标系统基于现行系统，更重要的是要优于现行系统。这一方面要求信息系统人员具有开阔的思路，结合用户单位的实际，运用各种先进的、科学的管理思想、方法和手段；另一方面又要求他们具有较强的综合能力，才更好地能实现系统目标。

总之，系统开发人员和信息管理员是管理信息系统建设的主要力量，其行为和道德水准直接影响着系统建设。

思考题

1) 简述系统实施的主要任务。

2) 系统切换方式通常有哪三种？各有什么特点？

3) 评价信息系统质量的主要特征和指标有哪些？

4) 信息道德的主要内容是什么？作为一个系统管理员应具备哪些基本素质？

8 发展趋势与前沿

学习目的

- 了解决策支持系统的定义、特征、功能及系统结构;
- 熟悉决策支持系统与管理信息系统间的关系;
- 了解供应链的定义、特点,以及企业资源计划的管理思想;
- 掌握电子商务的定义、分类以及交易过程。

本章要点

- 决策支持系统的定义、特征、功能及概念模型;
- 决策支持系统与管理信息系统的区别与联系;
- 供应链管理的定义、特点和意义;
- 企业资源计划的定义及管理思想;
- 电子商务的定义、分类以及交易流程;
- 电子数据交换技术。

8.1 决策支持系统

8.1.1 决策支持系统的产生与发展

随着计算机技术、网络技术的飞速发展,人类已进入了高度信息化的时代,信息已成为企业最重要的资源。在经济全球化的大背景下,越来越多的企业运用电子商务技术在互联网上经营,使企业的经营活动摆脱时间和空间的限制成为可能。信息技术的进步,使企业的决策能够在大量的信息支持下进行。但信息的大量增加使得企业管理的复杂性也随之增加。可选择方案的增加使得决策者更加难以选择,决策所产生的影响面扩大使得决策风险增加,环境变化速度的加快要求决策者必须快速决断，决策变量的增加也使决策结果变得难以预料，决策成为企业一件困难的事情。而决策支持系统正是在这种状况下被提出并发展起来的。

8.1.1.1 决策支持系统的历史发展过程

1) 决策支持系统的孕育期(1960 年以前)：1946 年计算机诞生以后，人们首先注意到的是它在数据处理方面的巨大潜力。在 20 世纪 50 年代末，美国的计算机有三分之二被用于电子数据处理，并在大型企事业组织中发挥重要的作用。在这一阶段，计算机数据处理系统用于企业的事务处理，计算机代替了传统的手工处理，但不能对人的决策活动提供支持。

2) 决策支持系统的萌芽期(1960～1970 年)：20 世纪 60 年代，对管理信息系统的研究逐渐深化，人们开始注意到计算机还可能为企业提供企业管理的全面信息，支持企业各级管理者的需要。在这一阶段，出现了管理信息系统(MIS)，其中有数据存储和操作功能，通过编制在程序中的管理科学模型，对定型的、日常的决策提供部分支持。

3) 决策支持系统的诞生期(1970～1980 年)：20 世纪 70 年代初期，美国 MIT 大学教授 Scott Morton 在一篇划时代的论文中首次提出了"管理决策系统"的概念，并定义为"交互式的计算机系统，可以帮助企业决策者使用其数据及模型来解决非结构化的问题"。Keen 和 Scott Morton 首次提出了"决策支持系统"(Decision Support System，DSS)一词，标志着利用计算机与信息支持决策的研究与应用进入了一个新的阶段，并形成了决策支持系统新学科。从此，利用计算机与信息支持决策的研究与应用进入了一个新的阶段，并形成了决策支持系统新学科。在这一阶段，研究开发出了许多的较有代表性的 DSS，如：支持投资者对顾客证券管理日常决策的 Profolio Management，用于产品推销、定价和广告决策的 Brandaid。到 70 年代末期，DSS 大多由模型库、数据库及人机交互系统等三个部件组成。

4) 决策支持系统的发展期(1980～1990 年)：20 世纪 80 年代以后，决策支持系统的理论研究成果得到了信息技术产业界的重视并得以商业化，一批基于 DSS 的理论研究的新型应用系统开发成功，如 IFPS，Projector，Express，GADS 等。80 年代初期，DSS 增加了知识库与方法库，构成了三库系统或四库系统。在这一阶段，决策支持系统与专家系统结合起来，形成了智能决策支持系统(IDSS)。专家系统是定性分析辅助决策，它和以定量分析辅助决策的决策支持系统结合，进一步提高了辅助决策能力。智能决策支持系统是决策支持系统发展的一个新阶段。

5) 决策支持系统的成熟期(1990 年至现在)：20 世纪 90 年代以后，随着网络技术的出现和发展，DSS 的研究又出现了新的局面，各种基于网络的 DSS、数据仓库、知识管理系统等形式的新型决策支持系统相继出现。例如，DSS 与计算机网络技术结合构成了新型的能供异地决策者共同参与进行决策的群体决策支持系统 GDSS。在 GDSS 的基础上，为了支持范围更广的群体，包括个人与组织共同参与大规模复杂决策，人们又将分布式的数据库、模型库与知识库等决策资源有机地集成，构建分布式决策支持系统 DDSS。

8.1.1.2 决策支持系统理论在我国的发展及应用

我国决策支持系统的研究始于 20 世纪 80 年代中期，DSS 在我国经过 30 多年的发展，在理论探讨、系统开发和实际应用诸方面取得了令人瞩目的进步。DSS 在实际应用方面取得了丰硕的成果。这些方面的主要成就可以概括为以下几个方面：政府宏观经济管理和公共管理问题；水资源调配与防洪预警系统；产业(或行业)规划与管理、各类资源开发与利用决策；生态和环境控制系统的决策以及自然灾害的预防管理；金融系统的投资决策与风险分析与管理；企业生产运作管理的决策。

目前，我国 DSS 应用最广泛的领域是区域发展规划。大连理工大学、山西省自动化所和国际应用系统分析研究所合作完成了山西省整体发展规划决策支持系统。这是一个大型的决策支持系统，在我国起步较早，影响较大。随后，大连理工大学、国防科技大学等单位又开发了多个区域发展规划的决策支持系统。天津大学信息与控制研究所创办的《决策与决策支持系统》刊物，对我国决策支持系统的发展起到了很大的推动作用。我国不少单位在智能决策支持系统的研制中也取得了显著成绩，如以中国科学院计算技术研究所史忠植研究员为首的课题组研制并完成的"智能决策系统开发平台 IDSDP"就是一个典型代表。

8.1.2　决策支持系统的定义及特征

从决策支持系统 DSS 的发展历史可以看出，DSS 是一个不断发展并逐步完善的概念。不同的专家学者，曾经给 DSS 有过很多不同的定义，但时至今日，没有一个能被大家所公认的定义。那么，我们如何才能界定什么是 DSS，什么不是 DSS 呢？

8.1.2.1　决策支持系统的定义

不同专家学者对 DSS 的定义如下：

1) Little 在 1970 年给出了 DSS 最早的定义：管理决策系统是一个基于模型的过程的集合，用于帮助管理者在其决策中进行数据处理和进行判断。

Moore 和 Chang 提出：DSS 应当是具有以下四点特征的信息系统：

(1) 它应当是一个可扩张的系统。

(2) 它具有支持动态的数据分析和对决策问题建模的能力。

(3) 它面向的是未来的计划性任务。

(4) 它通常是非常规的、未预先设定的环境中使用。

2) Bonczek 等人对 DSS 的定义侧重系统结构。他们认为，DSS 应当是一个由三个互相关联的部分所组成的、基于计算机的系统，这三个部分分别是语言系统、知识系统、问题处理系统。

3) Keel 提出：DSS 是一种用于某种特定的环境的系统，它应当是通过学习和改善的适配过程而逐步发展起来的一个"最终的"系统。

4) Turban 等提出：DSS 应当是一个交互式的、灵活的、适应性强的基于计算机的信息系统，能够为解决非结构化管理问题提供支持，以改善决策的质量。DSS 使用数据，提供容易使用的用户界面，并可以体现决策者的意图。DSS 可以提供即时创建的模型，支持整个决策过程中的活动，并可能包括知识成分。

5) Sprague 和 Watson 长期从事 DSS 研究，他们总结了许多 DSS 的特点后提出，DSS 应具有四个最重要的特征：

(1) 数据和模型是 DSS 的主要资源；

(2) DSS 是用来支援用户做决策而不是代替用户做决策；

(3) DSS 主要是用于解决半结构化及非结构化问题；

(4) DSS 的目的在于提高决策的有效性而不是提高决策的效率。

从以上这些定义可以看出：对于"什么是 DSS"的问题并没有一个统一的、标准的定义。不同学者站在不同的时代、不同的背景下，对 DSS 的理解也不完全相同，但也并非是相互对立和冲突的，而是一个不断发展和完善的过程。

综合以上不同学者对 DSS 定义的表述，结合当前 DSS 的发展特点，我们认为关于 DSS 的概念可以这样来表述：决策支持系统(Decision Support System, DSS)是一种以计算机为基础和工具，应用决策科学及其有关的多种理论和方法的人-机交互系统，主要面向组织管理的战略计划中半结构化与非结构化的决策问题，提供用户以获取数据和构造模型的便利，辅助决策者分析并做出正确的决策。

例如，一制造厂为决定它的生产规模和合适的库存量，建立一个决策支持系统如下：

• 模型库：由生产计划、库存模拟模型(如预测、库存控制模型)等组成。

• 数据库中存有历年销售量、资金流动情况、成本等原始数据。

• 决策者通过计算机终端屏幕，根据 DSS 提供最佳订货量和重新订货时间，以及相应的生产成本、库存成本等信息，进行"如果……将会怎样?"的询问，对所提方案进行灵敏度分析，或者以新的参数进行模拟而得到一个新的方案。

8.1.2.2 决策支持系统的特征

单纯依靠我们提出的决策支持系统(Decision Support System，DSS)概念，可能对于 DSS 的本质特征的把握上还会出现偏差，我们还应从它的基本特征和结构特征上加以理解和认识。

1) DSS 的基本特征：归纳起来，可以概括为以下五个方面：

(1) 面向上层管理人员经常面临的结构化程度不高、说明不够充分的问题；

(2) 把模型或分析技术与传统的数据存取技术和检索技术相结合；

(3) 易于为非计算机专业人员以交互对话方式使用；

(4) 强调对环境及用户决策方法改变的灵活性和适应性；

(5) 支持但不是替代高层决策者制定决策。

2) DSS 的结构特征：用构成决策支持系统的部件来表述 DSS 的结构特征是把握什么是 DSS 的又一重要方法，概括起来有如下五个方面：

(1) 模型库及其管理系统；

(2) 数据库及其管理系统；

(3) 方法库及其管理系统；

(4) 交互式计算机硬件及软件；

(5) 用户友好的建模语言。

8.1.2.3 决策支持系统的功能

决策支持系统的功能可以从以下几个方面来理解：

1) 管理并随时提供与决策问题有关的组织内部信息。如：订单要求、库存状况、生产能力与财务报表等。

2) 收集、管理并提供与决策问题有关的组织外部信息。如：政策法规、经济统计、市场行情、同行动态与科技进展等。

3) 收集、管理并提供各项决策方案执行情况的反馈信息。如：订单或合同执行进程、物料供应计划落实情况、生产计划完成情况等。

4) 能以一定的方式存储和管理与决策问题有关的各种数学模型。如：定价模型、库存控制模型与生产调度模型等。

5) 能够存储并提供常用的数学方法及算法。如：回归分析方法、线性规划、最短路径算法等。

6) 上述数据、模型与方法能容易地修改和添加。如：数据模型的变更、模型的连接与修改、各种方法的修改等。

7) 能灵活地运用模型与方法对数据进行加工、汇总、分析、预测，得出所需的综合信息与预测信息。

8) 具有方便的人机对话和图像输出功能，能满足随机的数据查询要求，回答"如果……则……"之类的问题。

9) 提供良好的数据通信功能，以保证及时收集所需数据并将加工结果传送给使用者。

10) 具有使用者能忍受的加工速度与响应时间，不影响使用者的情绪。

8.1.2.4 决策支持系统的概念模型

决策支持系统的概念模式反映 DSS 的形式及其与"真实系统"、人和外部环境的关系。其建立是开发中最初阶段的工作，它由对决策问题与决策过程的分析加以描述。其基本概念模型如图 8.1 所示。

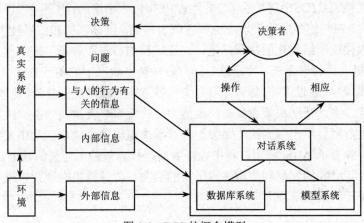

图 8.1　DSS 的概念模型

决策者在决策过程中处于中心地位，因此在基本模式中同样地占据着核心位置。由于 DSS 使用者面临的决策的规则与步骤不完全确定，决策过程难以明晰表达，决策者的素质、解决问题的网络、所采用的方法都有较大差异，使得 DSS 的模式在专用与通用、自动化程度的高低这两对矛盾中进行折中。一般情况下，我们应倾向于采用在求解过程、用户环境、适应性等方面具有较高柔性的更多地强调决策者主观能动性的通用模式。

由图 8.1 可见，决策者运用自己的知识，把他在 DSS 的响应输出结合起来对他所管理的"真实系统"进行决策。对"真实系统"而言，提出的问题和操作的数据是输出信息流，而人们的决策则是输入信息流，图的下部表示了与 DSS 有关的基础数据，它包括来自真实系统并经过处理的内部信息、环境信息、与人的行为有关的信息等。图的右边是最基本的 DSS，由模型库系统、数据库系统和人机对话系统等组成。

8.1.3 决策支持系统与管理信息系统的关系

管理信息系统(MIS)是在从 20 世纪 60 年代出现的,主要是利用计算机控制整个管理系统的信息,统一处理和调节信息流程,通过信息交换、资源共享等种种联系,将各类数据和各单项事务管理工作紧密地结合在一起,采用结构系统分析、结构系统设计。MIS 的基本特征是以文件和数据库作为数据管理的软件支撑,数据共享性强,如不同行业的企业管理信息系统、商业管理信息系统等。在这一阶段中,利用计算机的主要目的是提高信息处理效率、系统综合分析能力和管理整体水平。

决策支持系统(DSS)则是到了 20 世纪 70 年代才出现的,主要是以现代管理科学、运筹学、控制论等现代管理理论和方法为基础,以计算机和信息技术为手段,面对半结构化或非结构化的决策问题,建立完整的数据库管理系统、模型库管理系统和人-机会话管理系统,为决策者提供各种动态状态下的备选方案,并对各方案进行优化,进而通过人-机会话管理系统对各方案的成果进行分析、比较和判断,确定出最佳方案,帮助决策者提高决策能力、决策水平及决策效益。决策支持系统一经问世,就显示出强大的生命力,在管理决策的各个领域活动中发挥了重要作用。不仅弥补了 MIS 应用过程中经济效益、社会效益不明显的缺陷,和 MIS 的结合,还为 MIS 的发展和应用注入了新的活力,将计算机在现代管理中的应用推向了一个新的发展阶段。

8.1.3.1 DSS 与 MIS 关系的主要观点

对 DSS 与 MIS 的关系,目前存在以下几种观点:

(1) MIS 是 DSS 的一部分。坚持这种看法的人认为:DSS 的辅助决策过程离不开基础数据,而 MIS 所收集和储存的基础数据正是 DSS 最基本的数据源,是 DSS 的工作基础。所以,MIS 是 DSS 的组成部分,是组成 DSS 的基础。

(2) DSS 是 MIS 的一部分。这种人认为:MIS 是为管理工作提供所需要的信息处理系统,除了例行管理工作所需要的信息之外,也包括了为决策服务的各种信息,因而,DSS 是 MIS 中的一部分。

(3) DSS 与 MIS 是统一信息系统中的两个相互联系而又相互配合的不同部分。事实上,在实际工作中确实存在许多应用系统,都是既有处理例行日常事务的功能,又有某种决策支持的功能(如库存管理、设备管理等),当然,这两部分的侧重点或构成比例各不相同,但它们之间是相互联系、相互配合的。

(4) DSS 和 MIS 是电子计算机应用于管理系统中的两个不同的发展阶段。从历史看，计算机在管理活动中的应用经历了电子数据处理阶段、管理信息系统阶段和决策支持系统阶段。由于 DSS 在管理活动的应用中有着许多独特的作用，也已经发展成为一门新兴的学科。所以，把 DSS 和 MIS 看作是计算机应用于管理系统中的两个不同的发展阶段是比较恰当的。

8.1.3.2 DSS 与 MIS 的区别

DSS 与 MIS 的主要区别表现在系统的对象和开发的方法上，这体现了人们对信息处理工作认识深入的发展过程，分别代表了两个不同的认识阶段。在发展的不同阶段上，DSS 与 MIS 有着各自的地位与作用，相互不能代替。DSS 与 MIS 的主要区别在：

(1) 在系统目标方面：MIS 主要完成例行管理活动中相对稳定的信息处理，它提供的报表和数据一般只与管理决策间接相关，它追求的主要目标是高效性，即提高系统中的工作效率和效能。而 DSS 主要是支持决策活动，提供决策的备选方案并给出相关结果，便于决策者探讨问题、作出判断，它追求的主要目标是有效性，即提高效益。

(2) 在系统分析与设计方面：MIS 分析侧重于总体的信息需要；它强调实现一个相对稳定协调的工作系统，要求系统的客观性，使系统设计符合实际情况。而 DSS 分析侧重于决策者个人的需要；它强调实现一个有发展潜力的适应性强的支持系统，DSS 要求发挥决策者的经验、判断力、创造力等作用，使决策更加正确。

(3) 在数据处理方面：MIS 着重于解决结构化的管理决策问题，要求保证数据的计算精度和传递速度，一般是考虑符合现状，满足企业内部数据处理要求。而 DSS 着重于解决半结构化或非结构化问题，考虑的是数据的总的趋向性及综合性指标，充分注重系统未来的发展，进行的是历史和外部数据处理。

8.1.3.3 DSS 与 MIS 的联系

DSS 与 MIS 目标一致起点不同，DSS 的目标是 MIS 本来就要追求的目标之一，只是这个目标的具体实现是在 DSS 的名义之下而已。从发展的观点看，可以将 DSS 看作是 MIS 的高级阶段或高层分系统。但为了有利于作深入的专门研究，为了满足组织管理决策现代化与科学化的迫切需要，针对性地对 DSS 进行专门开发与应用也是可行的。

8.1.4　决策支持系统的系统结构

一般认为，决策支持系统 DSS 的基本结构包括数据库管理系统、模型库管理系统和对话管理子系统三个部分，如图 8.2 所示。

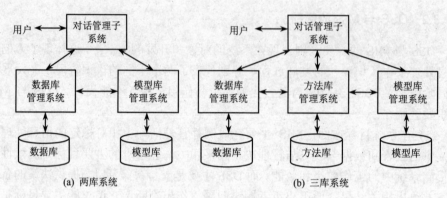

(a) 两库系统　　　　　　　　　　　　　　(b) 三库系统

图 8.2　DSS 的系统结构

对话管理子系统是 DSS 的人机接口界面；决策者作为 DSS 的用户通过该子系统提出信息查询的请求或决策支持的请求；对话管理子系统对接受到的请求作检验，形成命令，为信息查询的请求进行数据库操作，提取信息，所得信息传送给用户；对决策支持的请求将识别问题与构建模型，从方法库中选择算法，从数据库读取数据，运行模型库中的模型，运行结果通过对话子系统传送给用户或暂存数据库待用。

8.1.4.1　对话管理子系统

对话管理子系统是 DSS 中用户和计算机的接口，在操作者、模型库、数据库和方法库之间起着传送(包括转换)命令和数据的重要作用，其核心是人机界面。

(1) 从系统使用角度，对话接口的设计目标是：能使用户了解系统所能提供的数据、模型及方法的情况。如：数据模式与范围，模型种类、数量、用途及运行要求等。通过"如果……则……"(what…if…)方式提问。对请求输入有足够的检验与容错能力，给用户某些必需的提示与帮助。通过运行模型使用户取得或选择某种分析结果或预测结果。在决策过程结束之后，能把反馈结果送入系统，对现有模型提出评价及修正意见。当需要的时候，可以按使用者要求的方式，很方便地以图形及表格等表达方式输出信息、结论及依据等。

(2) 从系统维护的检验评价角度，对话接口的设计目标是：能帮助维护人员了解系统运行的状况，分析存在的问题，找出改进的方法。报告模型的使用情况（次数、结果、使用者的评价及改进要求）。利用统计分析工具，分析偏差的规律及趋势，为找出症结提供参考。临时性地、局部性地修改模型，运行模型，并将结果与实际情况对比，以助于发现问题。在模型与方法之间，安排不同的使用方式与组合方式，以便进行比较分析。

(3) 从系统维护的允许修改角度，对话接口的设计目标是：能通过对话方式接受系统修改的要求。检查有关修改的要求，提醒维护人员纠正不一致的问题，补充遗漏细节，对可能出现的问题提出警告。根据要求，自动迅速地修改系统，这包括，在模型库中登记新模型，建立各种必要的联系，修改数据库等。

8.1.4.2　数据库管理系统

数据库管理系统是负责存储、管理、提供与维护用于决策支持的数据的 DSS 基本部件，是支撑模型库子系统及方法库子系统的基础。它是由数据库、数据析取模块、数据字典、数据库管理系统及数据查询模块等部件组成。

(1) 数据库：DSS 数据库中存放的数据大部分来源于 MIS 等信息系统的数据库，这些数据库被称为源数据库。源数据库与 DSS 数据库的区别在于用途与层次的不同，是模型库、方法库和对话系统的基础部分。

(2) 数据析取模块：数据析取模块负责从源数据库提取能用于决策支持的数据，析取过程也是对源数据进行加工的过程，是选择、浓缩与转换数据的过程。

(3) 数据字典：用于描述与维护各数据项的属性、来龙去脉及相互关系。也可被看作是数据库的一部分。

(4) 数据库管理系统：用于管理、提供与维护数据库中的数据，也是与其他子系统的接口。

(5) 数据查询模块：用来解释来自人机对话及模型库等子系统的数据请求，通过查阅数据字典确定如何满足这些请求，并详细阐述向数据库管理系统的数据请求，最后将结果返回对话子系统或直接用于模型的构建与计算。

8.1.4.3　模型库管理系统

模型库管理系统是构建和管理模型的计算机软件系统，它是 DSS 中最复杂与最难实现的部分。DSS 用户是依靠模型库中的模型进行决策的，因此我们认为 DSS 是由"模型驱动的"。

应用模型获得输出结果的三种作用：第一，直接用于制定决策；第二，对决策的制定提出建议；第三，用来估计决策实施后可能产生的后果。对应于那些结构性比较好的决策问题，其处理算法是明确规定了的，表现在模型上，其参数值是已知的。对于非结构化的决策问题，有些参数值并不知道，需要使用数理统计等方法估计这些参数的值。由于不确定因素的影响，参数值估计的非真实性，以及变量之间的制约关系，用这些模型计算得出的输出一般只能辅助决策或对决策的制定提出建议。对于战略性决策，由于决策模型涉及的范围很广，其参数有高度的不确定性，所以模型的输出一般用于估计决策实施后可能产生的后果。模型库管理系统由模型库和模型库管理系统两部分组成，如图 8.3 所示。

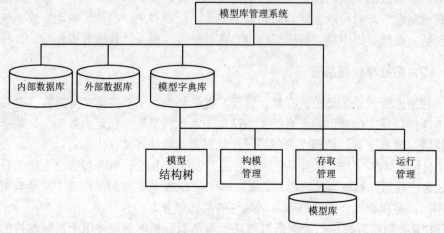

图 8.3　模型库管理系统结构

1) 模型库用于存储决策模型，是模型库管理系统的核心部件。实际上模型库中主要存储的是能让各种决策问题共享或专门用于某特定决策问题的模型基本模块或单元模型，以及它们间的关系。

(1) 使用 DSS 支持决策时，根据具体问题构造或生成决策支持模型，这些决策支持模型如果有再用的可能性，也可存储于模型库。如果将模型库比作一个成品库的话，则该仓库中存放的是成品的零部件、成品组装说明、某些已组装好的半成品或成品。从理论上讲，利用模型库中的"元件"可以构造出任意形式且无穷多的模型，以解决任何所能表述的问题。

(2) 用单元模型构造的模型或决策支持模型可分为：模拟方法类、规划方法类、计量经济方法类、投入产出方法类等，其中每一类又可分为若干子类。如规划方法类又分为线性规划或非线性规划、单目标规划或多目标规划等。模型按照经济内容可分类为：

① 预测类模型，如产量预测模型、消费预测模型等。

② 综合平衡类模型，如生产计划模型、投入产出模型等。

③ 结构优化类模型，如能源结构优化模型、工业结构优化模型等。

④ 经济控制类模型，如财政税收、信贷、物价、工资、汇率等对国家经济的综合控制模型等。

(3) 模型基本单元在模型库中的存储方式目前主要有子程序、语句、数据及逻辑关系等四种方式，逻辑方式主要用于智能决策支持系统。

① 以子程序方式存储：是常用的原始存储方式，它将模型的输入、输出格式及算法用完整的程序表示。该方式的缺点是不利于修改，还会造成各模型相同部分的存储冗余。

② 以语句方式存储：用一套建模语言以语句的形式组成与模型各部分相对应的语句集合，再予以存储。该方式与子程序方式有类似性，但朝面向用户方向前进了一步。

③ 以数据方式存储：其特点是把模型看成一组用数据集表示的关系，便于利用数据库管理系统来操作模型库，使模型库和数据库能用统一的方法进行管理。

2) 模型库管理系统的主要功能是模型的利用与维护。

(1) 模型的利用：包括决策问题的定义和概念模型化，从模型库中选择恰当的模型或单元模型构造具体问题的决策支持模型，以及运行模型。

(2) 模型的维护：包括模型的联结、修改与增删等。

(3) 模型库管理系统是在与 DSS 其他部件的交互过程中发挥作用的。

① 与数据库管理系统的交互可获得各种模型所需的数据，实现模型输入、输出和中间结果存取自动化。

② 与方法库管理系统的交互可实现目标搜索、灵敏度分析和仿真运行自动化等。

③ 与对话子系统之间的交互，模型的使用与维护实质上是用户通过人机对话子系统予以控制与操作的。

8.1.4.4 方法库管理系统

方法库管理系统是存储、管理、调用及维护 DSS 各部件要用到的通用算法、标准函数等方法的部件，方法库中的方法一般用程序方式存储。

方法库管理系统由方法库与方法库管理系统组成。

1) 方法库：是存储方法模块的工具。

(1) 存储方法：方法库内存储的方法一般有：排序算法、分类算法、最小生成树算法、最短路径算法、计划评审技术(PERT)、线性规划、整数规划、动态规划、各种统计算法、各种组合算法等。如图 8.4 所示。

(2) 分类：按方法的存储方式，方法库可以被分为：层次结构型方法库、关系型方法库、语义网络模型结构方法库和含有人工智能技术的方法库等。

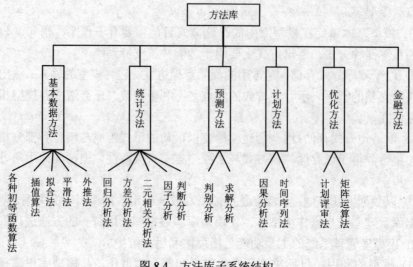

图 8.4 方法库子系统结构

2) 方法库管理系统：是方法库系统的核心部分，是方法库的控制机构。

8.1.5 技术层次

根据 DSS 理论框架，分辨 DSS 中包含的硬/软件层次是很重要的，这是因为使用它们的人具有不同的技能水平，并且应用这些 DSS 的任务的性质和范围也不同。

8.1.5.1 专用 DSS

专用 DSS 是面向用户的能够提供决策支持功能的基于计算机的信息系统。目前的 DSS 都是针对某一个或某一类特定的问题域的，例如解决社会保险问题专门开发的 DSS。专用 DSS 又被称为"最终版的 DSS"，因为这种系统通常是被用于某个特定的目的而开发的，并且不能用这种系统再开发出新系统。

专用 DSS 的一个典型的例子是美国加州圣何塞市的警察巡逻任务部署系统。这个系统可用于辅助警察日常的决策问题。巡逻路线的决定、巡逻队伍的调拨、在紧急情况下的处理等决策问题。决策者使用系统时，先在屏幕上调出要分析的城市中某一地区的地图。然后，根据要解决的问题运行有关模块。这时系统会显示与该地区某种活动有关的各种数据，诸如可以提供的服务项目、对事件的响应时间以及在此地区发生某种事件的概率等。

8.1.5.2　DSS 生成器

DSS 生成器是一种能用来迅速和方便地研制构造专用 DSS 的计算机硬件和软件系统。包括数据管理、模型管理和对话管理所需的技术以及能将它们有机地结合起来的接口。通过 DSS 生成器可根据决策者的要求、决策问题域与决策环境等在较短的时间里生成一个专用的 DSS。

有两种典型的 DSS 生成器。一种是用于某些特定领域的 DSS 生成器，在这种生成器中通常提供给用户一种 DSS 描述语言。决策者可以使用 DSS 描述语言来开发专用 DSS。例如交互式财务计划系统(IFPS)就是 DSS 生成器的例子。另一种典型的 DSS 生成器是在微机上使用的。在一些 DSS 生成器中，DSS 构成语言是与数据库管理系统功能结合在一起的，这种生成器生成的是面向数据处理功能以及大量嵌入性的过程处理语言。微机上的常用的表计算软件 Excel 等是这一类 DSS 生成器的典型。

经理信息系统(EIS)也是一种 DSS 生成器。EIS 有多种功能，包括报表准备、询问功能、建模语言、图形显示命令以及一套财务统计分析子程序。尽管这些功能利用一般的表计算软件包也能实现，但 EIS 却是通过一组通用命令语言作用于公共数据集来综合这些功能。这就使得 EIS 能作为一个 DSS 生成器使用，特别是可以用来建立起专用 DSS，以帮助经理利用其提供的数据分析结果快速进行决策。

IBM 公司曾开发了一个名为 GADS(Geographic Analysis and Display System) 的软件包，可用来生成带有地理信息系统功能的专用 DSS。在 GADS 中有生成地图所需的软件工具及其他数据，另外还有一套用以描述用户需求的语言，用户可用这种语言来开发他所需要的专用 DSS。前面美国加州圣何塞市的警察巡逻任务部署系统就是用 GADS 开发的。GADS 还被用来开发了许多专用 DSS，例如决定 IBM 公司用户服务点定位问题的专用 DSS，以及用于确定城市消防站位置的专用 DSS 等。

8.1.5.3　DSS 工具

DSS 工具是可用来构造专用 DSS 和 DSS 生成器的基础技术与基本硬件和软件单元，其作用是提供各种在生成专用 DSS 和制作 DSS 生成器时需要的基本模块。

DSS 工具的概念基于两点：其一是不同的 DSS 在开发技术与构件上都有共性部分，例如，开发语言、结构框架、基本算法、输入输出程序等；其二是从零点开始的 DSS 开发方式周期过长，与应用对象的变化不相适应。

例如，GADS 系统就是用一种高级语言写成的，它使用地理信息系统图形子程序包作为基本的会话处理模块，同时还使用了一个功能强大的交互式数据库管理系统。近年来，各种高性能的软件开发工具不断出现，面向对象的语言"C++"以及在互联网环境下的开发工具 Java、Perl 等，都可以用来高效率地开发 DSS。

8.1.5.4　三种技术层次间的关系

专用 DSS、DSS 生成器和 DSS 工具三种技术层次间的关系如图 8.5 所示。

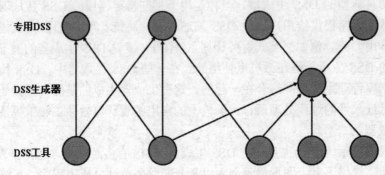

图 8.5　三种技术层次间的关系

(1) 专用 DSS 属于最高层次，它可由 DSS 工具构成，亦可以由 DSS 生成器产生。

(2) DSS 生成器可以被设想为一个由各种 DSS 工具组成的软件包。

(3) DSS 工具提供各种在生成专用 DSS 和制作 DSS 生成器时需要的基本模块。

8.2　供应链管理与企业资源计划

8.2.1　供应链管理

世界经济进入 20 世纪 80 年代后，MRP Ⅱ、ERP 等针对企业内部管理的管理软件大量的使用于企业，整合了其内部的管理。但是在 80 年代后期，一些灵敏的企业发现，单靠企业自身生产过程的优化、改进企业内部的管理所获得的收效越来越有限，所贡献的竞争力越来越小，于是这些企业将其目光转移到为他们提供物料的上下游企业的活动上来了。进入 90 年代，随着商品市场国际化和竞争加剧，形成了产品用户化和交付期多变的环境，而且，越来越多的生产过程由一些独立的生产和供货商组成,这需要极大程度地改进生产过程和向客户提供产品的过程,以增加利润。一些大型的制造企业改进管理的焦点聚集到相关的独立企业之间的协调和企业外部的物流和信息流的集成。伴随这种情形,供应链管理(Supply Chain Management,SCM)的思想和方法便应运而生。

8.2.1.1 供应链的定义

供应链至今尚无一个公认的定义,在供应链管理的发展过程中,有关的专家和学者提出大量的定义,这些定义其实是在一定的背景下提出的。Sutherland 归纳了三类供应链的定义:

第一个定义强调供应链是物流的同义词。供应链是指将原料或半成品,通过采购、设计、制造、销售等活动,传递到顾客手上的过程。因此,供应链被视为企业内部的一个物流过程,它所涉及的主要是物料采购、库存、生产和分销等部门的职能协调问题,最终目的是为了优化企业内部的业务流程,降低物流成本,从而提高经营效率。

第二个定义在第一个定义的基础上,从单个企业推广到企业的顾客和企业的直接或间接供应商,如图 8.6 所示。这个定义强调了原料流向最终顾客过程中所有的环节,包含了企业内部的和企业之间的。在这个定义下,加强与供应商的全方位协作,剔除供应链条中的"冗余"成分,提高供应链的运作速度成为核心问题。

第三个定义是在第二个定义上加上了信息流、资金流和知识流。也就是说,供应链是经过一组相互连接的多个供应商的物流、信息流、资金流和知识流组成的流程,向顾客提供满足其需要的产品和服务。这个定义有几个特点:

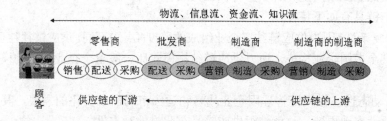

图 8.6　供应链的概念

(1) 供应链由一组业务流程组成(采购、设计、制造、运输、销售等)。

(2) 信息和资金流动与物流一样的重要,是不可缺少的。

(3) 知识流的加入强调协同产品开发和业务流程之间的协调和创新。

(4) 满足最终顾客才是供应链的最终目的。

此外，还有两个定义值得注意，它们对第三个定义中的供应链从两个方面进行了强调。一个是认为供应链是一个价值的增值链；另一个定义强调供应链不是一个简单的线条，而是一个由供应商组成的网络。

将这两个观点与第三个定义结合起来，我们可以将供应链定义为：供应链是经过一组相互连接的多个供应商的物流、信息流、资金流和知识流组成的流程。即从采购原材料开始，制成中间产品及最终产品，最后由销售网络把产品送到消费者手中，将供应商、制造商、分销商、零售商直到最终用户连成一个整体的网链结构模式。

根据供应链的定义，可以把供应链的总体结构归纳为图 8.7 所示的模型。

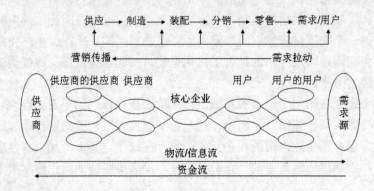

图 8.7　供应链总体结构模型

从供应链的结构模型可以看出，供应链是一个网链结构，由围绕核心企业的供应商、供应商的供应商和用户、用户的用户组成。一个企业是一个结点，结点企业和结点企业之间是一种需求与供应关系。

供应链具有如下特征：

(1) 复杂性：因为供应链结点企业组成的跨度(层次)不同，供应链往往由多个、多类型甚至多国企业构成，所以供应链结构模式比一般单个企业的结构模式更为复杂。

(2) 动态性：供应链管理因企业战略和适应市场需求变化的需要，其中结点企业需要动态地更新，这就使得供应链具有明显的动态性。

(3) 面向用户需求：供应链的形成、存在、重构，都是基于一定的市场需求而发生，并且在供应链的运作过程中，用户的需求拉动是供应链中信息流、产品/服务流、资金流运作的驱动源。

(4) 交叉性：结点企业可以是这个供应链的成员，同时又是另一个供应链的成员，众多的供应链形成交叉结构，增加了协调管理的难度。

196

8.2.1.2 供应链管理的定义

对供应链这一复杂系统，要想取得良好的绩效，必须找到有效的协调管理方法，供应链管理思想就是在这种环境下提出的。

简单方理解，供应链管理就是对供应链上各结点企业所实施的统一管理。由于供应链的复杂性、动态性和交叉性，使得供应链管理的定义也出现了很多不同的理解，具有代表性的有：

(1) 英国克兰菲尔德大学管理学院教授 Martin Christopher 认为：供应链管理是对与供应商和客户的上下游关系的管理，以达到用更少的供应链总成本向客户提供卓越价值的目的。

(2) 美国麻省理工学院"供应链创新论坛"合作主任 David Simchi-Levi 教授等人认为：供应链管理是一整套用于有效地集成供应商、制造商、仓库以及商店的方法集，目的是使商品得以适当的时间、按适当的数量生产、并送到适当的地点，使得以最小的系统总成本来满足客户要求的服务水平。

(3) 美国供应链管理协会(Council of Supply Chain Management Professionals，CSCMP)的定义：供应链管理包括对所有涉及获取资源与采购、转化以及客户等渠道伙伴的协调与合作。

上述定义给出了供应链管理的业务内容范围和其强调合作与协调的本质内容。根据成功的供应链管理实践以及近年来供应链管理理论的研究的发展，我们给出以下的定义：供应链管理是指人们在认识和掌握供应链各环节内在规律和相互联系的基础上，利用管理的计划、组织、指挥、协调、控制和激励职能，对产品生产和流通过程中各个环节所涉及的物流、信息流、资金流及业务流进行合理调控，以期达到最佳组合，发挥最大效用，提升产品价值。

8.2.1.3 供应链管理的基本特点

供应链管理的基本特点是：

(1) 以顾客满意为核心。让最终顾客更满意是供应链全体成员的共同目标，顾客满意的实质是顾客获得超出他们承担的产品价格以上的那部分"价值"，供应链可以使得这部分"价值"升值。比如，由于供应链中供应商与制造商、制造商与销售商彼此之间已经建立了战略合作伙伴关系，因此供应商可以将原料或配件直接送给制造商，制造商可直接将产品运送给销售商，企业间无须再进行原来意义上的采购和销售,这两项成本就大大削减了;同时，包装和管理等项成本也随物流环节的减少而降低，因此，供应链完全可以以更低的价格向客户提供优质产品。此外，供应链还可通过改善产品质量、提高服务水平、增加服务承诺等项措施来增大顾客所期待的那部分"价值",从而提高了顾客的满意度。

(2) 有新型合作竞争理念。与传统企业经营管理不同,SCM 是对供应链全面协调性的合作式管理,它不仅要考虑核心企业内部的管理,还更注重供应链中各个环节、各个企业之间资源的利用和合作,让各企业之间进行合作博弈,最终达到"双赢"。早期的单纯竞争观念完全站在企业个体的立场上,以自己的产品销售观在现有的市场上争夺产品和销售渠道,其结果不是你死我活就是两败俱伤,不利于市场空间的扩大和经济的共同繁荣进步。SCM 的合作竞争理念把供应链视为一个完整的系统,将每一个成员企业视为子系统,组成动态联盟,彼此信任,互相合作,共同开拓市场,追求系统效益的最大化,最终分享节约的成本和创造的收益。

(3) 以现代网络信息技术为支撑。SCM 战略是现代网络信息技术与战略联盟思想的结晶,高度集成的网络信息系统是其运行的技术基础,ERP(企业资源计划)就是 SCM 广泛使用的信息技术。ERP 是由美国权威计算机技术咨询和评估集团 GarterGroup 在 20 世纪 90 年代提出的,它由 MRP Ⅱ(制造资源计划)发展而来,ERP 综合应用了多项网络信息产业的成果,集企业管理理念、业务流程、基础数据、企业资源、计算机软硬件于一体,通过信息流、物流、资金流的管理,把供应链上所有企业的制造场所、营销系统、财务系统紧密地结合在一起,以实现全球内多工厂、多地点的跨国经营运作,使企业超越了传统的供方驱动的生产模式,转向需方驱动生产模式运营,体现了完全按用户需求制造的思想,通过信息和资源共享,实现以顾客满意为核心的战略。

8.2.1.4 供应链管理的意义

(1) 供应链管能减少从原材料供应到销售点的物流流通时间。供应链上的企业通过对消费者需求作出快速反应(QR),实现供应链各环节即时出售、即时生产(JIT)、即时供应,也就是在需求信息获取和随后所作出的反应尽量接近实时及最终用户,将消费者需求的消费前置时间降低到最低限度。要实现这一点,必须通过供应链的企业共享信息,全方位对上下游市场信息作出快速反应,共同对外营造一种群体氛围,将消费者所需的产品按需求生产出来,并及时送到消费者手中。

(2) 供应链管理可减少社会库存,降低成本。供应链通过整体合作和协调,在加快物流速度的同时,也减少了各个环节上的库存量,避免了许多不必要的库存成本的消耗。如果没有供应链上的集成化管理,链上的企业就会只管理它自己的库存,以这种方式来防备由于链中其他组织的独立行动而给本组织带来的不确定性。例如,一个零售商会需要安全库存来防止分销商货物脱销情况的出现,而分销商也会需要安全库存以防止生产商出现供货不足的情况。由于在一条链上的各个界面都存在不确定因素，又缺乏必要的沟通和合作，所以需要重复的库存。而在供应链的集成化管理中，链中的全部库存管理可通过供应链所有成员之间的信息沟通、责任分配和相互合作来协调，以减少链上每个成员的不确定性和安全库存量。较少的库存又会带来减少资金占用量、削减库存管理费用的结果，从而降低成本。另外，供应链的形成消除了非供应链合作关系中上下游之间的成本转嫁，从整体意义上降低了各自的成本，使得企业将更多的周转资金用于产品的研制和市场开发等，以保证企业获得长期发展。

(3) 供应链管理可提高产品质量。供应链中每一个被选择的伙伴对某项技术和某种产品拥有核心能力，其产品设计、生产工艺、质量处于同行业领先地位。供应链管理就是借助网络技术，使分布在不同地区的供应链合作伙伴，在较大区域范围内进行组装集成制造(OEM 方式)或系统集成，使制造出质量近乎完美的产品成为可能。如果构成产品的零部件由一个厂家生产，或由一些专业化程度不高的厂家生产，则产品总体质量很难得到保证。

(4) 供应链管理可使企业组织简化，提高管理效率。供应链管理的实施需要Intranet/Extranet 的技术作为支撑，才能保证供应链中的企业实时获取和处理外界信息及链上信息，使企业最高领导人可以通过供应链中的企业内部网络随时了解下情，而基层人员也可以通过网络知道企业有关指令和公司情况。因此，企业的许多中间协调、传送指令管理机构就可削减，企业管理组织机构可由金字塔形向扁平型方向发展。组织结构简化，层次减少，使企业对信息反应更快，管理更为有效，有效地避免传统企业机构臃肿，人浮于事的现象，适应现代企业管理的发展趋势。

(5) 供应链可以从经营战略上加强企业的竞争优势。当今的市场竞争日益激烈，企业面临的竞争对手可能不只是一个经营单位，而是一些相互关联的群体，仅靠企业自身的资源不可能有效地参与市场竞争，还必须把经营过程中的有关各方如供应商、制造商、分销网络、客户纳入一个紧密的供应链中，才能有效地安排企业的产、供、销活动，满足企业利用当今社会一切市场资源进行生产经营的需求，以期进一步提高效率和在市场上获得竞争优势。在一个企业遇到多点竞争时，它必须跳出竞争单位的范围来看待自己的对手，因为竞争优势的获得取决于更广泛的因素——供应链。

8.2.1.5 实施供应链管理的原则和步骤

供应链管理能够提高投资回报率、缩短订单履行时间、降低成本。Andersen 咨询公司提出了供应链管理的 7 项原则：

(1) 根据客户所需的服务特性来划分客户群。传统意义上的市场划分基于企业自己的状况如行业、产品、分销渠道等，然后对同一区域的客户提供相同水平的服务；供应链管理则强调根据客户的状况和需求，决定服务方式和水平。

(2) 根据客户需求和企业可获利情况，设计企业的后勤网络。一家造纸公司发现两个客户群存在截然不同的服务需求：大型印刷企业允许较长的提前期，而小型的地方印刷企业则要求在 24 小时内供货，于是它建立的是三个大型分销中心和 46 个紧缺物品快速反应中心。

(3) 倾听市场的需求信息。销售和营运计划必须监测整个供应链，以及时发现需求变化的早期警报，并据此安排和调整计划。

(4) 时间延迟。由于市场需求的剧烈波动，因此距离客户接受最终产品和服务的时间越早，需求预测就越不准确，而企业还不得不维持较大的中间库存。例如一家洗涤用品企业在实施大批量客户化生产的时候，先在企业内将产品加工结束，然后在零售店才完成最终的包装。

(5) 与供应商建立双赢的合作策略。迫使供应商相互压价，固然使企业在价格上收益；但相互协作则可以降低整个供应链的成本。

(6) 在整个供应链领域建立信息系统。信息系统首先应该处理日常事务和电子商务；然后支持多层次的决策信息，如需求计划和资源规划；最后应该根据大部分来自企业之外的信息进行前瞻性的策略分析。

(7) 建立整个供应链的绩效考核准则，而不仅仅是局部的个别企业的孤立标准，供应链的最终验收标准是客户的满意程度。

关于供应链管理的实施步骤，Kearney 咨询公司强调：

(1) 首先应该制定可行的实施计划，这项工作可以分为四个步骤：

① 将企业的业务目标同现有能力及业绩进行比较，首先发现现有供应链的显著弱点，经过改善，迅速提高企业的竞争力。

② 同关键客户和供应商一起探讨、评估全球化、新技术和竞争局势建立供应链的远景目标。

③ 制定从现实过渡到理想供应链目标的行动计划，同时评估企业实现这种过渡的现实条件。

④ 根据优先级安排上述计划，并且承诺相应的资源。

(2) 根据实施计划，定义长期的供应链结构，使企业在与正确的客户和供应商建立的正确的供应链中，处于正确的位置。

(3) 然后重组和优化企业内部和外部的产品、信息和资金流。

(4) 最后在供应链的重要领域如库存、运输等环节提高质量和生产率。

实施供应链管理需要耗费大量的时间和财力，在美国，也只有不足 50% 的企业在实施供应链管理。Kearney 咨询公司指出，供应链可以耗费整个公司高达 25%

的运营成本，而对于一个利润率仅为 3%～4% 的企业而言，哪怕降低 5% 的供应链耗费，也足以使企业的利润翻番。

供应链管理是当前国际企业管理的重要方向，也是国内企业富有潜力的应用领域。通过业务重组和优化提高供应链的效率，降低成本，提高企业的竞争能力。

8.2.2　企业资源计划

20 世纪 90 年代初，美国著名的 IT 分析公司 Gartner Group Inc 根据当时计算机信息处理技术 IT(Information Technology)的发展和企业对供应链管理的需要，对信息时代以后制造业管理信息系统的发展趋势和即将发生的变革作了预测，提出了企业资源计划(Enterprise Resource planning, ERP)这个概念。ERP 是面向电子商务对企业的产、供、销、存、人、财、物各系统资源进行全面管理的管理信息系统。

8.2.2.1　ERP 理论的产生与发展

ERP 理论的形成过程，是一个不断积累、演进和成熟的过程。ERP 的发展经历了订货点法 OP、基本 MRP、闭环 MRP、MRPⅡ、ERP 和 ERPⅡ六个阶段。这六个发展阶段相互之间不是孤立的，而是呈一个向上发展的趋势，前一个阶段是后一阶段的基础，后一个阶段是前一阶段的深化和发展。

1) 订货点法(OP)：早在 20 世纪 30 年代初期，企业管理库存的方式主要是发出订单和进行催货，通过缺料表列出急需但没有库存的物料，派人根据缺料表进行催货。由于物料的供应需要一定的时间，因此，停工待料的现象时有发生。为了改变这种被动状况，人们根据"库存补充"的原则，提出了订货点法(OP)。"库存补充"的原则是保证在任何时候仓库里都有一定数量的存货，以便需要时随时取用。订货点法依靠对库存补充周期内的需求量预测，并保留一定的安全库存储备，来确定订货点。其中，安全库存的设置是为了应对需求的波动。一旦库存量低于预先规定的数量，即订货点，立即订货来补充库存。订货点法的公式为：订货点=单位时间的需求×订货提前期+安全库存。订货点法关注的焦点是库存量本身，而未将需求和供应方综合进行考虑。订货点法只适合于稳定消耗和独立需求物料。

2) 基本 MRP：在订货点法中，不能计算制造过程对零部件的需求，因此将所有需求都看作是独立需求。实际上，制造过程对零部件的需求依赖于客户对产品的需求，只要掌握了产品的零部件构成和加工组装的时间，就可以计算出什么时间需要多少什么零件了。于是，人们在对独立需求和相关需求的认识的基础上，发展并形成了物料需求计划(MRP)的理论，物料的订货量要根据需求来确定，这种需求应考虑产品的结构，以实现"既要降低库存，又要不出现物料短缺"。MRP的基本内容是编制零件的生产计划和采购计划。要正确编制零部件计划，首先必须落实产品的主生产进度计划，这是 MRP 展开的依据；MRP 还需要知道产品的零件结构，即主产品结构清单，才能把生产计划展开成零部件计划；同时必须知道库存数量才能准确计算出零部件的生产(采购)数量。可见，MRP 的输入是主生产进度计划、主产品结构清单和库存信息，输出是采购计划和生产作业计划。

3) 闭环式 MRP：虽然在基本 MRP 的制定过程中考虑了物料清单和库存相关信息，但实际生产中的条件是变化的，如企业的生产规模、制造工艺、生产设备等，甚至还要受外面环境的影响。另外，MRP 制定的采购计划可能受供应商供货能力限制而无法实现，以及生产计划未考虑生产能力的限制在执行时经常偏离计划。为了解决以上问题，在 20 世纪 70 年代，人们又提出了闭环式的 MRP 系统。闭环式 MRP 系统除了物料需求计划外，还将生产能力需求计划、车间作业计划和采购作业计划也全部纳入 MRP，形成一个闭合的系统。

(1) 企业根据销售与运作规划制定一个主生产计划，与此同时，要考虑到企业的生产能力约束条件，还要制定一个粗能力计划。

(2) 如果粗能力计划受到种种约束不可行，则需要重新修改主生产计划；相反，如果可行的话，则结合企业当前的物料可用情况数据制订物料需求计划，同时结合各工作中心的状态数据，形成能力需求计划。

(3) 如果能力需求计划受到物料或工作中心的约束而不可行，则需要重新修改 MPS；相反如果可行，便可以进行采购和生产管理了。

这样一来，MRP 系统进一步发展，把能力需求计划和执行及控制计划的功能也包括进来，形成一个环形回路，从而成为一个完整的生产计划和控制系统。

4) 制造资源计划(MRP II)：闭环式 MRP 系统使生产计划方面的各种子系统得到了统一，但这还不够，因为在企业管理中，生产管理只是一个方面。闭环式 MRP 系统仅解决了物流的问题，而实际的生产运作过程中，从原材料的投入到成品的产出，都会伴随着资金流的运动。如在采购计划制定后，由于企业的资金短缺而无法按时完成，结果就会影响到整个生产计划的实施。为此，对系统的要求应该是物流和资金流的统一。于是，在 20 世纪 80 年代，人们把生产、财务、销售、工程技术、采购等各个子系统集成为一个一体化的系统，并称之为制造资源计划系统，为了区别于物料需求计划 MRP，在 MRP 后加上罗马数字"II"，即MRP II。主要特点体现在：

(1) MRP II 把企业中的各个子系统有机地结合起来，形成一个面向整个企业的一体化的系统，尤其是生产和财务子系统。

(2) MRPⅡ的所有数据来源于企业的中央数据库。

(3) MRPⅡ具有模拟功能，能根据不同的决策方针模拟出各种未来将会发生的结果。

5) 企业资源计划(ERP)：进入 20 世纪 90 年代，随着市场竞争的进一步加剧，企业竞争空间与范围进一步扩大，80 年代出现的 MRPⅡ在企业运营过程的局限性逐渐浮出水面。首先，企业竞争范围的扩大，要求企业在各方面加强管理，并要求企业有更高的信息化集成，要求对企业的整体资源进行集成管理，而不仅仅对制造资源进行集成管理；其次，企业规模不断扩大，多集团、多工厂要求协同作战，统一部署，这已经超过了 MRPⅡ的管理范围；最后，经济全球化趋势的发展要求企业之间加强信息交流和信息共享。企业之间既是竞争对手，又是合作伙伴。信息管理要求扩大到整个供应链的管理。与此同时，网络通信技术、客户/服务器(C/S)体系结构和分布式数据处理技术得到了飞速的发展，为解决 MRPⅡ的种种局限性提供了有力的技术支持。于是，80 年代出现的 MRPⅡ主要面向企业内部资源全面计划管理的思想逐步发展为 90 年代怎样有效利用和管理整体资源的管理思想，企业资源计划 ERP 也就随之产生了。ERP 是在 MRPⅡ的基础上扩展了管理范围，给出了新的结构。它与 MRPⅡ的区别主要体现在五个方面，如表 8.1 所示。

表 8.1　MRPⅡ与 ERP 的区别

区别	MRPⅡ	ERP
资源管理范围	侧重对企业内部人、财、物等资源的管理	把客户需求和企业内部的制造活动以及供应商的制造资源事整合在一起，形成一个完整的供应上所有环节进行有效管理
生产方式管理	把企业归类为几种典型的生产方式进行管理，对每种类型都有一套管理标准	能很好地支持和管理混合型制造环境，满足了企业的多角化经营的需求
管理功能	主要包括制造、分销、财务管理等功能	增加了运输管理、仓库管理、质量管理、实验室管理、设备维修和备品备件管理、工作流管理等
事务处理控制	通过计划的及时滚动来控制整个生产过程，它的实时性较差，一般只能实现事中控制。	支持在线分析处理、售后服务即质量反馈，强调企业的事前控制能力
财务系统功能	财务系统只是一个信息的归结者，它的功能是将供、产、销中的数量信息转变为价值信息	将财务计划和价值控制功能集成到了整个供应链上

6) 电子商务时代的企业资源计划(ERPⅡ)：进入 21 世纪后，Internet 和电子商务得以广泛的应用和发展，企业对外的接口界面越来越大，企业内、外部的运作方式产生了巨大的变化。这些对传统企业资源计划(ERP)系统提出了新的要求。Internet 技术的成熟增强了企业与客户、供应商实现信息共享和直接的数据交换的能力，强化了企业间的联系，形成共同发展的生存链，体现企业达到生存竞争的供应链管理思想。于是，人们在传统的 ERP 系统的基础上提出了 ERPⅡ的概念。

ERPⅡ是通过支持和优化企业内部和企业之间的协同运作和财务过程，以创造客户和股东价值的一种商务战略和一套面向具体行业领域的应用系统。为了区别于 ERP 对企业内部管理的关注，人们引入了"协同商务"的概念。协同商务是指企业内部人员、企业与业务伙伴、企业与客户之间的电子化业务的交互过程。为了使 ERP 流程和系统适应这种改变，企业对 ERP 的流程以及外部的因素提出了更多的要求，这就是"ERPⅡ"。其实，ERPⅡ定义是一种新的商业战略。

8.2.2.2　ERP 系统的定义及管理思想

ERP 系统的最初定义是在 1990 年由 Gartner Group 咨询公司提出的，它们认为 ERP 是"一套将财务、分销、制造和其他业务功能合理集成的应用软件系统"。

我国在 ERP 评测规范中对其作了如下定义："ERP 是一种先进的企业管理理念，它将企业各个方面的资源充分调配和平衡，为企业提供多重解决方案，使企业在激烈的市场竞争中取得竞争优势。ERP 以制造资源计划 MRPⅡ为核心，基于计算机技术的发展，并进一步吸收了现代的管理思想。MRPⅡ主要侧重对企业内部人、财、物等资源的管理。ERP 系统在 MRPⅡ的基础上扩展了管理范围，它把客户需求和企业内部的制造活动以及供应商的制造资源整合在一起，形成一个完整的供应链，并对供应链上的所有环节如订单、采购、库存、计划、生产、发货和财务等所需要的所有资源进行统一计划和管理,其主要功能包括生产制造控制、分销管理、财务管理、准时生产 JIT、人力资源管理、项目管理、质量管理等。"

对于企业来说，ERP 首先应该是管理思想，其次是管理手段与信息系统。管理思想是 ERP 的灵魂，不能正确认识 ERP 的管理思想就不可能很好地去实施和应用 ERP 系统。ERP 的管理思想主要体现在以下几个方面：

(1) 体现对整个供应链进行管理的思想。ERP 把客户需求和企业内部的制造活动以及供应商的制造资源整合在一起，形成一个完整的供应链。在电子商务时代，现代企业的竞争已经不是单一企业与单一企业的竞争，而是一个供应链与另一个供应链之间的竞争。ERP 系统正是适应了这一市场竞争的需要，实现了整个企业供应链的管理。

(2) 体现精益生产、同步工程和敏捷制造的思想。ERP 系统支持混合型生产

方式 的管理，其管理思想表现在以下两个方面：

① 精益生产(Lean Production，LP)的思想。企业把客户、销售代理商、供应商、协作单位纳入生产体系，同他们建立起利益共享的合作伙伴关系，进而且成一个企业的供应链。

② 敏捷制造(Agile Manufacturing，AM)的思想。当市场上出现新的机会，而企业的基本合作伙伴不能满足新产品开发生产的要求时，企业组织一个由特定的供应商和销售渠道组成的短期或一次性供应链，形成"虚拟工厂"，把供应和协作单位看成是企业的一个组成部分，运用同步工程(Simultaneous Engineering，SE)的方法组织生产，用最短的时间将新产品打入市场，时刻保持产品的高质量、多样化和灵活性，这就是"敏捷制造"的核心思想。

(3) 体现事先计划和事中控制的思想。ERP 系统中的计划体系主要包括：主生产计划、物料需求计划、能力需求计划、采购计划、分销资源计划、利润计划、财务预算和人力资源计划等，而且这些计划功能与价值控制功能已完全集成到整个供应链系统中。ERP系统通过定义与事务处理相关的会计核算科目与核算方式，在事务处理发生的同时自动生成会计核算分录，保证了资金流与物流的同步记录和数据的一致性。从而实现了根据财务资金现状，可以追溯资金的来龙去脉，并进一步追溯所发生的相关业务活动，便于实现事中控制和实时作出决策。此外，计划、事务处理、管制与决策功能，都要在整个供应链中实现。

(4) 系统内外部集成思想。内部集成使信息的处理和共享能力覆盖到企业的各个基本管理单元，外部集成有助于实现供应链管理和协同商务。集成包括系统集成、信息集成和管理功能的集成。

8.2.2.3 我国 ERP 行业发展概况

与发达国家相比，MRP Ⅱ/ERP 在我国的应用略晚一些。回顾其在我国的应用和发展过程，大致可分为萌芽期、导入期、成长期、前期及期四个阶段。

第一阶段：萌芽期(20 世纪 80 年代)。这一时期的主要特点是立足于 MRP Ⅱ的引进、实施以及部分应用阶段，其应用范围局限在传统的机械制造业内。那时，中国刚进入市场经济的转型阶段，企业参与市场竞争的意识尚不具备或不强烈。企业的生产管理问题严重：如机械制造工业人均劳动生产率大约仅为先进工业国家的几十分之一，产品交货周期长、库存储备资金占用大、设备利用率低等等。为了改善这种落后的局面，我国机械工业系统中一些企业如沈阳第一机床厂、沈阳鼓风机厂、北京第一机床厂、第一汽车制造厂、广州标致汽车公司等先后从国外引进了 MRP Ⅱ软件。

第二阶段：导入期(1990～1997 年)。这一时期的主要特点是 MRP Ⅱ在中国的应用与推广取得较好的成绩。该阶段唱主角的大多还是外国软件。随着改革开放的不断深化，我国的经济体制已从计划经济向市场经济转变，产品市场形势发生了显著的变化，这对传统的管理方式提出了严峻的挑战。这一阶段的管理软件仍然定位在 MRP II 软件的推广与应用上，然而涉及的领域已突破了机械行业而扩展到航天航空、电子与家电、制药、化工等行业。典型的企业有成都飞机制造工业公司、广东科龙容声冰箱厂、山西经纬纺织机械厂、一汽大众等。在此期间，多数的新老 MRP II 用户在应用系统之后都取得了或多或少的收益。

第三阶段：成长期(1998～2004 年)。这一时期的主要特点是 ERP 的引入并成为主角，应用的企业数量快速增加，应用范围也从制造业扩展到了第三产业，并且由于不断的实践探索，应用效果也得到了显著提高。自中国 ERP 软件市场开始进入快速成长期以来，ERP 软件在管理软件整体市场中的比重逐年提升，2002 年 ERP 软件销售额首次超过财务管理软件，成为中国管理软件市场最大的细分产品市场。

第四阶段：前普及期(2004 年以后)。2004 年后，ERP 的应用在我国进入了"前普及期"。之所以称之为"前普及期"，有两方面的原因：其一是应用 ERP 系统软件在大型企业以及东部沿海的企业中的应用已经比较普遍；其二是东、西部发展不平衡，位于中、西部地区的企业的应用相对滞后一些，而且，在已经应用了 ERP 系统的企业中，还有相当一部分应用的深度不够，有的企业实际上只是将 ERP 系统当作"进销存"管理软件使用。

当 ERP 的应用真正进入普及期时，意味着一个国家或地区的企业，尤其是制造业的管理水平已经发生了质的飞跃。但考虑到我国的企业普遍的管理和技术基础与先进国家尚有不小的距离，预计我国在前普及期还会停留一段时间，才会进入真正的普及期。

8.3 电子商务

电子商务是伴随着电子技术、通信技术的不断革新和飞速发展而逐渐形成的。从历史发展的角度看，电子商务活动经历了两个发展阶段：第一阶段是基于 EDI 的电子商务。早在 20 世纪 60 年代，人们就开始了用电报报文发送商务文件的工作；70 年代人们又普遍采用传真机替代电报，但是由于传真文件是通过纸面打印来传递和管理信息的，不能将信息直接转入到信息系统中，因此人们开始采用电子数据交换(Electronic Data Interchange，EDI)作为企业间电子商务的应用技术，这也就是电子商务的雏形。第二阶段是基于 Internet 网络的电子商务。在 20 世纪

90 年代中期后，Internet 网络迅速走向普及化，逐步地从大学、科研机构走向企业和百姓家庭其功能也从信息共享演变为一种大众化的信息传播工具。从 1991 年起，商业贸易活动正式进入到 Internet 网络这个王国里。

8.3.1 电子商务的定义

8.3.1.1 关于电子商务定义的不同表述

有关电子商务的定义却始终没有一个统一的、权威的表述，不同的组织、政府、公司和专家给出了不同的定义，我们将列举一些比较典型的论述来理解电子商务的定义。

(1) 世界电子商务会议对电子商务的定义(1997 年)：电子商务是指对整个贸易活动实现电子化。从涵盖范围方面可以定义为：交易各方以电子交易方式而不是通过当面交换或直接面谈方式进行的任何形式的商业交易；从技术方面可以定义为：电子商务是一种多技术的集合体，包括交换数据(如电子数据交换、电子邮件)、获得数据(共享数据库、电子公告牌)以及自动捕获数据(条形码)等。

(2) 加拿大电子商务协会对电子商务的定义：电子商务是通过数字通信进行商品和服务的买卖以及资金的转账，它还包括公司间和公司内利用电子邮件(E-mail)、电子数据交换(EDI)，文件传输、传真、电视会议、远程计算机联网所能实现的全部功能(如：市场营销、金融结算、销售以及商务谈判等)。

(3) 全球信息基础设施委员会(GIIC)电子商务工作委员会对电子商务的定义：电子商务是运用电子通信作为手段的经济活动，通过这种方式人们可以对带有经济价值的产品和服务进行宣传、购买和结算。这种交易的方式不受地理位置、资金多少或零售渠道所有权的影响，公有和私有企业、公司、政府组织、各种社会团体、一般公民、企业家都能自由地参加广泛的经济活动，其中包括农业、林业、渔业、工业、私营和政府的服务业。电子商务能使产品在世界乐园内交易并向消费者提供多种多样的选择。

(4) 欧洲议会关于"电子商务"给出的定义：电子商务是通过电子方式进行的商务活动。它通过电子方式处理和传递数据，包括文本、声音和图像。它涉及许多方面的活动，包括货物电子贸易和服务、在线数据传递、电子资金划拨、电子证券交易、电子货运单证、商业拍卖、合作设计和工程、在线资料、公共产品获得。它包括了产品(如消费品、专门设备)和服务(如信息服务、金融和法律服务)、传统活动(如健身、体育)和新型活动(如虚拟购物、虚拟训练)。

(5) IBM 公司对电子商务的定义：将系统和主要商业运作过程结合起来，通过因特网技术使之变得简单易行的、能够传递不同商业价值的、安全、灵活和完整的商业途径。

(6) HP 对电子商务的定义：电子商务是通过电子化手段来完成商业贸易活动的一种方式。电子商务使我们能够以电子交易为手段完成物品和服务等的交换，是商家和客户之间的联系纽带。它包括两种基本形式：商家之间的电子商务及商家与最终消费者之间的电子商务。

(7) 我国专家从不同角度给出电子商务的定义：

王可研究员：在计算机与通信网络基础上，利用电子工具实现商业交换和行政作业的全过程。

企业家王新华：电子商务从本质上讲是一组电子工具在商务过程中的应用，这些工具包括：电子数据交换、电子邮件、电子公共系统(BBS)、条形码(Barcode)、图像处理、智能卡等。而应用的前提和基础是完善的现代通信网络和人们思想意识的提高以及管理体制的转变。

(8) 上海市电子商务安全证书管理中心给电子商务下的定义：电子商务是指采用数字化电子方式进行商务数据交换和开展商务业务活动。电子商务(EC)主要包括利用电子数据交换(EDI)、电子邮件(E-mail)、电子资金转账(EFT)及 Internet 的主要技术在个人间、企业间和国家间进行无纸化的业务信息的交换。

8.3.1.2 EB 和 EC

目前，电子商务在英文中主要有两个词与之相对应：EB(Electronic Business)和 EC(Electronic Commerce)。EB 又称广义的电子商务，EC 又称狭义的电子商务。一般认为：广义的电子商务概念是指利用整个 IT 技术对整个商务活动实现电子化，狭义的电子商务特指运用 Internet 网络开展的交易(或与交易直接有关的)活动。狭义的电子商务仅仅将在 Internet 网络上进行的交易活动归属于电子商务，而广义的电子商务则将利用包括 Internet、Intranet、局域网等各种不同形式网络在内的一切计算机网络以及其他信息技术进行的所有的企业活动都归属于电子商务。

电子商务包括两个最基本的要素：电子技术、商务活动。EB 和 EC 在这两个方面存在一定的差异，见表 8.2。

表 8.2 EC 与 EB 的差异

基本要素	EC	EB
电子技术	Web 技术	Web 技术+其他 IT 技术
商务活动	交易	交易+其他与企业经营有关的活动

以上从不同的角度界定电子商务，有相同点也有不同之处。相同点主要表现在：

(1) 都采用同一术语——电子商务。

(2) 都强调电子工具，强调在现代信息社会，利用多种多样的电子信息工具。

(3) 工具作用的基本对象都是商务活动。

不同点主要有：

(1) 技术的涵盖面不同(均包括运用 Internet 技术)。

(2) 商务的涵盖面不同(均包括交易)。

8.3.1.3　电子商务定义的多角度认识

综合上述定义可以看出，它们没有谁对谁错之分，只不过是从不同的角度来阐释电子商务。那么，我们在理解电子商务定义的时候，可以从以下五个角度去认识。

(1) 通信的角度：电子商务是指通过电话线、计算机网络或其他电子手段的信息、产品/服务、或者支付的传递过程。

(2) 业务流程的角度：电子商务是指信息技术的商业事务和工作流程的自动化应用。

(3) 服务的角度：电子商务是要满足企业、消费者和管理者的愿望，如降低服务成本，同时改进商品的质量并提高服务实现的速度。

(4) 在线的角度：电子商务提供了通过 Internet 或其他在线服务方式进行买卖商品或交流信息的能力。

(5) 生产力角度：信息技术和商务技术复合型人才、系统化应用电子工具、从事以交易为中心的经济事务活动。

另外，从电子商务包含的内容方面去理解，其内容包含两个方面：

(1) 电子方式：电子商务可以通过多种电子通信方式来完成。现在主要是以 EDI 和 Internet 来完成的。电子商务真正的发展将是建立在 Internet 技术上的。

(2) 商贸活动：是指生产、流通、分配、交换和消费等环节中连接生产和消费的活动，即以商品贸易为中心的各种经济事务活动。从商贸活动的角度分析，可以将电子商务分为两个层次，较低层次的电子商务如电子商情、电子贸易、电子合同等；最高级的电子商务应该是利用 Internet 网络能够进行全部的贸易活动，即在网上将信息流、商流、资金流和部分的物流完整地实现。从寻找客户开始，一直到洽谈、订货、在线付(收)款、开具电子发票以至到电子报关、电子纳税等通过 Internet 一气呵成。

电子商务涉及到买家、卖家、银行或金融机构、政府机构、认证机构、配送中心机构。网上银行、在线电子支付等条件和数据加密、电子签名等技术在电子商务中发挥着重要的不可或缺的作用。

8.3.2 电子商务的分类

电子商务的业务涵盖面十分广泛，因此有许多分类方法，从不同的角度可将电子商务划分为不同的类型。

1) 按照参与电子商务交易涉及的对象，电子商务可以分为以下三种类型：

(1) 企业与消费者之间的电子商务(Business to Customer，B to C)。这是消费者利用因特网直接参与经济活动的形式，类同于商业电子化的零售商务。随着万维网(WWW)的出现，网上销售迅速地发展起来。目前，在因特网上有许许多多各种类型的虚拟商店和虚拟企业，提供各种与商品销售有关的服务。通过网上商店买卖的商品可以是实体化的，如书籍、鲜花、服装、食品、汽车、电视等；也可以是数字化的，如新闻、音乐、电影、数据库、软件及各类基于知识的商品；还有提供的各类服务，有安排旅游、在线医疗诊断和远程教育等。

(2) 企业与企业之间的电子商务(Business to Business，B to B)。这是电子商务应用最重和最受企业重视的形式，企业可以使用 Internet 或其他网络对每笔交易寻找最佳合作伙伴，完成从定购到结算的全部交易行为，包括向供应商订货、签约、接受发票和使用电子资金转移、信用证、银行托收等方式进行付款，以及在商贸过程中发生的其他问题如索赔、商品发送管理和运输跟踪等。企业对企业的电子商务经营额大，所需的各种硬软件环境较复杂，但在 EDI 商务成功的基础上发展得最快。

(3) 企业与政府方面的电子商务(Business to Government，B to G)。这种商务活动覆盖企业与政府组织间的各项事务。例如企业与政府之间进行的各种手续的报批，政府通过因特网发布采购 清单、企业以电子化方式响应；政府在网上以电子交换方式来完成对企业和电子交易的征税等，这成为政府机关政务公开的手段和方法。

2) 按照电子商务交易所涉及的商品内容，电子商务可以分为以下两种类型：

(1) 间接电子商务：电子商务涉及商品是有形货物的电子订货，如鲜花、书籍、食品、汽车等，交易的商品需要 通过传统的渠道如邮政业的服务和商业快递服务来完成送货，因此，间接电子商务要依靠送货的运输系统等外部要素。

(2) 直接电子商务：电子商务涉及商品是无形的货物和服务，如计算机软件、娱乐内容的联机订购、付款和交付，或者是全球规模的信息服务。直接电子商务能使双方越过地理界线直接进行交易，充分挖掘全球市场的潜力。目前我国大部分的农业网站都属于这一类，但这还是真正意义上的直接电子商务。

3) 按照商业活动运作方式，电子商务可以分为以下两种类型：

(1) 完全电子商务：即可以完全通过电子商务方式实现和完成整个交易过程的交易。

(2) 不完全电子商务：即指无法完全依靠电子商务方式实现和完成完整交易过程的交易，它需要依靠一些外部要素，如运输系统等来完成交易。

4) 按照电子商务活动的内容，电子商务可以分为以下两种类型：

(1) 有形商品的电子商务：指货物或服务以电子订货的方式在网上成交，而实际产品和服务的实现仍然在传统的渠道进行，不能够通过网上的信息载体实现。有形产品的电子商务模式目前有两种：一种是在网上设立的虚拟店铺；一种是参与并成为网上在线购物中心的一部分。

(2) 无形商品的电子商务：指无形商品和劳务(如信息、计算机软件、视听娱乐产品等)可以通过网络直接向消费者提供。无形商品的电子商务运作模式主要有四种：

① 网上订阅模式：是指企业通过网页安排向消费者提供网上直接订阅、直接信息浏览的电子商务模式。目前网上订阅模式主要包括：在线服务、在线出版、在线娱乐等。

② 付费浏览模式：是指企业通过网页安排向消费者提供计次收费性网上信息浏览和信息下载的电子商务模式。

③ 广告支持模式：是指在线服务商免费向消费者提供信息在线服务，而营业活动全部用广告收入支持。这是目前最成功的电子商务模式之一。例如，Yahoo 和 Lycos 等在线搜索服务网站就是依靠广告收入来维持经营活动。

④ 网上赠与模式：是指企业借助于国际互联网全球广泛性的优势，向互联网上的用户赠送软件产品，扩大知名度和市场份额。通过让消费者使用该产品，从而使消费者下载一个新版本的软件或购买另一个相关的软件。

5) 按照开展电子商务业务的企业所使用的网络类型框架的不同，电子商务可以分为以下三种类型：

(1) EDI 网络电子商务：EDI 是按照一个公认的标准和协议，将商务活动中涉及的文件标准化和格式化，通过计算机网络，在贸易伙伴的计算机网络系统之间进行数据交换和自动处理。EDI 主要应用于企业与企业、企业与批发商、批发商与零售商之间的批发业务。

(2) 因特网电子商务：是指利用连通全球的 Internet 网络开展的电子商务活动，在因特网上可以进行各种形式的电子商务业务，所涉及的领域广泛，全世界各个企业和个人都可以参与，正以飞快的速度在发展，其前景十分诱人，是目前电子商务的主要形式。

(3) 内联网络电子商务：是指在一个大型企业的内部或一个行业内开展的电子商务活动，形成一个商务活动链，可以大大提高工作效率和降低业务的成本。例如，中华人民共和国专利局的主页，客户在该网站上可以查询到有关中国专利的所有信息和业务流程，这是电子商务在政府机关办公事务中的应用；已经开通的上海网上南京路一条街主页，包括了南京路上的主要商店，客户可以在网上游览著名的上海南京路商业街，并在网上南京路上的网上商店中以电子商务的形式购物；已开始营业的北京图书大厦主页，客户可以在此查阅和购买北京图书大厦经营的几十万种图书。

6) 按开展电子交易的信息网络范围，电子商务可以分为以下三种类型：

(1) 本地电子商务：是指利用本城市内或本地区内的信息网络实现的电子商务活动，电子交易的地域范围较小。本地电子商务系统是利用 Internet、Intranet 或专用网将下列系统联结在一起的网络系统：参加交易各方的电子商务信息系统，包括买方、卖方及其他各方的电子商务信息系统；银行金融机构电子信息系统；保险公司信息系统；商品检验信息系统；税务管理信息系统；货物运输信息系统；本地区 EDI 中心系统(实际上，本地区 EDI 中心系统联结各个信息系统的中心)。本地电子商务系统是开展有远程国内电子商务和全球电子商务的基础系统。

(2) 远程国内电子商务：是指在本国范围内进行的网上电子交易活动，其交易的地域范围较大，对软硬件和技术要求较高，要求在全国范围内实现商业电子化、自动化，实现金融电子化，交易各方具备一定的电子商务知识、经济能力和技术能力，并具有一定的管理水平和能力等。

(3) 全球电子商务：是指在全世界范围内进行的电子交易活动，参加电子交易各方通过网络进行贸易。涉及到有关交易各方的相关系统，如买方国家进出口公司系统、海关系统、银行金融系统、税务系统、运输系统、保险系统等。全球电子商务业务内容繁杂，数据来往频繁，要求电子商务系统严格、准确、安全、可靠，应制订出世界统一的电子商务标准和电子商务(贸易)协议，使全球电子商务得到顺利发展。

7) 按电子商务的层次关系，电子商务可以分为以下三种层次(这三个层次也可以反映出企业实施电子商务的不同发展阶段)：

(1) 初级电子商务：是指企业开始在传统商务活动中部分引入计算机网络信息处理与交换系统，代替企业内部或对外部分传统的信息储存和传递。例如，企业建立内联网络进行信息共享和一般商务资料的储存和处理；通过 Internet 传输电子邮件；在 Internet 上建立网站，宣传企业形象等。在初级层次，企业虽然利用网络进行了信息处理和信息交换，但所做的一切并未构成交易成立的有效条件，或者并未构成商务合同履行的一部分。

(2) 中级电子商务：是指企业利用网络的信息传递，部分地代替了某些合同成立的有效条件，或者构成履行商务合同的部分义务。例如，企业实施网上在线交易系统，网上有偿信息的提供，贸易伙伴之间约定文件或单据的传输等。在中级电子商务层次，企业实施电子商务的程度有所加深，虽然有些网络系统传输的信息并不十分复杂，操作程序也一般。但是，它还需要不同程度的人工干预，如在线销售环节与产品供应不能有效衔接，仍需要部分传统方式的操作。其本质特性是，电子商务的操作要涉及交易成立的实质条件，或已构成商务合同履行的一部分。因此，这一层次的电子商务就涉及到一些复杂的技术问题(如安全)和法律问题(如法律有效性)。

(3) 高级电子商务：是电子商务发展的理想阶段。它是将企业商务活动的全部程序用基于网络的信息处理和信息传输来代替，最大程度地消除了人工干预，在企业内部和企业之间，从交易的达成，到产品的生产、原材料的供应、贸易伙伴之间单据的传输，货款的清算，产品提供的服务等，均实现了一体化的网络信息传输和信息处理。高级电子商务是将商业机构对消费者的电子商务与商务机构对商务机构，甚至商业机构与政府机构的电子商务有机地结合起来，实现企业最大程度的内部办公自动化和外部交易的电子化连接。

8.3.3　电子商务基本流程

电子商务的基本流程是指消费者从其客户端在网络中寻找产品/服务信息、在线谈判并签订订单、完成在线支付和物流配送、到售后服务与支持等活动的全过程。我们从电子商务的交易过程、网络商品直销的流程和网络商品中介交易三个方面来全面认识电子商务的基本流程。

8.3.3.1　电子商务的交易过程

一般情况下，不同类型的电子商务交易，其交易过程都可分为三个阶段：

1) 交易前：买卖双方和参与交易各方在签约前的准备阶段称为交易前阶段。包括在各种商务网站和 Internet 网络上寻找交易机会，通过交换信息来比较价格和条件，了解各方的贸易政策，选择交易对象。

(1) 对于买方而言，要相应地去准备购货款，制定购货计划，进行资源市场调查和分析，反复查询市场，了解各卖方国家的贸易政策，修改购货计划和进货计划，确定和审批购货计划，再落实购买商品的种类、数量、规格、价格、购货地点和交易方式。尤其要利用 Internet 网络和各种电子商务网络寻找自己满意的商品和商家。

(2) 对于卖方而言，也要相应地去做全面的市场调查和市场分析，制定各种销售策略和销售方案，了解各买方国家的贸易政策；利用 Internet 网络和各种电子商务网络发布商品信息，寻找贸易合作伙伴和交易机会，目的无非就是扩大贸易范围和商品的市场份额。

(3) 除了买方和卖外，其他参加交易的各方还有：中介方、银行金融系统、保险、运输、海关、商检和税务等，它们需要为电子商务交易做好准备。

2) 交易中：

(1) 交易谈判和签订合同。买卖双方利用电子商务系统就所有交易细节在网上谈判，将磋商结果做成文件，以电子文件形式签订贸易合同。明确权利、义务以及标的商品的种类、数量、价格、交货地点、交货期、交易方式和运输方式，还有违约和索赔等合同条款后，双方就可以签约。

(2) 办理履约前的手续。买卖双方从签订合同到开始履行合同要办理诸多手续，这也是双方履约前的准备过程。交易中可能还需要与以下这些参与方打交道：中介方、银行金融机构、信用卡、保险、运输公司、海关、商检和税务等系统。买卖双方要通过 Internet 网络或增值网跟有关方面交换电子票据和电子单证，直到办理完一切手续、商品开始发货为止。

3) 交易后：包括交易合同的履行、服务和索赔等活动。从买卖双方办完所有手续后开始，卖方备货、组货、发货、买卖双方可以通过电子商务服务器的作业过程跟踪发出的货物，银行和金融机构按合同处理双方收付款和结算，出具单据，直到买方验货签单，整个交易过程才算结束。买卖双方交易中出现违约时，受损方要向违约方索赔。

当然，这一阶段还包括交易后的售后服务。主要是企业帮助客户解决商品使用中的问题，排除技术故障，提供技术支持传递产品改进或升级的信息，处理客户对产品与服务的反馈信息。

8.3.3.2 网络商品直销的流程

网络商品直销是指消费者和生产者(或者是需求方和供应方)直接利用网络形式所开展的买卖活动。这种在网上的买卖交易最大的特点是供需直接见面，环节少，速度快，费用低。网络商品直销过程分为六步：

(1) 消费者在 Internet 网上查看企业和商家的主页。

(2) 消费者通过购物对话框填写姓名、地址、商品品种、规格、数量、价格。

(3) 消费者选择支付方式，如信用卡、借记卡、电子货币、电子支票等。

(4) 企业或商家的客户服务器接到订单后检查支付方的服务器，确认汇款额是否被认可。

(5) 企业或商家的客户服务器确认消费者付款后，通知销售部门送货上门。

(6) 消费者的开户银行将支付款项传递到信用卡公司，并由信用卡公司负责发给消费者收费单。

上述过程中由认证中心(CA)作为第三方，确认在网上经商者的真实身份，保证了交易的正常进行。

网络商品直销的优点在于它能够有效地减少交易环节，大幅度地降低交易成本，从而降低消费者所得到的商品的最终价格。消费者只需输入厂家的域名，访问厂家的主页，即可清楚地了解所需商品的品种、规格、价格等情况，而且，主页上的价格最接近出厂价，这样就有可能达到出厂价格和最终价格的统一，从而使厂家的销售利润大幅度提高，竞争能力不断增强。

网络商品直销的不足之处主要表现在两个方面：第一，购买者只能从网络广告上判断商品的型号、性能、样式和质量，对实物没有直接的感知，在很多情况下可能产生错误的判断。而某些厂商也可能利用网络广告对自己的产品进行不实的宣传，甚至可能打出虚假广告欺骗顾客。第二，购买者利用信用卡进行网络交易，不可避免地要将自己的密码输入计算机，由于新技术的不断涌现，犯罪分子可能利用各种高新科技的作案手段窃取密码，进而盗窃用户的钱款。这种情况不论是在国外还是在国内，均有发生。

8.3.3.3　网络商品中介交易的流程

网络商品中介交易是通过网络商品交易中心，即虚拟网络市场进行的商品交易。在这种交易过程中，网络商品交易中心以 Internet 网络为基础，利用先进的通信技术和计算机软件技术，将商品供应商、采购商和银行紧密地联系起来，为客户提供市场信息、商品交易、仓储配送、货款结算等全方位的服务。其过程是：

(1) 买卖双方各自的供、需信息通过网络告诉网络商品交易中心，网络商品交易中心通过信息发布服务向交易的参与者提供大量的、详细准确的交易数据和市场信息。

(2) 买卖双方根据网络商品交易中心提供的信息，选择自己的贸易伙伴。网络商品交易中心从中撮合，促使买卖双方签订合同。

(3) 买方在网络商品交易中心指定的银行办理转账付款手续。

(4) 网络商品交易中心在各地的配送部门将卖方货物送交买方。

通过网络商品中介进行交易具有许多突出的优点：首先，网络商品中介为买卖双方展现了一个巨大的世界市场，这个市场网络储存了全世界的几千万个品种的商品信息资料，可联系千万家企业和商贸单位。每一个参加者都能够充分地宣传自己的产品，及时地沟通交易信息，最大程度地完成产品交易。这样的网络商品中介机构还通过网络彼此连接起来，进而形成全球性的大市场，目前这个市场正以每年70%的速度递增。其次，网络商品交易中心作为中介方可以监督交易合同的履行情况，有效地解决在交易中买卖双方产生的各种纠纷和问题。最后，在交易的结算方式上，网络商品交易中心采用统一集中的结算模式，对结算资金实行统一管理，有效地避免了多形式、多层次的资金截留、占用和挪用，提高了资金风险防范能力。

网络商品中介交易的方式目前存在的主要问题是，现在使用的合同文本还是以买卖双方签字交换的方式完成，如何过渡到电子文本合同，并在法律上得以认可，尚需解决有关技术和法律问题。

8.3.4　电子商务支持技术——EDI

EDI 是电子商务的一个重要组成部分，是企业对企业电子商务的基础，电子商务包含 EDI，也可以说 EDI 是实现电子商务的一种手段。EDI 产生于 20 世纪 60 年代末期的欧美，已有多年的运行经验，在互联网商业化之前，EDI 是 20 世纪 70 年代至 90 年代初的电子商务。因此，电子商务的发展可以追溯到 20 世纪 60 年代末期的 EDI。20 世纪 90 年代初，基于 Internet 的电子商务得到了飞速的发展，正日益改变着社会的生产和生活方式，同时，也出现了基于 Internet 的 EDI，大大促进了基于 EDI 的确电子商务的发展。

8.3.4.1　EDI 标准

由于 EDI 是计算机与计算机之间的通信，以商业贸易为方面的 EDI 为例，EDI 传递的都是电子单证，因此为了让不同商业用户的计算机识别和处理这些电子单证，必须按照协议制定一种各贸易伙伴都能理解和使用的标准。因此，EDI 的标准应该遵循以下两条基本原则：

(1) 提供一种发送数据及接收数据的各方都可以使用的语言，这种语言使用的语句是无二义性的。

(2) 标准不受计算机类型的影响，既适用于计算机间的数据交流，又独立于计算机。

上述标准的概念是关于数据的统一标准，为了保证商务信息交换的顺利进行，还必须有参与各方共同遵守的相关的技术、管理、安全、通信等标准。只有在一整套统一标准的规范和保证下，才能使 EDI 有序、高效地运转。

目前国际上存在两大 EDI 标准体系：一个是流行于欧洲、亚洲的，由联合国欧洲经济委员会(UN/ECE)制定的 UN/EDIFACT 标准；另一个是流行于北美的，由美国国家标准化委员会(ANSI)制定的 ANSI X.12。

(1) UN/EDIFACT：联合国行政、商业与运输电子数据交换组织(United Nations Electronic Data Interchange for Administration Commerce and Transport，UN/EDIFACT)是国际 EDI 的主流标准。当今 EDI 国际标准主要就是指 UN/EDIFACT 标准和由国际标准化组织制定的 ISO 标准。目前这两个组织已形成了良好的默契，UN/EDIFACT 标准中的一部分已经纳入到 ISO 标准中，UN/EDIFACT 的很多标准都涉及 ISO 标准的应用。UN/EDIFACT 标准比较偏重当前的应用；而 ISO 的一些标准和研究结果则侧重未来的发展。

早在 20 世纪 60 年代初，联合国欧洲经济委员会贸易程序简化工作(UN/ECE/WP.4)在贸发会的领导下成立了两个专家工作组：GE1 和 GE2，分别负责 UN/EDIFACT 标准开发和处理贸易程序及单证问题。70 年代初期，该工作推荐了供世界范围使用的《联合国贸易单证样式(UNLK)》，并相继产生了一系列标准代码，即国际贸易术语解释通则(INCOTERM)代码等，为数据交换提供了重要的规则，为 EDI 标准的建立奠定了基础。1981 年，UN/ECE/WP.4 将推出的贸易数据交换指南(GTD1)和 ANSI X.12 标准一致起来，对统一制订 EDI 标准进行了协调，制定了联合国贸易数据交换用于行政、商业、运输的标准，并于 1986 年正式定名为 UN/EDIFACT。EDIFACT 由一整套用于 EDI 的国际间公认的标准、规则和指南组成，其公布得到了包括美国在内的世界各国的支持，美国也逐步地从 ANSI X.12 标准过渡到使用 EDIFACT。EDIFACT 的产生为电子报文取代传统的纸面单证奠定了基础，从而使得跨行业、跨国界的 EDI 应用成为可能。

由 UN/ECE 发布的 EDIFACT 标准和规范已达近 200 个，它们大致分为基础类、报文类、单证类、代码类和管理类等。

(2) ANSI X.12：其前身是由美国数据协调委员会(TDCC)于 20 世纪 60 年代在美国国防部的支持下，制定了世界上第一个 EDI 标准——TDCC 标准。1975 年美国国家标准协会(ANSI)吸收和完善 TDCC 通用文件，在其基础上制定了适合各行业的通用标准——ANSI X.12 标准。1980 年，成立了 X.12 鉴定标准委员会，下设 10 个分委员会，分别针对不同行业和功能，制订相应的贸易文件格式和标准。该标准在北美得到推广，而 ANSI X.12 由于开发、应用时间较早，美国沿用至今。

ANSI X.12 和 EDIFACT 的体系结构相似。在 EDIFACT 系统中，将特定的电子单证(如订单、发票等)称为报文，而在 ANSI X.12 系统中，称之为交易集。ANSI X.12 现已发布 100 多个交易集标准。

中国在实施国际贸易 EDI 工程中也积极推进标准化工作。1996 年建立的国家级金关工程一直在试图建立中国的标准。中国在选择和确定标准体系结构模式的指导原则有两条：一是从我国国情出发，与国民经济管理体制和经济运行机制相协调，为发展社会主义市场经济服务；二是认真吸取相引进国外的先进管理经验，为发展外经贸事业服务。

金关工程是我国的"电子商务示范工程"。电子商务的标准化理所当然成为我国开展电子商务不可回避的问题。事实上，我国已经做了许多实质性的前期工作，例如在数据传输标准化问题上，我国克服了数据传输标准化起步晚与网络、电信基础薄弱的劣势，积极有效地采用国际标准，并取得了显著成绩。

第一，我国积极作好数据传输标准化的宣传工作。国家有关部门合作编译并出版了数据传输标准系列丛书，开发了英文版《UN/EDIFACT 数据库查询系统》，编译(写)了《贸易数据元》、《复合数据元》、《数据段》、《代码表》、《EDIFACT 语法规则》、《报文设计指南》、国家"八五"科技攻关项目《EDI 系统标准化总体规划》。另外，EDIFACT 中文版(除报文外)的国家标准也已经完成。

第二，我国已将《外贸出口单证格式》(包括《外贸出口商业发票格式》、《外贸出口装箱单格式》、《外贸出口装运声明格式》)与《中华人民共和国进口、出口许可证单证格式》作为国家标准在全国推行。

第三，我国外经贸 EDI 的两项重要标准：统一进出口企业代码和统一进出口商品代码也已完成。我国还于 1997 年底完成了《发票报文》、《进出口许可证报文》的国家标准制订工作。尤其值得一提的是《中华人民共和国进口许可证报文》和《中华人民共和国出口许可证报文》是在无国际报文可循的情况下，遵照EDIFACT 报文设计指南与规则自行设计制订的，这标志着我国标准化工作进入了一个新阶段。

近年来，我国信息技术标准化工作取得了丰硕的成果，信息技术标准制订的数量有较大幅增长的同时，标准的内容及相关研究水平也不断提高，为我国的电子商务的发展奠定了较好的基础。

8.3.4.2　EDI 的基本工作流程

EDI 强调在其系统上传输的报文遵守一定的标准，因此，在发送之前，系统要使用翻译程序将报文翻译成标准格式的报文。EDI 的工作流程如下：

(1) 发送方计算机应用系统生成原始用户数据。用户利用键盘等输入设备输入数据或从数据库中提取数据进行编辑和处理，生成希望与贸易伙伴交换的原始用户数据。

(2) 发送报文的数据映射与翻译。映射程序将用户格式的原始数据报文展开为平面文件，以便使翻译程序能够识别。然后翻译程序将平面文件翻译为标准的EDI 格式文件。平面文件是用户格式文件和 EDI 标准格式文件之间的中间接口文件。利用平面文件，用户不需要了解标准的 EDI 文件格式，EDI 翻译程序也不需要知道用户的文件格式。

(3) 发送标准的 EDI 文件。通信软件将已转换为标准 EDI 格式的文件，经计算机网络传送至 EDI 网络中心。

(4) 贸易伙伴获取标准的 EDI 文件。根据 EDI 网络软件的不同，EDI 网络中心既可以通过计算机网络自动通知发送方的贸易伙伴，也可以被动地等待其贸易伙伴通过计算机网络进行查询和下载。

(5) 接收文件的数据映射和翻译。贸易伙伴将取回的具有标准 EDI 格式的数据文件，经 EDI 翻译程序再次转换成平面文件，然后，该平面文件由平面文件映射程序转换成用户可以识别的用户格式文件。

(6) 接收方应用系统处理翻译后的文件。接收方应用系统将用户格式的数据文件存入数据库系统后，即可以处理接收到的 EDI 数据文件。

与 E-mail 电子邮件等应用系统不同，EDI 电子数据交换系统在网络中传输的是经过翻译软件翻译的标准格式报文。通常，翻译软件包由 EDI 的运营者提供，而映射程序因用户应用系统不同，一般由用户自行开发。用户格式文件翻译为标准格式文件既可以在用户利用键盘录入信息过程中同时完成，也可以由系统的前端翻译机或 EDI 中心系统翻译完成。

电子数据处理(EDP)是实现 EDI 的基础和必要条件。EDP 主要是指企业内部自身业务的自动化，如利用计算机系统进行财务、库存、销售和人事管理等；而 EDI 则是各企业之间交往的自动化，它涉及地区乃至国家之间的诸多问题(如通信问题、标准问题、安全问题、法律问题等)。没有 EDP 就没有 EDI 的自动处理，也就无法实现 EDI 整体经济效益。因此，EDI 系统必须有一个适用于 EDI 要求的信息处理系统及相应的数据库系统。

8.3.5 电子商务系统蓝图

目前，各发达国家和地区正凭借其雄厚的经济实力及其在电子商务服务资源上的优势，力争在世界电子商务浪潮中保持主导地位；发展中国家也在积极探索如何缩小与发达国家在电子商务服务方面的差距。可以预言，电子商务服务将带动全球电子商务发展，成为新时期国际电子商务发展的焦点问题，这也预示着电子商务服务的全球化时代即将到来。

那么，我国的电子商务将何去何从，如何编制我国电子商务的宏伟蓝图呢？我国是一个发展中国家，与发达国家相比在社会制度、经济体制、技术、管理、消费观念和文化背景等方面都有一定的差异。因此不能套用任何一个国家发展电子商务的政策和模式。我们必须结合中国国情，制定出适合我国发展电子商务的政策和策略，确保发展电子商务的环境和相应的法律规范的逐步完善，促进我国电子商务健康有序地发展。

(1) 建立中国的电子商务初级体制，加快电子商务的法制建设。电子商务所面临的法律和行政管理问题与传统商务不会有太大差别。在市场经济条件下，政府的重要职能是扶持、服务、推动；开拓、繁荣、调节、疏导、规范。政府应加强对电子商务的政策研究，力争出台一系列政策性文件，规范目前盲目和混乱的状况，使企业界、新闻界、消费者和政府有关部门对发展我国的电子商务有一个共识。

(2) 建立良好的支撑环境，从国家、企业和个人三方加强信息化建设。为促进电子商务的发展，政府必须带头采用电子商务形式和电子商务技术，建设一些示范工程，同时采用电子政府方式以适应电子商务，提高全民的信息化意识，积极推广企业开展电子商务。

(3) 发挥自身优势，主动与国际接轨，鼓励电子商务领域的国际合作，紧跟国际先进技术。面对世界经济和贸易发展过程中出现的新问题，我国应认真研究发展电子商务的对策，积极参与电子商务问题的国际谈判，提出对我们有利的商务规则。从提高我国电子商务国际竞争力的需要出发，尽早做好技术和立法方面的工作，利用国内已有的优势，与国际接轨，并带动其他产业的发展。

(4)有选择地开展科学预测和攻关活动，要有的放矢地选择关键技术，进行力所能及的预测和攻关。发展我国电子商务要依靠自力更生，根据自己的实际情况，将有限的财力用于引进国外关键技术和设备，重要的是消化、吸收、创新和预测未来，使我国的信息技术产业能够迅速赶超发达国家。

(5) 有重点地开展示范工程的建设，要以点带面，全面推进。首先，在一些管理和经营的特点比较适合电子商务发挥长处的领域中推行电子商务，在获得成功的基础上再去带动其他企业；其次，对那些经济比较发达、信息化程度相对较高、对电子商务有需求、有效益的沿海城市、省会城市和中心城市，应鼓励它们不失时机地发展各种方式的电子商务，发挥其示范效应，以便向其他地区推广普及；第三，采取在电子商务和传统商务的结合中逐步扩大电子商务比重的做法，电子商务解决不了的问题先由传统商务解决，这样电子商务的起步和发展将会容易一些。

(6) 加快电子商务的基础设施建设，推行电子商务的配套设施，电子商务建立在信息基础设施之上，没有完备的、先进的通信基础设施，没有先进的与通信基础设施相连的信息设备，电子商务的发展只能是一句空话。我国的基础设施建设水平还很差，通信服务质量和资费仍然是电子商务活动开展的阻碍因素。因此，必须加速建设高速宽带互联网，实现图像、通信网、多媒体网的三网合一，使我国电子商务的发展具备良好的网络平台和运行环境，使消费者的上网费用降到最低。还应出台有力的法律、法规、政策和措施，打破"电信垄断"，为电子商务提供一个良好的发展环境。

(7) 培养电子商务领域的专业人才。电子商务的发展需要大批的网络技术人员、网络筹划师、电子商务工程师等高科技人才支持，因此必须加大科技教育的力度，加快国内电子商务人才的培养，创造宽松的人事机制，改善国内高技术人才的用人环境。培养既懂经济管理又懂信息技术的专门化人才；开设电子商务经济管理和电子商务应用技术专业；开展国际合作，大力引进国外人才。采用送出去和请进来相结合的办法培养电子商务的复合型高级人才，派出留学生、鼓励留学人员回国工作，可以采用聘为专家或邀请讲学的方式，增加交流，提高国内人员水平。

思考题

1) DSS 的基本特征是什么？
2) 简述 DSS 的基本功能。
3) 请比较决策支持系统与管理信息系统的区别。
4) 供应链管理的意义何在？
5) 简述供应链管理实施的原则是什么？
6) ERP 的发展经历了哪几个阶段？
7) 试比较 ERP 与 MRP Ⅱ 有哪些区别？
8) ERP 的管理思想主要体现在哪些方面？
9) 简述电子商务交易的一般流程。
10) 简述 EDI 的基本工作流程。

9   课内实验与课程设计

学习目的

- 加深理解、验证巩固课堂教学内容；
- 增强管理信息系统的感性认识；
- 掌握管理信息系统分析、开发的基本方法。

本章要点

- 数据库设计；
- 系统分析、设计及实施。

9.1   课内实验

本实验开设对象为本课程的学习者，实验为必修内容。建议实验课时 16 课时。共开设 5 个实验项目。实验 1～4 为单项技能训练，实验 5 为综合性实验。

实验设施必须具备以下条件，每人配置 1 台电脑，安装有金蝶 K3 系统和其他试验系统/Visual Foxpro / PowerBuilder / ERWin，可访问 Internet。

实验 1：数据库设计

1) 实验题目：小型自选商场综合管理系统数据库设计。
2) 实验课时：2 课时。
3) 实验目的：

(1) 能够正确运用《数据库技术》课程的基本理论和知识，结合一个管理信息系统中的模拟课题，复习、巩固、提高数据库方案设计、论证和分析方法。

(2) 熟悉关系数据库规范化设计理论，根据实验要求设计并建立科学合理的数据库，正确建立数据库中表与表之间的关系。

(3) 进一步正确理解数据库设计思路，培养分析问题、解决问题的能力，提高查询资料和撰写书面文件的能力。

4) 系统描述：小型自选商场综合管理系统应具备进货、销售、库存等基本管理功能，具体要求如下：

(1) 能记录每一笔进货，查询商品的进货记录，并能按月进行统计。

(2) 能记录每一笔售货，查询商品的销售情况，并能进行日盘存、月盘存。

(3) 能按月统计某个员工的销售业绩。

(4) 在记录进货及售货的同时，必须动态刷新库存。

(5) 能打印库存清单，查询某种商品的库存情况。

(6) 能查询某个厂商或供应商的信息。

(7) 能查询某个员工的基本信息。

(8) 收银台操作中，能根据输入的商品编号、数量，显示某顾客所购商品的清单，并显示收付款情况。

5) 实验内容和要求：

(1) 根据上述系统功能需求，使用 ERWin 描述该管理信息系统的概念模型。

(2) 完成该管理信息系统的数据库总体设计方案，明确数据库中表的结构，各表中关键字的设置，表与表之间的关系。

(3) 说明提交的数据库设计方案满足第几范式，说明设计理由。

(4) 根据系统功能需求，以 SQL 语句的形式分类列出系统应涉及的数据操作。

(5) 选用熟悉的数据库工具，根据设计方案正确建立数据库，并成功实现上述数据操作。

(6) 独立完成上述内容，并提交书面实验报告。

实验 2: 系统分析(一)

1) 实验题目：小型自选商场综合管理系统系统分析。

2) 实验课时：2 课时。

3) 实验目的：

(1) 能够正确运用系统分析的过程与方法，结合一个模拟课题，复习、巩固、管理信息系统的系统分析知识，提高系统分析实践能力。

(2) 熟悉业务流程图、数据流程图、数据字典的绘制。

(3) 树立正确的系统分析思想，培养分析问题、解决问题的能力，提高查询资料和撰写书面文件的能力。

4) 系统描述：参见实验一。

5) 实验内容和要求：

(1) 阐述系统功能需求，开展实地调查或通过 Internet 查阅相关资料或结合个人经验，进行系统分析。

(2) 明确管理业务调查过程和方法，包括小型自选商场的典型组织机构、管理功能及业务流程。

(3) 明确数据流程的调查与分析过程，绘制数据流程图，编制数据字典。

(4) 在上述工作基础上，完成小型自选商场综合管理系统的系统化分析，提出新系统的逻辑方案。

(5) 针对个人在实验一中提出的数据库方案，提出修正或完善建议。

(6) 独立完成上述内容，并提交书面实验报告。

实验 3：系统分析(二)

1) 实验题目：金蝶 K3 软件进销存系统演示及系统分析。
2) 实验课时：2 课时。
3) 实验目的：
(1) 通过演示优秀的管理信息系统，借鉴正确的、优秀的系统分析思想。
(2) 进一步强化、提高系统分析实践能力。
(3) 进一步熟悉商业企业管理实践中的进销存业务。
4) 系统描述：参见实验一。
5) 实验内容和要求：
(1) 根据金蝶 K3 软件进销存系统演示及实际操作，对此系统进行系统分析。

(2) 通过上述系统分析，对个人在实验二中提出的小型自选商场综合管理系统的系统分析报告进行自查，有何借鉴意义，具体的修正或完善措施如何？

(3) 独立完成上述内容，并提交书面实验报告。

实验 4：系统设计及实施

1) 实验题目：小型自选商场综合管理系统设计及实施。
2) 实验课时：4 课时。
3) 实验目的：
(1) 能够正确运用系统设计的过程与方法，结合一个模拟课题，复习、巩固、管理信息系统中系统设计知识，提高系统设计实践能力。

(2) 熟悉代码设计、数据存储设计、输入输出设计等环节，并编制相应的文档及程序编写。

(3) 进一步树立正确的系统设计、实施思想，培养分析问题、解决问题的能力，提高查询资料和撰写书面文件的能力。

4) 系统描述：参见实验一。

5) 实验内容和要求

(1) 根据前述实验系统分析内容，进行系统设计。包括代码设计、数据存储设计、功能结构图设计、系统流程图设计、输入输出设计等。

(2) 在计算机上实现上述内容，完成一个实用、可运行的管理信息系统。

(3) 独立完成上述内容，并提交书面实验报告。

实验 5：管理信息系统的分析、设计和实施

1) 实验题目：某大学工资管理信息系统的分析、设计和实施。

2) 实验课时：6 课时。

3) 实验目的：联系所学的管理信息系统开发的原理、技术、方法、工具和步骤，以及在各个阶段上应该完成的工作内容等理论知识，亲身体会开发一个管理信息系统的全过程及其工作内容，训练独立从事开发管理信息系统的能力。

4) 系统描述：某大学现行工资管理系统简单描述如下：

某大学共有教职员工 3758 人。学校下设教务处、财务处和房产处等 26 个处室，还设有计算机系、自动控制系和管理工程系等 18 个教学系，此外还附设一个机械工厂、一个电子厂和一所校医院。该校财务处负责全校教职工的工资管理工作，其工资管理业务情况如下：每月 25 日~28 日，房产处将本月职工住房的房费和水电费扣款清单报送财务处，总务处将托儿费扣款和通勤职工的交通补贴费清单报送财务处。财务处按期列出一份职工借支应扣款清单。所有这些清单的格式如表 9.1 和表 9.2 所示。此外，学校人事部门及时向财务处提供下列信息：

(1) 若有职工在学校内部各部门之间调动工作情况发生，则提供这些职工的姓名、由何部门调至何部门工作、工资发放变动情况等。

(2) 若有校外人员调入学校工作，则应提供调入者的职工号、姓名、调入校内何部门、以及有关调入者工资方面的数据，还有他们的工资开始发放的月份，据此，财务处的工资管理会计员建立调入者的职工工资台账账页。

(3) 若有职工调离学校，则要提供调出人员的姓名、所在单位和终止发放本人工资的月份。

(4) 若调整工资，则应提供全校教职工工资调整变动情况清单和调整后工资从哪个月份开始发放。

表 9.1　(　　)月份职工(　　)项扣款清单

职工号	姓名	扣款金额(元)	备注

制表人：　　　　　　　　　　　　　　日期：

表 9.2　(　　)月份职工交通补贴清单

职工号	姓名	补贴金额(元)	备注

制表人：　　　　　　　　　　　　　　日期：

　　当财务处收到各部门报送来的扣款单、补贴清单和其他有关职工工资变动通知单后，财务处的工资管理会计就可以依据上个月份的职工工资台账制做本月职工工资台账。职工工资台账格式如表 9.3 所示，每名职工全年工资信息占据台账的一页。

表9.3 某大学职工工资台账账页

职工号：　　　　姓名：　　　　部门代号：　　　　部门名称：

月份	基本工资	工龄工资	副食补贴	煤粮补贴	交通补贴	备补1	备补2	应发工资	房费	水电费	托儿费	借支扣款	其他扣款	扣款合计	实发工资
1 月															
2 月															
3 月															
4 月															
5 月															
6 月															
7 月															
8 月															
9 月															
10 月															
11 月															
12 月															

接下来，工资管理会计员再根据填制好的本月份职工工资台账，花费一个星期左右的时间制作出一式两份的本月份全校职工工资发放单(按部门制作)和本月份工资汇总表，如表9.4所示。

表9.4 某大学一月份职工工资发放单

部门名称：

姓名	基本工资	工龄工资	副食补贴	煤粮补贴	交通补贴	备补1	备补2	应发工资	房费	水电费	托儿费	借支扣款	其他扣款	扣款合计	实发工资
汪大伟															
……															
李 俊															
合计															

227

工资管理会计员依据工资汇总表上的全校"实发工资"合计数字，从银行提回现金，并于下月的 5 号将本月份职工工资发至职工手中。

职工工资计算处理中的几项说明：

(1) 工龄工资每人每年增加 0.50 元。

(2) 应发工资＝基本工资＋工龄工资＋各项补贴之和。

(3) 扣款合计＝房费＋水电费＋托儿费＋借支扣款＋其他扣款。

(4) 实发工资＝应发工资－扣款合计。

从上面的描述不难看出，该所大学现行职工工资管理业务工作量特别大，同时还时常出现差错现象。有关人员迫切要求早日开发出全校职工工资管理信息系统，用计算机代替手工记账、计算和制作报表工作。学校主管领导也十分支持这项工作，已批准投资 5 万元人民币用于购置设备和软件开发。同时，学校还拥有雄厚的技术力量。

5) 实验内容和要求：

(1) 在认真分析题目及其对现有系统描述的基础上，按照管理信息系统开发的工作步骤和工作内容，独立完成给定系统的分析、设计任务。

(2) 在 Windows 环境支持下选择所熟悉的程序设计语言开发本系统。系统即可以开发单机版，也可以开发为网络版。网络版中，人事、总务等部门可直接通过网络传输数据。

(3) 提交提供包含下述内容的实验报告。

6) 实验报告的内容：

(1) 系统分析部分：

① 业务流程图。

② 数据流程图。

③ 功能分析图。

④ 数据字典。

⑤ 数据加工处理的描述。

⑥ 某大学工资管理信息系统流程设想图(新系统模型)。

(2) 系统设计部分：

① 功能结构图设计。

② 新系统信息处理流程设计。

③ 输出设计(主要指打印输出设计)。

④ 存储文件格式设计(数据库结构设计)。

⑤ 输入设计(主要指数据录入卡设计)。

⑥ 代码设计(职工证号和部门代号)。

⑦ 程序设计说明书。

(3) 系统实施部分：

① 程序框图。

② 源程序。

③ 模拟运行数据。

④ 打印报表。

⑤ 系统使用说明书。

9.2 课程设计

9.2.1 课程设计目的

本课程设计作为独立的教学环节，是学习完本课程并进行完专业实习后进行的一次全面的综合练习。其目的在于加深对管理系统基础理论和基本知识的理解，掌握使用系统分析、设计的基本方法，提高解决实际管理问题、开发信息系统的实践能力。

9.2.2 课程设计内容及要求

用信息系统开发工具(例如 PowerBuilder、Delphi 等)开发一个实用的中小型管理信息系统。

(1) 根据课程设计时间选择适当规模大小的设计课题。采用专业实习的调研内容作为课程设计选题。

(2) 根据合理的进度安排，按照系统开发的流程及方法，踏实地开展课程设计活动。

(3) 课程设计过程中，根据选题的具体需求，在开发各环节中撰写相关的技术文档，最后要求提交详细的课程设计报告。

(4) 开发出可以运行的管理信息系统，通过上机检查。

9.2.3 课程设计时间

课程设计时间为两周。

9.2.4 课程设计报告撰写要求

课程设计报告原则上不少于 4000 字，需在封面注明设计选题、班级、姓名、学号及课程设计日期、地点，其正文至少包括如下几个方面的内容：

1) 可行性分析。

2) 系统分析部分：

(1) 业务流程图。

(2) 数据流程图。

(3) 功能分析图。

(4) 数据字典。

(5) 数据加工处理的描述。

(6) 管理信息系统流程设想图(新系统模型)。

3) 系统设计部分：

(1) 功能结构图设计。

(2) 新系统信息处理流程设计。

(3) 输出设计(主要指打印输出设计)。

(4) 存储文件格式设计(数据库结构设计)。

(5) 输入设计(主要指数据录入卡设计)。

(6) 代码设计(职工证号和部门代号等)。

(7) 程序设计说明书。

4) 系统实施部分：

(1) 程序框图。

(2) 源程序。

(3) 模拟运行数据。

(4) 打印报表。

(5) 系统使用说明书。

5) 附录或参考资料。

9.2.5 参考范例：库存管理信息系统的分析、设计和实施

说明：本例时间较早，开发工具选用 FoxPro2.5。在学习过程中，可以根据现有的硬件和软件环境进行系统再开发实现，学习重点放在系统分析、系统设计实际过程、方法及内容。

这里给出一个库存管理信息系统开发的实例，目的是使大家进一步深入了解开发任何一个管理信息系统必须经历的主要过程，以及在开发过程的各个阶段上开发者应当完成的各项工作内容和应当提交的书面成果。

9.2.5.1 某厂产品库存管理系统简介

某厂是我国东北地区一家生产照明灯的老企业，每年工业产值在 4000 万元左右。该厂目前生产的产品如表 9.5 所示。

表 9.5 某厂产品品种规格、单价及定额储备

产品名称	单位	规格	不变价(元)	现行价(元)	最高储备额(元)	最低储备额(元)	备注
灯泡	只	220V/15W	0.80	1.00	60 000	600	
灯泡	只	220V/45W	1.00	1.20	60 000	600	
灯泡	只	220V/60W	1.20	1.40	60 000	600	
灯泡	只	220V/100W	1.50	1.80	40 000	500	
灯泡	只	220V/150W	1.80	2.00	40 000	400	
灯泡	只	220V/200W	2.00	2.20	30 000	300	
灯泡	只	220V/300W	2.80	3.00	20 000	200	
节能灯	只	220V/4W	6.00	8.00	10 000	1 000	
节能灯	只	220V/8W	8.00	10.00	10 000	1 000	
节能灯	只	220V/16W	12.00	15.00	10 000	1 000	
日光灯	只	220V/8W	6.00	7.00	10 000	1 000	
日光灯	只	220V/20W	7.00	8.00	10 000	1 000	
日光灯	只	220V/30W	8.00	9.00	10 000	1 000	
日光灯	只	220V/40W	10.00	11.00	10 000	1 000	

工厂的产品仓库管理组隶属于销售科领导，由 7 名职工组成，主要负责产品的出入库管理、库存账务管理和统计报表，并且应当随时向上级部门和领导提供库存查询信息。为了防止超储造成产品库存积压，同时也为了避免产品库存数量不足而影响市场需求，库存管理组还应该经常提供库存报警数据(与储备定额相比较的超储数量或不足数量)。

产品入库管理的过程是，各生产车间随时将制造出来的产品连同填写好的入库单(入库小票)一起送至仓库。仓库人员首先进行检验，一是抽检产品的质量是否合格；二是核对产品的实物数量和规格等是否与入库单上的数据相符，当然还要校核入库单上的产品代码。检验合格的产品立即进行产品入库处理，同时登记

产品入库流水账。检验不合格的产品要及时退回车间。

产品出库管理的过程是，仓库保管员根据销售科开出的有效产品出库单(出库小票)及时付货，并判明是零售出库还是成批销售出库，以便及时登记相应的产品出库流水账。

平均看来，仓库每天要核收 30 笔入库处理，而各种出库处理约 50 笔。每天出入库处理结束后，记账员就根据入库流水账和出库流水账按产品及规格分别进行累计，以便将本日内发生的累计数填入库存台账。

产品入库单如表 9.6 所示，出库单如表 9.7 所示，入库流水账如表 9.8 所示，出库流水账如表 9.9 和表 9.10 所示，而库存台账如表 9.11 所示。

产品库存的收发存月报表是根据库存台账制作出来的。产品库存查询是通过翻阅几本账之后实现的。目前库存报警功能尚未实现。

表 9.6 产品入库单

第　册　号

日期	产品代码	产品名称	单位	规格	入库数量	备注
生产车间			填制人			

表 9.7 产品出库单

第　册　号

日期	产品名称	规格	入库数量	备注
				批发[　　]
				零售[　　]
填制人				

注：批发出库时在备注栏的批发[　]处划"√"，否则在零售[　]处划"√"

表 9.8 产品入库流水账

第　页

日期	产品代码	产品名称	单位	规格	入库数量	备注

表 9.9　产品零售出库流水账

第　页

日期	产品代码	产品名称	单位	规格	零售出库数量	备注

表 9.10　产品批发出库流水账

第　页

日期	产品代码	产品名称	单位	规格	批发出库数量	备注

表 9.11　某厂产品库存台账(当日合计数)

No.

产品代码：		规格：		不变价(元)：	
产品名称：		单位：		现行价(元)：	
日期	入库数量	零售出库量	批发出库量	结余	

9.2.5.2　系统分析

根据收集到的各种系统输入单、账页和输出报表等凭证，又通过亲身实践以及向有关业务管理人员的访问调查，系统分析结果如下：

1) 组织机构：该厂产品库存管理的组织机构如图 9.1 所示。

2) 管理职能(见图 9.2)分析：

库长：全面负责仓库的行政与业务管理；

出入库管理组：负责产品的入库检验、产品的出入库管理、登记出入库账；

233

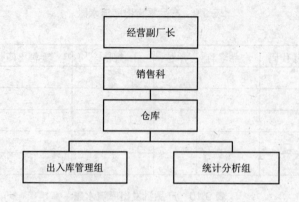

图 9.1 组织机构设置图

统计分析组：每天根据出入库管理组的出入库账，统计出各种规格产品当日出入库累计数字，然后登库存台账。此外，负责生成产品收发存月报表，经库长签字后呈上级主管部门。有时还要尽量满足各方面的各种查询要求。

图 9.2 管理职能

3) 业务流程分析：现行产品库存管理系统的业务流程图如图 9.3 所示。

4) 数据流程分析：

(1) 现行系统的顶层数据流程图如图 9.4 所示。对顶层图中的数据流"1，2，3，4"说明如下：

"1"：车间产品入库单。

"2"：销售科开出的有效零售产品出库单。

"3"：销售科开出的有效批发产品出库单。

"4"：仓库制作的产品库存收发存月报表。

(2) 第一层数据流程图如图 9.5 所示。图 9.5 中的数据流"1，2，3，4"与图 9.4 中的数据流"1，2，3，4"相同。

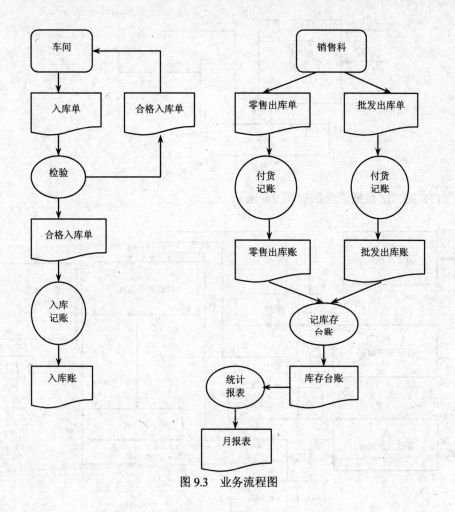

图 9.3 业务流程图

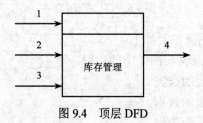

图 9.4 顶层 DFD

235

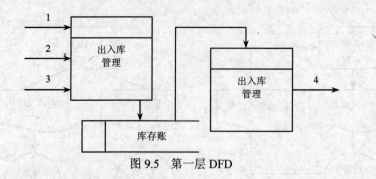

图 9.5　第一层 DFD

(3) 第二层数据流程图如图 9.6 所示。

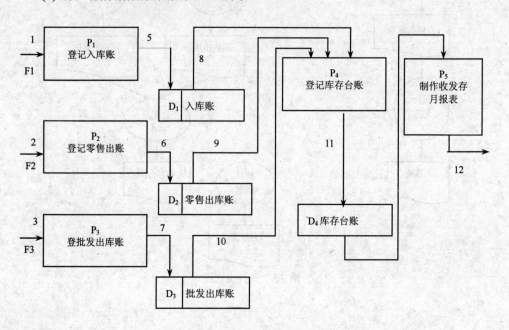

图 9.6　第二层 DFD

现对图 9.6 中的数据流说明如下：

"1，2，3，4"：其意义与图 4 中的相同。

"5"：产品入库单上的数据。

"6"：零售出库单上的数据。

"7"：批发出库单上的数据。

"8"：入库流水账上的当日按产品名称、规格分别累计的数据。

"9"：零售出库流水账上的当日按产品名称、规格分别累计的数据。

"10"：批发出库流水账上的当日按产品名称、规格分别累计的数据。

"11"：获得的"8，9，10"数据。

"12"：库存台账上的当月按产品名称、规格分别累计的数据和其他加工处理后的数据。

5）数据字典：

(1) 数据流字典：

① 数据流名称：产品入库单　　　　标识符：F1

数据结构：

01 产品入库单	
02 日期(RQ)	PIC X(8)
02 产品代码(CPDM)	PIC X(3)
02 产品名称(CPMC)	PIC X(18)
02 单位代码(DWDM)	PIC X
02 单位(DW)	PIC X(4)
02 规格代码(GGDM)	PIC XX
02 规格(GG)	PIC X(10)
02 入库数量(RKSL)	PIC 9(6)

排列方式：按(入库日期+产品代码)升序排列。

流量：最大 50 张/日；平均 30 张/日。

来源：生产车间。

去向：产品入库处理。

② 数据流名称：产品出库单　　　　标识符：F2

数据结构：

01 产品出库单	
02 日期(RQ)	PIC X(8)
02 产品代码(CPDM)	PIC X(3)
02 产品名称(CPMC)	PIC X(18)
02 单位代码(DWDM)	PIC X.
02 单位(DW)	PIC X(4)
02 规格代码(GGDM)	PIC XX
02 规格(GG)	PIC X(10)
02 备注	
03 零售出库数量(LSSL)	PIC 9(6)
03 批发出库数量(PFSL)	PIC 9(6)

排列方式：按(日期＋产品代码)升序排列。

流量：最大：70 张/日；平均：50 张/日。

来源：销售科。

去向：产品出库处理。

③ 数据流名称：仓库产品收发存月报表标　　标识符：F3

数据结构：

     01 收发存月报表

     02 日期(BBRQ)　　　　　　　　PIC X(8)

     02 产品代码(CPDM)　　　　　　PIC X(3)

     02 产品名称(CPMC)　　　　　　PIC X(18)

     02 单位(DW)　　　　　　　　　P1CX(4)

     02 本月累计入库数量(RKSL)　　PIC 9(8)

     02 本月累计零售数量(LSSL)　　PIC 9(8)

     02 本月累计批发数量(PFSL)　　PIC 9(8)

     02 库存数量(KCSL)　　　　　　PIC 9(8)

排列方式：按日期排列。

流量：最大：1 份/月；平均：1 份/月。

来源：仓库统计分析。

去向：主管部门。

其他中间过程的数据流描述省略。

(2) 数据存储字典：

① 存储文件名：产品入库流水账　　标识符：D1

数据结构：

     01 本品入库账

     02 日期(RQ)　　　　　　　　　PIC X(8)

     02 产品代码(CPDM)　　　　　　PIC X(3)

     02 产品名称(CPMC)　　　　　　PIC X(18)

     02 单位(DW)　　　　　　　　　PIC X(4)

     02 规格(GG)　　　　　　　　　PIC X(10)

     02 入库数量(RKSL)　　　　　　PIC 9(6)

流入的数据流：产品入库单(F1)。

流出的数据流：8。

涉及的处理名：入库处理、记库存台账。

排列方式：按入库日期计序。

② 存储文件名：库存台账　　　　　标识符：D4

数据结构：

  01 库存台账

  02 日期(KCRQ)　　　　　　　PIC X(8)

  02 产品代码(CPDM)　　　　　PIC X(3)

  02 产品名称(CPMC)　　　　　PIC X(18)

  02 本日累计入库量(RKSL)　　PIC 9(8)

  02 本日累计零售出库量(LSSL)　PIC 9(8)

  02 本日累计批发出库量(PFSL)　PIC 9(8)

流入的数据流：11。

流出的数据流：收发存月报表。

涉及的处理名：登记库存台账、制月报表。

排列方式：按(日期+产品代码)升序排列。

其他存储文件的描述省略。

6) 处理描述：

(1) 处理名：登记入库账　　　　　标识符：P1

输入：数据流 F1。

输出：数据流 F5。

处理定义：当一张入库单上的数据检验合格，并且产品实物入库后，立即将这张入库单上的数据登入产品入库流水账。

激发条件：产品入库发生。

(2) 处理名：登记库存台账　　　　标识符：P4

输入：出入库流水账上的当日数据。

输出：登记入库存台账上的数据。

处理定义：对出入库流水账上当日发生的数据，按产品代码分别进行入库累计、零售出库累计和批发出库累计计算。然后将当天的日期、产品代码和累计结果等填入库存台账的相应栏内。

激发条件：每日过账处理。

(3) 处理名：制作收发存月报表　　标识符：P5

输入：取自库存台账的数据。

输出：填入输出报表中的统计数据。

处理定义：对库存台账本月发生的出入库数据，分别按产品代码进行累计，一种代码代表的产品累计值即为输出报表中的一行。

计算公式：

工业产值(不变价)$=\sum S_i * J_i$

工业产值(现行价)$= \sum S_i * J_{i1}$

其中：S_i——产品代码为 i 的产品本月入库量计量；

      J_i——产品代码为 i 的产品不变价；

      J_{i1}——产品代码为 i 的产品现行价。

激发条件：每月制作库存报表。

系统中的另外几个加工处理描述省略。

7) 现行系统评价：通过对现行系统的需求分析，本系统数据流向是合理的，但为了便于计算机化管理，也为了使系统能够提供更多的辅助决策信息，本系统应做如下改进设想：

(1) 将各种账本暂合为一本库存账考虑。

(2) 增加库存报警功能。

(3) 增强各种灵活的查询分析功能。

8) 新系统逻辑模型的提出：根据前面的分析与评价结果，提出的新系统逻辑模型如图 9.7 和图 9.8 所示。

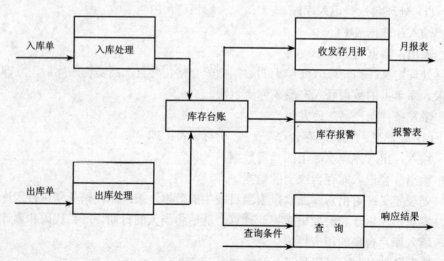

图 9.7　系统逻辑模型 I

9) 系统边界和处理方式：

(1) 系统边界：

输入边界——产品出入库单、查询条件；

输出边界——各种报表和查询响应输出。

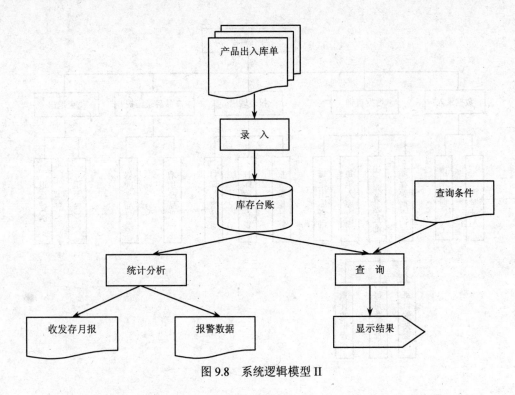

图 9.8　系统逻辑模型 II

(2) 处理方式：新系统采用实时处理方式。

9.2.5.3　系统设计

1) 系统目标设计：

(1) 方便的数据输入性能，良好的人机界面，尽量避免汉字和长字符串的人工重复输入(采用代码词组)。

(2) 灵活地查询性能，能快速实现多项产品输入数据和库存数据的查询。

(3) 考虑到工厂生产的发展，对新产品数据也能给予处理。

(4) 把目前基本上是"静态"库存管理变为"动态"管理，能随时提供库存现状信息(包括库存报警信息)。

2) 新系统功能结构图：综合考虑改进后的系统逻辑模型(见图 9.7)和设计的新系统目标的要求。设计新系统功能结构如图 9.9 所示。

3) 新系统计算机信息系统流程设计。计算机化的信息系统流程如图 9.10 所示。图 9.10 中的处理框内标出了相应的程序名，其功能说明见程序模块设计说明书。

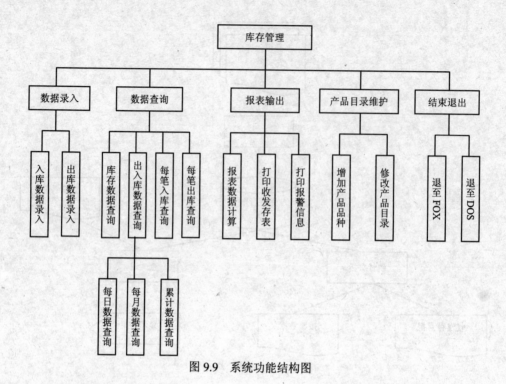

图 9.9　系统功能结构图

4) 代码设计

(1) 产品规格代码设计：由于该厂在未来的几年内生产的产品品种不会超过
10 种，并且每种产品的规格也不会超过 10 种，因此，产品规格代码采用层次码，
并用两位整数表示，设计方案如图 9.11 所示，全部规格编码列于表 9.12 中。

表 9.12　规格代码

规格代码	规格	规格代码	规格
01	220V / 15W	11	220V / 4W
02	220V / 45W	12	220V / 8W
03	220V / 60W	13	220V / 16W
04	220V / 100W	21	220V / 8W
05	220V / 150W	22	220V / 20W
06	220V / 200W	23	220V / 30W
07	220V / 300W	24	220V / 40W

(2) 产品代码设计：产品代码用三位整数表示，设计方案如图 9.12 所示。表

9.13 列出了全部产品的代码。

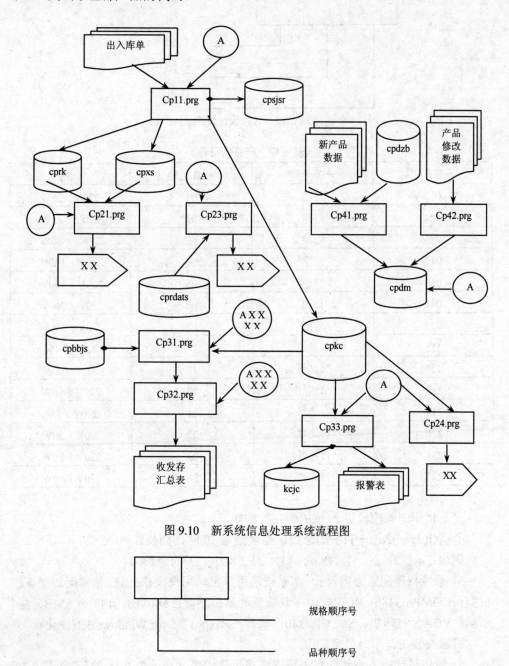

图 9.10 新系统信息处理系统流程图

图 9.11 代码设计方案

243

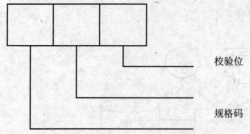

校验位

规格码

图 9.12　代码设计方案

表 9.13　产品代码表

产品代码	产品名称	规格代码	规格
012	灯泡	01	220V / 15W
024	灯泡	02	220V / 45W
036	灯泡	03	220V / 60W
048	灯泡	04	220V / 100W
050	灯泡	05	220V / 150W
061	灯泡	06	220V / 200W
073	灯泡	07	220V / 300W
115	节能灯	11	220V / 4W
127	节能灯	12	220V / 8W
139	节能灯	13	220V / 16W
218	日光灯	21	220V / 8W
220	日光灯	22	220V / 20W
231	日光灯	23	220V / 30W
243	日光灯	24	220V / 40W

产品代码中的校验位 a_3 值的确定方法如下：

a_3=取 $[(3a_1+2a_2)\div 11]$ 的余数。当余数为 10 时，则按 $a_3=0$ 处理。

例如：a_1：2；a_2：4。则 $a_3=[3\times 2+2\times 4]\div 11]$的余数=3。

5) 系统物理配置方案设计：本系统采用单机单用户操作方式，基本配置如下：机型：COMPAQ486 / 40；软驱：双软驱动器；硬盘：540MB；内存：8MB；显示器：VGA；打印机：Star CR3240；软件：Foxpro 2.5 for Windows 3.1(汉化)。

机器安装在仓库办公室。

6) 输出设计：本系统的报表输出格式设计成表 9.14～表 9.16 的形式(表中的数据为试运行结果数据)。

表 9.14 产品库存月报

产品名称	单位	规格	上月结存	本月入库	本月出库	本月结存
不变价金额(元)				214 700.00	64 400.00	150 300.00
现行价金额(元)				250 400.00	75 160.00	175 240.00
数量合计				44 500	19 300	25 200
灯泡	只	220V/15W		2 000	1 000	1 000
灯泡	只	220V/45W		1 500	1 000	500
灯泡	只	220V/60W		3 000		3 000
灯泡	只	220V/200W		12 000	11 800	200
节能灯	只	220V/4W		3 000	2 500	500
节能灯	只	220V/8W		3 000		3 000
日光灯	只	220V/8W		2 000		2 000
日光灯	只	220V/20W		14 000		14 000
日光灯	只	220V/30W		4 000	3 000	1 000

表 9.15 超储产品

产品代码	产品名称	库存量	最高储备	超储量
220	日光灯	14000	10000	4000

表 9.16 不足产品

产品代码	产品名称	库存量	最低储备	不足储备
024	灯泡	500	600	100
048	灯泡	0	400	400
050	灯泡	0	400	400
061	灯泡	200	300	100
073	灯泡	500	1 000	500
115	节能灯	500	1 000	500
139	节能灯	0	1 000	1 000
24	日光灯	0	1 000	1 000

7) 存储文件(数据库)结构设计：由于本系统的应用程序全部用 Foxpro2.5 编写，因此，存储文件的结构设计就是指.DBF 文件的结构设计。

(1) 设计规范：库文件名称和库字段变量名称的规范分别见表 9.17 和表 9.18。

表 9.17　库文件名称

序号	文件名称	标识符	备注
1	产品目录库文件	CPDM.DBF	
2	产品单位及规格代码表	CPDZB.DBF	事先建好
3	出入库数据输入暂存文件	CPSJSR.DBF	
4	各种产品每日库存累计文件	CPKC.DBF	
5	各种产品每日每笔人享文件	CPRK.DBF	
6	各种产品每日每笔出库文件	CPXS.DBF	
7	各种产品每日入出存累计文件	CPRDATA.DBF	
8	报表计算辅助文件	CPBBJS.DBF	
9	备品报表文件	CPBB.DBF	
10	库存报表数据文件	KCJC.DBF	

表 9.18　库文件字段变量名规范

序号	字述名义	标识符	备注
1	产品不变价格	BBJ	
2	日期	BBRQ	
3	产品代码	CPDM	
4	产品名称	CPMC	
5	代码为 ijk 的产品库存量	CPIJK	i=0,1,2,3,4,5,6,7,8,9 j=0,1,2,3,4,5,6,7,8,9 k=0,1,2,3,4,5,6,7,8,9
6	产品单位代码	DWDM	
7	产品组位	DW	
8	产品规格代码	GGDM	
9	产品规格	GG	
10	产品库存超储或不足	JC	取值"超储"或"不足"
11	产品库存数量	KCSL	
12	日期	KCRQ	
13	累计入库量	LJRK	
14	累计总出库量	LJXS	
15	产品零售数量	LSSL	
16	产品批发出库数量	PFSL	

246

序号	字述名义	标识符	备注
17	产品入库数量	RKSL	
18	日期	RQ	
19	产品现行价格	XXJ	
20	产品最大储备量	ZGCB	
21	产品最小储备量	ZDCB	

(2) 各个库文件结构设计：本系统中建立的 10 个数据库(.DBF)文件结构如表 9.19～表 9.28 所示。

表 9.19　产品单位及规格代码库(CPDZB.DBF)结构

序号	字段名称	字段类型	长度	备注
1	DWDM	Character	1	
2	DW	Character	4	
3	GCDM	Character	2	
4	GG	Character	10	

表 9.20　产品目录库(CPDM.DBF)结构

序号	字段名称	字段类型	长度	备注
1	CPDM	Character	3	
2	CPMC	Character	18	
3	DWDM	Character	1	
4	DW	Character	4	
5	GGDM	Character	2	
6	GG	Character	10	
7	BBJ	Numeric	7	
8	XXJ	Numeric	7	
9	ZGCB	Numeric	7	
10	ZDCB	Numeric	4	

表 9.21 产品出入库数据暂存文件(CPSJSR.DBF)结构

序号	字段名称	字段类型	长度	备注
1	RQ	Date	8	
2	CPDM	Character	3	
3	RKSL	Numeric	6	
4	LSSL	Numeric	6	
5	PFSL	Numeric	6	

表 9.22 各种产品每日入库累计文件(CPRK.DBF)结构

序号	字段名称	字段类型	长度	备注
1	RQ	Date	8	
2	CPDM	Character	3	
3	RKSL	Numeric	6	

表 9.23 各种产品每日库存量累计文件(CPKC.DBF)

序号	字段名称	字段类型	长度	备注
1	KCRQ	Date	8	
2	CP012	Numeric	8	
3	CP024	Numeric	8	
4	CP036	Numeric	8	
5	CP048	Numeric	8	
6	CP050	Numeric	8	
7	CP061	Numeric	8	
8	CP073	Numeric	8	
9	CP115	Numeric	8	
10	CP127	Numeric	8	
11	CP139	Numeric	8	
12	CP218	Numeric	8	
13	CP220	Numeric	8	
14	CP231	Numeric	8	
15	CP243	Numeric	8	

表 9.24   各种产品每日销售出库累计文件(CPXS.DBF)结构

序号	字段名称	字段类型	长度	备注
1	RQ	Date	8	
2	CPDM	Character	3	
3	LSSL	Numeric	6	
4	PFSL	Numeric	6	

表 9.25   各种产品每日出入存累计文件(CPRDATA.DBF)结构

序号	字段名称	字段类型	长度	备注
1	RQ	Date	8	
2	CPDM	Character	3	
3	CPMC	Numeric	6	
4	DW	Numeric	6	
5	PFSL	Numeric	6	
6	KCSL	Numeric	6	

表 9.26   报表计算辅助文件(CPBBJS.DBF)结构

序号	字段名称	字段类型	长度	备注
1	BBRQ	Date	8	
2	CPDM	Character	3	
3	CPMC	Character	18	
4	DW	Character	4	
5	RKSL	Numeric	8	
6	LSSL	Numeric	8	
7	PFSL	Numeric	8	
8	KCSL	Numeric	8	
9	LJRK	Numeric	8	
10	LJXS	Numeric	8	

表 9.27   库存报警数据文件(KCJC.DBF)结构

序号	字段名称	字段类型	长度	备注
1	CPDM	Character	3	
2	JC	Character	4	

表 9.28 各月收发存报表文件(CPBB.DBF)结构

序号	字段名称	字段类型	长度	备注
1	BBRQ	Date	8	
2	CPDM	Character	3	
3	CPMC	Character	18	
4	DW	Character	4	
5	RKSL	Numeric	8	
6	LSSL	Numeric	8	
7	PFSL	Numeric	8	
8	KCSL	Numeric	8	
9	LJRK	Numeric	8	
10	LJXS	Numeric	8	

8) 输入设计:

(1) 出入库数据录入卡设计:本系统中的产品出入库数据录入卡沿用现行系统的产品出入库单格式,参见表 9.6 和表 9.7。

(2) 输入屏幕格式设计:基础(原始)数据分为产品入库数据和产品出库数据两大类,因此输入屏幕分开设计。

图 9.13 是产品入库数据输入时的屏幕格式。当输入入库日期之后,便在屏幕上出现此画面。数据录入方式有两种:

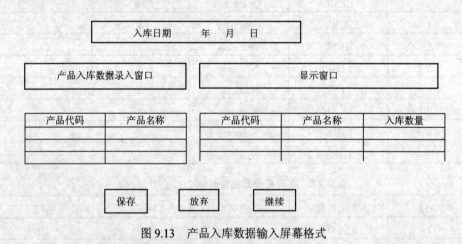

图 9.13 产品入库数据输入屏幕格式

(1) 光标在右边的提示窗口内上下移动,选择正确的入库产品代码后,则产品代码、名称等信息自动进入左边窗口当前显示行的相应栏目内。接着光标停在"入库数量"栏上，打入入库数量即可。如此重复即可将本日内各张入库单上的数据输入机内暂存文件内。然后，选择提示"存盘"、"放弃"或"继续"。

(2) 调整光标至左边窗口的"代码"栏，接着打入要入库的产品代码，此时对应的产品名称便由系统自动填入，然后打入入库数量即可，最后选择"存盘"、"放弃"或"继续"。

产品出库数据输入的屏幕格式设计与产品入库数据输入的屏幕格式基本相同，只是将图 9.13 中的"入库数量"栏辟为"零售数量"和"批发数量"两栏。

9) 程序模块设计说明：

(1) 总控模块：

① 程序名：CPMAIN.PRG。

② 功能：

· 定义本系统的数据录入、数据查询等功能菜单及各项功能的下拉式菜单。

· 选取功能菜单及其下拉菜单中的操作项，进入相应的操作。

③ 实现：

· 调用程序 CP11.PRG 实现产品出入库数据的录入。

· 调用过程 MPROC2 实现数据查询功能。

· 调用过程 MPROC3 实现统计报表功能。

· 调用过程 MPRCO4 实现产品目录维护功能。

· 调用过程 MPRCO5 实现本系统运行结束退出功能。

④ 程序、过程、自定义函数间的关系见图 9.14。

(2) 产品出入库数据录入模块：

① 程序名：CP11.PRG。

② 功能：实现每笔产品出入库数据的录入。

③ 处理流程见图 9.15。

④ 实现：

· 打开 CPDM.DBF 并索引之。

· 打开 CPRDATA.DBF 及其索引。

· 打开 CPRK.DBF。

· 若录入入库数据，则打开 CPKC.DBF；若录入出库数据，则打开 CPXS.DBF。

· 输入日期。

· 打开 CPSJSR.DBF，并与 CPDM.DBF 建立关联，然后清空 CIJSJSR.DBF。

· 用 BROW 将出入库数据录入 CPPJSR.DBF 中。

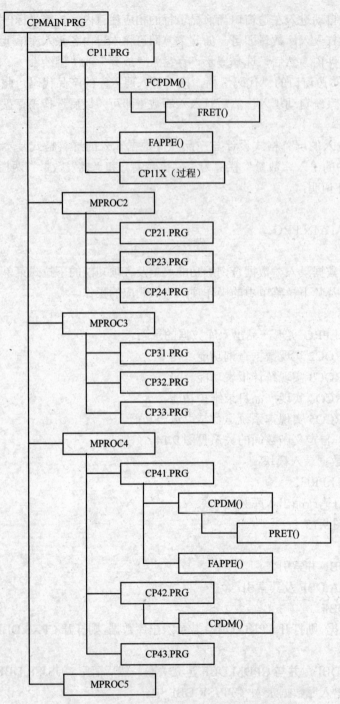

图 9.14 程序、过程、函数间关系

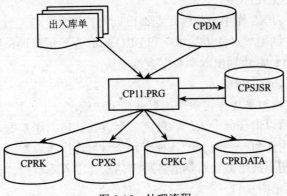

图 9.15　处理流程

·若数据不保存，则退出返回；若数据保存，则首先将 CPSJSR.DBF 的 RQ 字段值全部用输入日期替代,然后通过调用过程 CP11X 把 CPSJSR.DBF 中的数据转录到 CPRK.DBF(入库)或 CPXS.DBF(出库数据)中，并更新 CPKC.DBF 和 CPRDATD.DBF。

(3) 每笔出入库数据查询模块：

① 程序名：CP 21.PRG。

② 功能：实现对 3 个月以内的任何一天的每笔入库数据查询显示。

③ 处理流程见图 9.16。

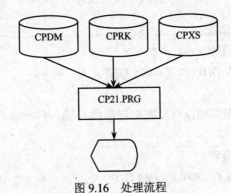

图 9.16　处理流程

④ 实现：

·打开 CPDM.DBF。

·若查询任何一天的每笔入库数据，则打开 CPRK.DBF。

·若查询任何一天的每笔出库数据，则打开 CPXS.DBF。

· 依据字段 CPDM 建立与 CPDM.DBF 的关联。

· 输入要查询的日期。

从 CPRK 或 CPXS 库中定位满足查询日期的首记录。若无数据可查到，则显示"无数据"，否则用"过滤器技术"和 BROW 命令显示查询结果。

(4) 每日、月、截止期出入库数据查询模块

① 程序名：CP23.PRG。

② 功能：实现对下述查询条件的查询显示功能。

· 查询三个月以内任何一天的各种产品全天累计出入库数据。

· 查询两年内任何一个月份的各种产品全月累计出入库数据。

· 查询从年初至某个截止日期的各种产品累计出入库数据。

③ 处理流程见图 9.17。

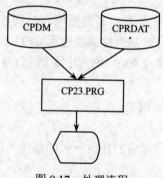

图 9.17　处理流程

④ 实现：分三种情况：

第一种情况(按天查询)：

· 打开 CPRDATA.DBF 和 CPDM.DBF。

· 输入查询日期。

· 按输入的日期从 CPRDATA 库中过滤出与输入日期匹配的记录。

· 显示结果。

第二种情况(按月查询)：

· 打开 CPRDATA.DBF 和 CPDM.DBF。

· 输入查询月份。

· 对与输入月份匹配的该月内各产品出入库数据分别累计。

· 将该月累计值为零的产品过滤掉。

· 显示结果。

第三种情况(查询从年初至截止日期各产品累计出入库数)：

254

- 打开 CPRDATA.DBF 和 CPDM.DBF。
- 输入截止日期。
- 对截止日期之前的各产品出入库数据分别累加。
- 显示结果。

(5) 某日实际库存数据查询模块：

① 程序名：CP24.PRG。

② 功能：实现查询某一天各种产品的实际库存数量。

③ 处理流程见图 9.18。

④ 实现：

- 打开 CPKC.DBF 与 CPDM.DBF。
- 输入查询日期。
- 在 CPKC.DBF 中定位满足查询条件的第一条记录，若没有则显示"无数据可查"，否则显示查询结果。

(6) 新增产品代码(目录)模块：

① 程序名：CP41.PRG。

② 功能：将新产品的目录数据增加到 CPDM.DBF 中，并在 CPKC.DBF 中增加相应的字段。

③ 处理流程见图 9.19。

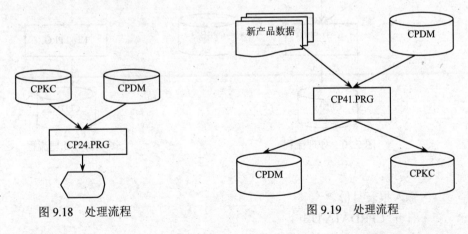

图 9.18 处理流程　　　　　　　图 9.19 处理流程

④ 实现：

- 在命令执行方式下，将新产品的单位、单位代码、规格、规格代码录入 CPDZB.DBF 中。
- 打开 CPDZB.DBF、CPDM.DBF 和 CPKC.DBF。
- 录入新产品的产品代码，并校验。

• 再录入该新产品的其他目录数据。

• 修改 CPKC.DBF 的库结构(增加新产品的字段)。

(7) 修改产品的价格、储备定额模块

① 程序名：CP42.PRG。

② 功能：修改产品的价格和储备足额。

③ 处理流程见图 9.20。

④ 实现：

• 打开 CPDM.DBF。

• 用 BROW 命令进行修改(注意只允许修改产品的不变价、现行价、最高储备和最低储备)。

(8) 报表计算模块：

① 程序名：CP31.PRG。

② 功能：根据本月实际发生的数据，计算出统计报表(产品收发存报表)中的数据，并将计算结果存入 CPBB.DBF 中供打印用。

③ 处理流程见图 9.21。

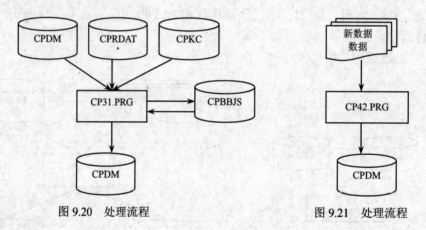

图 9.20　处理流程　　　　　　　　图 9.21　处理流程

④ 实现：

• 输入报表月份。

• 打开 CPRDATA.DBF。

• 在 CPRDATA 库中定位满足报表日期的第一条记录。若无数据，即 eof()为真，则显示"本月无数据"，并返回。

• 在本月范围内，按产品代码分别求出各产品本月出入库累计值。

• 打开 CPKC.DBF，定位到报表生成那天的各产品实际库存数记录行。

• 打开 CPBBJS.DBF，并物理清空。

• 把已计算出的报表月份各产品累计出入库量及尚有的实际库存数量填入 CPBBJS.DBF 中。

• 打开 CPBB.DBF，将 CPBBJS.DBF 中的数据复制到 CPBB.DBF 中。

(9) 打印《产品收发存月汇总表》模块：

① 程序名：CP32.PRG。

② 功能：实现《产品收发存月汇总表》的打印输出。打印机型号为：STAR CR3240 型。

③ 处理流程见图 9.22。

④ 实现：

• 输入年份和月份。

• 打开 CPDM.DBF，并索引。

• 打开 CPBB.DBF，并过滤出符合报表月份的数据记录。

• 使 CPBB.DBF 与 CPDM.DBF 建立关联。

• 若 CPBB.DBF 中无本月数据，则显示"本月报表未形成"，并返回，否则如下：

• 打印表头。

• 从 CPBB.DBF 中输出打印该月份汇总数据。

(10) 打印《产品库存报警表》模块：

① 程序名：CP33.PRG。

② 功能：随时打印出低于最小储备定额和高于最高储备定额的产品库存数据。

③ 处理流程见图 9.23。

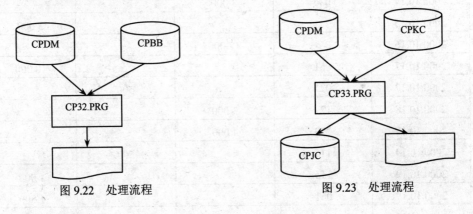

图 9.22　处理流程　　　　图 9.23　处理流程

④ 实现：

• 打开 CPKC.DBF，并将记录指针指向最后一行记录。

· 打开 CPDM.DBF 并索引。

· 按 CPDM.DBF 中的记录顺序，逐行去检查 CPKC.DBF 的最后一行记录中各产品库存量是否超储或不足。若不足时，在 KCJC.DBF 的 CPDM 字段填上该产品代码，在 JC 字段填"不足"；若超储，则在 JC 字段填"超储"。

· 打印表头。

· 打印报表内容。

9.2.5.4　系统实施

1) 程序框图设计：(略)

2) 程序清单：(略)

3) 试运行及结果分析：

(1) 打印的报表如表 9.29 所示，与设计的格式一致，输出数据与手工计算结果一致。

表 9.29　系统试运行原始模拟输入数据

日期	产品代码	入库数量	零售数量	批发数量
2000.10.01	012	2 000		1 000
2000.10.01	115	3 000		
2000.10.01	231	4 000		
2000.10.12	024	1 500		500
2000.10.12	115		1 000	
2000.10.13	218	2 000		
2000.10.14	036	3 000		
2000.10.15	231			3 000
2000.10.16	061	12 000		
2000.10.17	061			10 000
2000.10.17	024		500	
2000.10.18	127	3 000		
2000.10.18	220	4 000		
2000.10.19	115		500	
2000.10.19	115			1 000
2000.10.19	061			1 800
2000.10.20	220	10 000		

(2) 查询显示结果正确。

(3) 其他各项功能运行正常。

技术说明书、使用说明书和维护说明书(略)。

小结

本文提供了系统分析、系统设计和编写程序的实际过程，熟练掌握这些内容，将为课程设计做好充分准备。

附录 模拟试题及答案

1) 选择题(每题 1 分，共 40 分):

(1) 能通过对过去和现在已知状况的分析，推断未来可能发生的情况的专家系统是(　　)。

　A. 规划专家系统　　　　　　　B. 修理专家系统

　C. 调试专家系统　　　　　　　D. 预测专家系统

(2) 在一个供销存系统中，属于外部实体部门是(　　)。

　A. 计划科　　　　　　　　　　B. 销售科

　C. 库房　　　　　　　　　　　D. 供应科

(3) 下面有关面向对象系统开发方法的叙述，不正确的是(　　)。

　A. 面向对象系统开发是在面向对象程序设计实用化的基础上发展起来的

　B. 目前已经出现了很多面向对象的系统开发方法

　C. 面向对象的系统开发，一般也要经历三个过程：系统分析、设计和实施

　D. 与传统的生命周期法各阶段解决的问题和采用的方法基本相同

(4) 在赫伯特 A.西蒙提出的决策过程抉择阶段，它的主要工作是(　　)。

　A. 从众多的可行方案中选择出一个满意的方案

　B. 明确问题，确定目标

　C. 设计出各种可行的方案

　D. 调查研究，收集数据

(5) 一个单位各业务管理部门之间是通过相互传递信息进行管理控制的，为进一步了解各管理部门之间信息的输入与输出关系，应该绘制(　　)。

　A. 组织结构图　　　　　　　　B. 业务功能图

　C. 组织业务关系图　　　　　　D. 信息关联图

(6) 生产型企业的 MRPII 是指(　　)。

　A. 物料需求计划　　　　　　　B. 生产作业计划

　C. 综合管理技术　　　　　　　D. 制造资源计划

(7) 在网络结构图中，公共电话网是用(　　)符号来表示的。

　A. PSTN　　　　　　　　　　　B. ADSL

　C. ISDN　　　　　　　　　　　D. FDDI

(8) 命令"LOCATE[范围]FOR<条件>"是(　　)。

　A. 将记录指针指向第一个满足条件的记录

B. 显示第一个满足条件的记录

C. 将记录指针指向所有满足条件的记录

D. 显示所有满足条件的记录

(9) 在考虑计算机硬件系统配置的先进性原则时，下面(　)是不正确的。

A. 硬件系统的先进性就是要买最新的系统产品

B. 先进性要考虑到技术起点高，机型有发展前途

C. 软硬件兼容性能好

D. 进口设备要考虑是否有相应的外商维修网点

(10) 目前有多种系统开发的方法，作为各种开发的主要方法的基础是(　)。

A. 原型法   B. 生命周期法

C. 面向对象的方法   D. CASE

(11) 在业务流程图中，基本符号(　)代表处理，表示进行业务处理的内容。

A. ▢   B. ◯

C. ▭   D. ⬠

(12) 下面是有关数据与信息关系的叙述，(　)是不正确的。

A. 它们之间有紧密的联系

B. 信息是数据，数据也是信息

C. 数据量大小的度量比较容易，信息量的定量化度量比较困难

D. 信息是对人们的行为和决策具有实用价值的数据

(13) 数据流程图的绘制，采取(　)逐步求精的方法。

A. 自下向上   B. 由粗到细

C. 由外道里   D. 自顶向下

(14) CIO 的中文意思是(　)。

A. 财务主管   B. 信息主管

C. 人事主管   D. 行政主管

(15) 关系数据库的三个基本操作是(　)。

A. 选择、投影、连接   B. 选择、查询、连接

C. 索引、投影、连接   D. 选择、查询、排序

(16) 一般数据字典中的条目包括以下 6 种基本形式：数据项、数据结构、(　)、数据存储、处理功能和外部实体。

A. 数据介质   B. 内部实体

C. 数据流   D. 数据代码

(17) 管理信息系统安全保护措施中的人员管理控制主要是(　　)。

    A. 系统开发人员的构成　　　　B. 用户合法身份的确认和检验

    C. 设置安全保卫人员　　　　　D. 提高操作人员的业务水平

(18) 原型法的局限性表现在：初始原型设计比较困难，开发过程难于管理和控制，缺乏对系统的全面认识，以及(　　)。

    A. 不容易满足用户的需求

    B. 用户与开发人员做到密切配合比较困难

    C. 开发周期长，开发费用太高

    D. 设计人员修改程序的工作量大

(19) 系统总体设计的主要工作包括：计算机和网络系统配置方案设计，系统总体功能模块结构设计，数据库设计和(　　)。

    A. 系统菜单设计　　　　　　　B. 控制结构图绘制

    C. 用户界面设计　　　　　　　D. 系统代码设计

(20) 为保证系统实施顺利进行，应做好以下各项准备工作：建立系统平台，培训操作人员与管理人员，基础数据的准备和(　　)。

    A. 购置计算机硬件设备　　　　B. 安装数据库管理系统

    C. 进行程序设计　　　　　　　D. 业务流程与管理组织的重组

(21) 如果开发 B/S 模式的信息系统，开发工具多使用(　　)。

    A. ASP.NET　　　　　　　　　B. Visual Basic

    C. Visual C++　　　　　　　　D. PowerBuilder

(22) 采用购买信息系统软件产品的开发方式，其主要缺点是(　　)。

    A. 软件产品的可靠性和稳定性都比较差

    B. 要经过培训和消化后才可以投入试运行

    C. 软件的适应性比较差

    D. 开发费用比联合开发要高

(23) 在企业组织系统中，信息系统管理机构的地位与(　　)有直接的关系。

    A. 该企业的生产规模

    B. 该企业的产品品种

    C. 该企业中计算机应用的范围和深度

    D. 计算机硬件投资大小

(24) 模块的隐蔽性是指(　　)。

    A. 模块的输入和输出功能是隐蔽的

    B. 模块的内部结构和模块的程序代码是可以保密的

    C. 相同的输入数据，应产生相同的输出

D. 模块内部联系密切，有较好的数据完整性

(25) 在菜单设计器的列表框中，"选项"按钮可以用来定义对应菜单的快捷键和( )等功能。

A. 控制该菜单的使用权限   B. 编辑二级菜单

C. 观看菜单设计的效果   D. 生成菜单的程序文件

(26) 企业的信息系统管理可以采用集中管理、分散管理或集中与分散相结合的方式，但无论采取哪种方式，其中的( )都是应该集中管理的。

A. 设备与系统操作   B. 开发人员与开发活动

C. 开发进度与开发费用   D. 系统规划与数据库设计

(27) 在大型信息系统开发过程中，常采用( )对整个开发过程进化计划和控制。

A. 网络计划技术   B. 生命周期法

C. 由顶向下的方法   D. 面向对象的方法

(28) 管理信息系统追求的主要目标是( )。

A. 提高工作的效率   B. 提高决策的有效性

C. 提高经济效益   D. 支持半结构化决策问题

(29) 第一次提出计算机对策的支持作用，是 20 世纪( )年代。

A. 60   B. 70

C. 80   D. 90

(30) 下面有关计算机网络中服务器的叙述，不正确的是( )。

A. 它是向其他计算机提供某种服务的计算机

B. 服务器的工作原理与一般计算机的工作原理有本质的区别

C. 在服务器上必须安装相应的服务器软件

D. 一台服务器计算机可同时安装有多种服务器软件

(31) 结构化决策( )。

A. 可以交办事员处理   B. 只能得到部分满意的方案

C. 问题比较模糊   D. 不可能用确切的语言来描述

(32) 利用 Visual FoxPro 开发一个小型应用系统过程中，在系统分析和系统设计中，进入系统实施阶段，一般第一步的工作是( )。

A. 创建数据库文件   B. 创建项目文件

C. 创建菜单文件   D. 创建应用程序

(33) 下面有关数据库的描述，( )是不正确的。

A. 同一个数据库中各数据文件之间也存在着联系

B. 在文件系统中，数据的结构和应用程序是相互依赖的

C. 数据共享是数据库系统的重要特点

D. 数据库中的数据不存在冗余

(34) 下列(　　)不是决策支持系统的基本特征。

A. 主要服务对象是计划决策层的管理者

B. 追求的主要目标是提高决策的有效性

C. 强调人机交互的工作方式

D. 研制的方法与 MIS 相同

(35) 子系统测试的目的是测试(　　)。

A. 结构的合理性　　　　　　　B. 数据的正确性

C. 模块间接口的正确性　　　　D.逻辑的正确性

(36) Visual FoxPro 表单设计器是(　　)。

A. 应用系统各种文件的有效组织工具

B. 数据库设计工具

C. 建立数据表的工具

D. 应用程序界面设计工具

(37) 线型规划模型是属于(　　)。

A. 分析类模型　　　　　　　　B. 预测类模型

C.优化类模型　　　　　　　　D. 模拟类模型

(38) 根据菜单文件的扩展名，以下(　　)是生成的菜单程序文件扩展名。

A.MNX　　　　　　　　　　　B.MNT

C.MPR　　　　　　　　　　　D.MPX

(39) 专家系统的结构包括(　　)、数据库、推理机、解释部分、知识获取和学习模块。

A. KB　　　　　　　　　　　　B. QAS

C. EDIS　　　　　　　　　　　D. MAS

(40) VF 项目管理器中"自由表"项包含在(　　)选项卡中。

A. 数据　　　　　　　　　　　B. 文档

C. 代码　　　　　　　　　　　D. 其他

2) 填空题(每空1分，共计20分)

(1) 写出下列信息系统领域的英文缩写所对应的中文名称

SCM:　　　　　　　　　　　　ES:

TPS:　　　　　　　　　　　　ERP:

AI:　　　　　　　　　　　　　CISM:

GDSS:　　　　　　　　　　　VM:

ESS:

(2) 系统分析的实质是通过对现行系统的深入调查和分析,回答未来系统( )的问题。

(3) 信息系统开发可行性分析小组或称总体规划小组,一般由企业主管信息系统的领导、( )和管理专家组成。

(4) 在数据流程图中,用箭线表示( )。

(5) 系统总体设计完成后,还要确定应用软件系统和各模块的具体实现方法,这部分工作称为( )设计。

(6) 应用软件系统的维护,按照每次维护的具体目标,可分为:完善性维护、适应性维护、纠错性维护和( )。

(7) 对象是客观世界中的任何事物在( )表示。

(8) 用级联的方式扩展的星形网络的集线器数量一般不超过( )台。

(9) 按辅助决策层次信息可分为:战略信息、战术信息、( )。

(10) 诺兰模型可以分为初始阶段、普及阶段、控制阶段、( )、数据管理阶段、成熟与提高阶段。

(11) 管理信息系统开发的各个阶段都要产生相应的文档,这些文档按用途可以分为管理文档、开发文档和( )。

(12) 输入设计的内容包括:确定输入设备、明确数据源和数据内容、设计数据输入格式和数据的( )等。

3) 请对下图进行简要描述(每小题 5 分,共计 5 分):

Information systems are more than computers

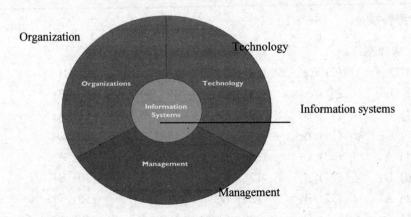

4) 简答题(第 1 小题 5 分,第 2 小题 10 分,共计 15 分):

(1) 简述系统开发应遵循的原则(5 分)。

(2) 简述原型法的基本思想、优点、缺点(10分)。

5) 应用题(每题10分,共计20分):

(1) 已知邮寄收费标准如下:若收件地点在1 000 km以内,普通件2元/kg,挂号件3元/kg。若收件地点在1 000 km以外,普通件2.5元/kg,挂号件3.5元/kg;若重量大于30 kg,超重部分加收0.5元/kg。请绘制确定邮件收费的决策树和决策表。

(2) 若甲、乙、丙3位专家对西南铝厂的某信息系统的a、b、c、d四项指标做出了如下打分评价,请你根据各位专家的打分情况,采用多因素加权平均评价方法对该信息系统进行综合评价,判断该信息系统的等级。(10分)

① 甲、乙、丙3位专家的重要性分别为0.4,0.3,0.3。

② 三位专家对四项指标的重要性打分结果如下:

	a	b	c	d
甲	2	9	5	8
乙	3	7	4	6
丙	4	8	5	9

③ 三位专家对该信息系统在四项指标上的评分结果如下:

	a	b	c	d
甲	9	7	4	2
乙	8	8	6	3
丙	9	5	6	2

部分参考答案

1) 选择题:

(1) D;   (2) A;   (3) D;   (4) A;   (5) D;

(6) D;   (7) A;   (8) A;   (9) A;   (10) B;

(11) B;   (12) B;   (13) D;   (14) B;   (15) A;

(16) C;   (17) B;   (18) D;   (19) D;   (20) D;

(21) A;   (22) C;   (23) C;   (24) B;   (25) A;

(26) D;   (27) A;   (28) C;   (29) B;   (30) B;

(31) A;   (32) B;   (33) D;   (34) D;   (35) C;

(36) D;   (37) C;   (38) C;   (39) A;   (40) A。

2) 填空题:

(1) SCM：供应链管理系统；ES：专家系统；TPS：事务处理系统；ERP：企业资源计划；AI：人工智能；CISM：计算机集成制造系统；GDSS：群决策支持系统；VM：虚拟制造；ESS：经理支持系统。

(2) 要做什么。　　　　　　　　(3) 系统分析师。

(4) 数据流。　　　　　　　　　(5) 系统的详细。

(6) 预防性维护。　　　　　　　(7) 计算机中的抽象。

(8) 4。　　　　　　　　　　　(9) 业务信息。

(10) 集成阶段。　　　　　　　(11) 应用文档。

(12) 正确性检验。

3) 信息系统不只是电脑。有效地利用信息系统需要了解组织，管理及信息技术来修正系统，所有的信息系统都可以描述成组织及管理上，所面对来自环境挑战的解决方案。

4) 简答题：

(1)：① 管理信息系统的开发目标应该符合企业的发展目标；② 信息系统必须满足企业各个管理层次的需要；③ 系统的适用性与先进性协调的原则；④ 计算机技术人员与管理人员密切配合的原则。

(2)：① 原型法的基本思想：运用原型法开发信息系统时，开发人员首先要对用户提出的问题进行总结，然后开发一个原型系统并运行之。开发人员和用户一起针对原型系统的运行情况反复对它进行修改(在这过程中也可以添加新功能)，直到用户对系统完全满意为止。② 原型法的优缺点：原型法贯彻的是"从下到上"的开发策略，它更易被用户接受。但是，由于该方法在实施过程中缺乏对管理系统全面、系统的认识，因此，它不适用于开发大型的管理信息系统。该方法的另一不足是每次反复都要花费人力、物力，如果用户合作不好，盲目纠错，就会拖延开发过程。

5) 应用题：

(1)：略。

(2)：

权重 ＼ 指标 j	1	2	3	4	总分
权重 W(满分 10)	2.9	8.1	4.7	7.7	5.2
权重 X(满分 10)	8.7	6.7	5.2	2.3	

4 分以上，6 分以下为一般系统。

参 考 文 献

[1] [美]斯蒂芬·哈格，梅芙·卡明斯，詹姆斯·道金斯. 信息时代的管理信息系统[M]. 北京：机械工业出版社，1998.

[2] 小瑞芒德·麦克劳德，乔治·谢尔. 管理信息系统(第8版)[M].北京：电子工业出版社，2002.

[3] 陈晓红. 信息系统教程[M]. 北京：清华大学出版社，2005.

[4] 薛华成. 管理信息系统(第3版)[M]. 北京：清华大学出版社，1999.

[5] 黄梯云. 管理信息系统(修订版)[M]. 北京：高等教育出版社，2005.

[6] 陈剑，梅姝娥，陈伟达. 管理信息系统[M]. 北京：石油工业出版社，2003.

[7] [美]罗伯特·斯库塞斯，玛丽·萨姆纳. 管理信息系统[M]. 大连：东北财经大学出版社，2000.

[8] 李东. 管理信息系统理论与应用[M]. 北京：北京大学出版社，2001.

[9] 陈佳. 信息系统开发方法教程[M]. 北京：清华大学出版社，1998.

[10] 方美琪. 电子商务概论[M]. 北京：清华大学出版社，2000.

[11] 左美云. 信息系统的开发与管理教程[M]. 北京：清华大学出版社，2001.

[12] 李师贤. 面向对象程序设计基础[M]. 北京：高等教育出版社，1998.

[13] 王士同. 人工智能教程[M]. 北京：电子工业出版社，2001.

[14] 陈文伟. 决策支持系统及其开发[M]. 北京：清华大学出版社，1994.

[15] 周卫立. 管理系统中计算机应用[M]. 北京：人民日报出版社，2006.

[16] 曹汉平. 现代IT服务管理：基于ITIL的最佳实践[M]. 北京：清华大学出版社，2005.

[17] [美]劳顿. 管理信息系统[M]. 北京：机械工业出版社，2007.

[18] 郭宁. 管理信息系统[M]. 北京：人民邮电出版社，2006.

[19] 孙建军. 信息资源管理概论[M]. 南京：东南大学出版社，2003.

[20] 甘仞初. 管理信息系统(第2版)[M]. 北京：机械工业出版社，2008.

[21] [美]麦克劳德. 管理信息系统(第9版)[M]. 北京：北京大学出版社，2006.

[22] 张志清. 管理信息系统实用教程[M]. 北京：电子工业出版社，2005.

[23] 周少华. 管理信息系统[M]. 长沙：湖南大学出版社，2003.

[24] 吴扬俊. 管理信息系统基础[M]. 北京：电子工业出版社，2007.

[25] 王恩波. 管理信息系统实用教程[M]. 北京：电子工业出版社，2002.